高职高专机电一体化专业规划教材

传感器与测试技术

郭 雷 主 编
刘艳军 副主编
马宏革 主 审

化学工业出版社
·北京·

本书系统地介绍了各类传感器的基本原理与应用方面的知识，以及典型工程参数测试方面的知识。主要内容包括传感器与测试技术概述、传感器基础理论、各种常用传感器的原理与应用、计算机在感测系统中的应用、典型工程参数测试、系统抗干扰技术等。

本书通俗易懂、图文并茂、内容丰富、技术实用，符合高职高专学生的特点。

本书可作为高职高专院校、成人高校、广播电视大学的机电类相关专业“传感器与测试技术”及相近课程的教材，也可作为相关工程技术人员的参考用书。

图书在版编目（CIP）数据

传感器与测试技术/郭雷主编．—北京：化学工业出版社，2010.9（2021.2重印）
高职高专机电一体化专业规划教材
ISBN 978-7-122-09252-6

Ⅰ.传… Ⅱ.郭… Ⅲ.传感器-测试技术-高等学校：技术学院-教材 Ⅳ.TP212.06

中国版本图书馆CIP数据核字（2010）第146160号

责任编辑：王金生　丁友成　　文字编辑：徐卿华
责任校对：徐贞珍　　装帧设计：关　飞

出版发行：化学工业出版社（北京市东城区青年湖南街13号　邮政编码100011）
印　　装：北京虎彩文化传播有限公司
787mm×1092mm　1/16　印张9　字数218千字　2021年2月北京第1版第7次印刷

购书咨询：010-64518888　售后服务：010-64518899
网　　址：http://www.cip.com.cn
凡购买本书，如有缺损质量问题，本社销售中心负责调换。

定　价：28.00元

前　言

传感器技术是信息产业的三大支柱之一，传感器在机械电子工程、控制、测试、计量等领域，都是必不可少的获取信息的关键部件。测试技术是信息技术的重要组成部分，在科学实验、工业过程控制等许多活动中都要以测试为基础。测试工作不仅为这些活动提供可靠的技术保证，也成为提高科学研究水平、提高产品质量和经济效益的必不可少的技术手段。因此，传感器技术与测试技术二者是相辅相成共同发展的。我国高等院校的许多专业都开设和传感器与测试技术相关的课程，其目的就是为了适应社会信息化的发展，使大学生将来能够更好地为社会服务。

针对高职教育的特点，我们在教材的编写过程中特别重视理论与实际应用相结合。为此，本书作了以下方面的考虑。

① 注重理论知识，基础理论知识尽量做到全而不深，通俗易懂。目前一些高职院校为加强对学生职业能力的培养，过分强调操作能力，忽略了基础理论知识的讲授，以致学生在实际工作中后劲不足，上升空间有限，结果导致高职学生所学知识缺乏含金量，最终成为简单的“操作工”。

② 突出实践性，每一种类型的传感器，在工作原理之后都有相应的应用案例；并且专门给出了几种典型工程参数的测试过程。

本书由承德石油高等专科学校郭雷主编并负责统稿，承德石油高等专科学校刘艳军任副主编。本书第 1、8 章由承德石油高等专科学校吴凤泉编写，第 2 章由承德石油高等专科学校付德永编写，第 3、4 章由刘艳军编写，第 5、7 章由郭雷编写，第 6 章由渤海船舶职业学院官桂香编写，全书由包头轻工职业技术学院马宏革主审。

在本书的编写过程中，参考了相关著作和论文，在此特向相关作者表示衷心的感谢！

由于传感器技术、测试技术知识面广，而编者水平有限，书中不足之处在所难免，望读者不吝赐教。

编　者

2010 年 5 月

目　录

第1章　传感器与测试技术概述 …… 1

1.1　传感器与测试技术的地位和作用 …… 1

1.2　测试技术的概念 …… 2

1.3　测试系统的组成 …… 2

1.4　传感器与测试技术的发展方向 …… 3

第2章　传感器基础理论 …… 6

2.1　非电量与非电量电测 …… 6

2.2　传感器的定义及分类 …… 6

2.3　传感器命名方法及代号 …… 8

2.3.1　传感器命名方法 …… 8

2.3.2　传感器代号 …… 9

2.3.3　传感器代号标记示例 …… 9

2.4　传感器的静态特性 …… 9

2.4.1　测量范围和量程 …… 10

2.4.2　分辨力和阈值 …… 10

2.4.3　静态灵敏度 …… 11

2.4.4　线性度、迟滞 …… 11

2.4.5　零漂和温漂 …… 12

2.5　传感器的选用原则 …… 13

思考题与习题 …… 15

第3章　常用传感器及其典型应用 …… 16

3.1　电容式传感器 …… 16

3.1.1　电容式传感器的工作原理和结构 …… 16

3.1.2　变极距型电容式传感器 …… 16

3.1.3　变面积型电容式传感器 …… 19

3.1.4　变介质型电容式传感器 …… 19

3.1.5　电容式传感器的应用 …… 21

3.2　电感式传感器 …… 22

3.2.1　电感式传感器的工作原理 …… 23

3.2.2　电感式传感器的应用 …… 27

3.3　电涡流式传感器 …… 29

3.3.1　电涡流式传感器的工作原理 …… 29

3.3.2　电涡流式传感器的应用 …… 30

3.4　电位器式传感器 …… 32

3.4.1　电位器式传感器的工作原理 …… 32

3.4.2　电位器式传感器的应用 …… 34

3.5　压电式传感器 …… 35

3.5.1　压电效应和压电材料 …… 35

3.5.2　压电式传感器等效电路和灵敏度 …… 38

3.5.3　压电式传感器的应用 …… 39

3.6　热电偶传感器 …… 44

3.6.1　热电效应 …… 45

3.6.2　热电偶基本知识 …… 45

3.6.3　热电偶的简易测试 …… 47

思考题与习题 …… 49

第4章　测试基础知识 …… 50

4.1　信号及其描述 …… 50

4.1.1　信息、信号、干扰 …… 50

4.1.2　信号的分类 …… 50

4.1.3　信号的描述 …… 52

4.2　测试装置的基本特性 …… 57

4.2.1　线性系统及线性时不变系统的主要性质 …… 57

4.2.2　测试装置的动态特性 …… 58

4.3　实现不失真测试的条件 …… 65

4.3.1　不失真的涵义 …… 65

4.3.2　实现不失真测试的条件 …… 65

思考题与习题 …… 66

第5章　信号调理电路 …… 68

5.1　测量电桥 …… 68

5.1.1　直流电桥 …… 68

5.1.2　交流电桥 …… 70

5.1.3　带感应耦合臂的电桥 …… 71

5.2　信号放大电路 …… 72

5.2.1　通用集成运算放大电路 …… 72

5.2.2　测量放大器 …… 76

5.3　调制与解调电路 …… 80

5.3.1　调幅及其解调电路 …… 80

5.3.2　调频及其解调电路 …… 85

5.4　滤波器 …… 87

5.4.1　滤波器的基本知识 …… 87

5.4.2　无源 *RC* 滤波器 …… 89

5.4.3　有源 *RC* 滤波器 …… 91

思考题与习题 …… 94

第 6 章　计算机在感测系统中的应用 …… 97
6.1　感测系统的组成 …… 97
6.1.1　一般感测系统的组成 …… 97
6.1.2　计算机控制的感测系统 …… 98
6.2　传感器与计算机的接口 …… 100
6.2.1　开关量输入接口 …… 100
6.2.2　数字量输入接口 …… 101
6.2.3　模拟量输入接口 …… 103
思考题与习题 …… 104
第 7 章　典型工程参数的测试 …… 105
7.1　机械振动的测试 …… 105
7.1.1　概述 …… 105
7.1.2　常用测振传感器 …… 107
7.1.3　其他测振设备 …… 112
7.1.4　振动测试实例 …… 114
7.2　位移的测试 …… 115
7.2.1　概述 …… 115
7.2.2　常用位移传感器 …… 116
7.2.3　位移测试实例 …… 118
7.3　流体参量的测试 …… 121
7.3.1　压力的测量 …… 121
7.3.2　流量的测量 …… 124
思考题与习题 …… 126
第 8 章　测试系统的抗干扰技术 …… 127
8.1　干扰的类型及来源 …… 127
8.1.1　外部干扰和内部干扰 …… 127
8.1.2　差模干扰和共模干扰 …… 127
8.2　干扰的耦合方式 …… 128
8.2.1　静电耦合 …… 129
8.2.2　磁场耦合 …… 129
8.2.3　漏电流耦合 …… 129
8.2.4　共阻抗耦合 …… 130
8.3　干扰抑制技术 …… 130
8.3.1　屏蔽技术 …… 130
8.3.2　接地技术 …… 132
8.3.3　浮置（浮空、浮接）技术 …… 133
8.3.4　灭弧技术 …… 134
8.3.5　其他干扰抑制技术 …… 134
思考题与习题 …… 135
参考文献 …… 136

第 1 章　传感器与测试技术概述

学习目标：掌握测试的基本概念及测试的主要工作内容，重点掌握测试系统的基本组成以及各组成部分的功用。对于生产、生活及科学技术领域中所遇到的一般测试系统，能正确地分析其组成，对其有概貌性的认识。此外，对测试技术的发展历史、现状及发展趋势要有一定的了解。

当今世界已经进入信息社会时代，其特点是科学技术发展迅速，对各种信息的需求也越来越多。在科学技术领域中，信息的获得一般都要以各种测试的结果为依据。任何科学理论的建立都要借助于大量的测试工作，生产工艺过程的自动控制、监视、产品质量的检测等也都离不开测试工作。测试工作是现代社会提高科学技术水平，实现生产过程自动化，保证产品质量和劳动生产率的重要技术手段。

1.1　传感器与测试技术的地位和作用

科学技术高速发展的今天，人们已经普遍认识到，科学技术的三大支柱（信息技术、能源技术、材料技术）之一——信息技术占有头等重要的地位，而测试技术即属于信息技术的范畴，它是信息技术三个方面（传感器技术、计算机技术和通信技术）的主要组成部分。

现代信息技术的三大支柱是传感器技术、通信技术和计算机技术，它们分别构成信息系统的“感官”、“神经”和“大脑”，因此，传感器技术是信息社会的重要基础技术，传感器是信息获取系统的首要部件。鉴于传感器的重要性，在 20 世纪 80 年代，发达国家对传感器在信息社会中的作用就有了新的认识和评价，如美国把 20 世纪 80 年代看作传感器时代，把传感器技术列为 20 世纪 90 年代 22 项关键技术之一；日本曾把传感器列为 10 大技术之首；我国的“863”计划、科技攻关等计划中也把传感器研究放在重要的位置。传感器也是测控系统获得信息的重要环节，在很大程度上影响和决定了系统的功能。不仅工程技术领域中如此，就是在基础科学研究中，由于新机理和高灵敏度检测传感器的出现，也会导致该领域新的突破。例如约瑟夫森效应器件的出现，不仅解决了对于 10^{-13} T 超弱磁场的检测，同时还解决了对 10^{-12} A 以及 10^{-23} J 等物理量的高精度检测，还发现和证实了磁单极子的存在，对于多种基础科学的研究和精密计量产生了巨大的影响。所以国外一些著名专家评论说：“征服了传感器就等于征服了科学技术”；“如果没有传感器检测各种信息，那么支撑现代文明的科学技术，就不可能发展”；“惟有模仿人脑的计算机和传感器的协调发展，才能决定技术的将来”。

国力竞争的关键是科技水平，我国与发达国家的差距也主要是科技上的差距。我国已将科技兴国作为基本方针，而测试技术是科学发展必不可少的手段。伟大的化学家、计量学家门德列耶夫说过：“科学是从测量开始的，没有测量就没有科学，至少是没有精确的科学、真正的科学”。我国“两弹一星”元勋王大珩院士也说过：“仪器是认识世界的工具；科学是用斗量禾的学问。用斗去量禾就对事物有了深入的了解、精确的了解，就形成科学”。

科学上的发现和技术上的发明是从对事物的观察开始的。对事物的精细观察就要借助于仪器，就要测试，特别是在自然科学和工业生产领域更是如此。在对事物的观察、测试基础上经过分析推导，形成认识。到这一阶段还只能是假说、学说。实践是检验真理的惟一标准，只有在经过测试和考核，才能真正形成科学，所以说在科学发展的哪一阶段都离不开测试。国家中长期科学技术发展规划指出，仪器仪表和测试是“新技术革命”的先导和基础。

纵观科学发展史和科技发明史，许多重大发现和发明都是从仪器仪表和测试技术的进步开始。从 20 世纪初到现在，诺贝尔奖颁发给仪器发明、发展与相关的实验项目达 27 项之多。众所周知，没有哈勃望远镜就难以进行天体科学的研究，天体科学上的许多重大发现都是依靠哈勃望远镜的观测而得到的。扫描隧道显微镜的发明对纳米科技的兴起和发展可以说起到决定性作用。

1.2 测试技术的概念

测试（Measurement and Test）是测量（Measurement）与试验（Test）的概括，是人们借助于一定的装置，获取被测对象有关信息的过程。如果被测量不随时间变化，称这样的量为静态量，相应的测试称为静态测试；若被测量是随时间变化的，则称这样的量为动态量或过程，相应的测试称为动态测试或过程测试。

测试包括了两个方面的含义：一是测量，指的是使用测试装置通过实验来获取被测量的量值；二是试验，指的是在获取被测量量值的基础上，借助于人、计算机或一些数据分析与处理系统，从被测量中提取出被测对象的有关信息。由于被测对象的多样性和广泛性，在很多情况下对被测量进行直接测量是很困难的甚至是不可能的。例如，连续运动热轧钢板的厚度测量、油井井下的温度和压力监视、高速运转发电机的运行状态监视、机械加工过程中机床的振动测试等。此时，就需要先把被测量转换成某种易于被人们所接收、放大、处理及显示记录的参数或参量（一般为电参数或电参量），比如，将上述的厚度、温度、压力、振动参数等转换为电压信号、电流信号等。这种将被测量转换为另一种与之具有一定函数关系的参数或参量的过程叫做传感或测量变换。

1.3 测试系统的组成

基本的测试系统由传感器、信号调理电路、显示记录装置三部分组成（图 1-1）。

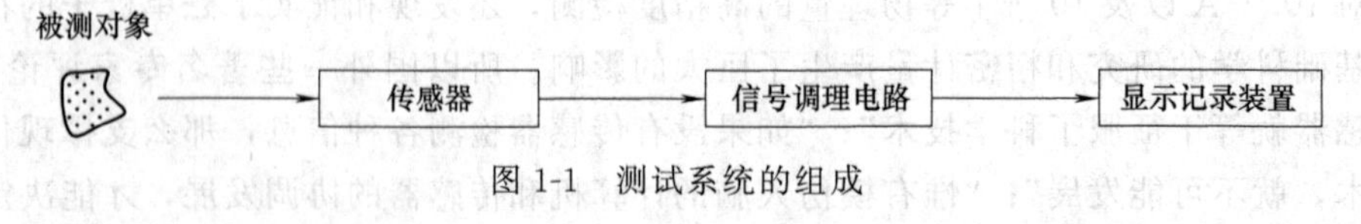

图 1-1 测试系统的组成

（1）传感器

传感器的作用是感受被测量，并对其进行测量变换，将被测量转换成某种易于作进一步处理的参量或参数。传感器的种类很多，它们可以用来感受不同的被测量，如位移、速度、加速度、力、压力、温度、流量等，并且具有不同的静态、动态特性。

（2）信号调理电路

被测量经传感器及其测量线路变换后所得到的电信号一般是很微弱的，不宜直接输出，有时信号中还可能包括干扰等不需要的成分，或者传感器因工作原理等而存在着一定的非线性误差，此时要通过各种信号调理电路对传感器输出的信号作进一步的处理。信号调理电路主要有各种放大电路、测量电桥、调制与解调电路、滤波器、非线性校正装置等。

(3) 显示记录装置

它们的作用是将经转换处理后得到的包含被测量信息的输出信号以某种可为人的感官所直接或间接接受的形式表现出来，使人们能够获得有关被测量的信息，或以某种形式记录下来待日后重放，以作进一步的观测、分析。这类装置包括各种示波器、记录仪、分析仪等。

近年来，计算机在测试领域中应用得日益广泛，许多传统上靠硬件实现的功能都可以用计算机来实现，计算机的引入使得测试系统的功能、精度、信息获取能力等有了根本性的提高。这种计算机测试系统除上述三个基本组成部分外，主要增加了计算机、数据采集系统、数据分析与处理系统（硬件及软件）等，可以完成测试过程的控制、数据采集、数据分析与处理等工作，测试结果的显示记录也通常由显示器、打印机、绘图仪、存储器等来实现。

1.4　传感器与测试技术的发展方向

(1) 传感器的发展方向

当今世界发达国家对传感器技术发展极为重视，视为涉及国家安全、经济发展和科技进步的关键技术之一，将其列入国家科技发展战略计划之中。因此，近年来传感技术迅速发展，传感器新原理、新材料和新技术的研究更加深入、广泛，传感器新品种、新结构、新应用不断涌现、层出不穷。主要体现在以下几个方面。

① 微型化速度加快　值得特别关注的是近年来随着集成微电子机械加工技术的日趋成熟，传感器制作技术进入了一个展新阶段。微电子技术和微机械技术相结合，器件结构从二维到三维，实现进一步微型化、微功耗，并研究把传感器送入人体，进入血管，研究测试分子的重量和 DNA 基因突变的微型传感器等。

② 功能日渐完善　随着集成微光、机、电系统技术的迅速发展以及光导、光纤、超导、纳米技术、智能材料等新技术的应用，进一步实现信息的采集与传输、处理集成化、智能化，更多的新型传感器将具有自检自校、量程转换、定标和数据处理等功能，传感器功能得到进一步增强和完善，性能进一步提高，更加灵敏、可靠。

③ 生物、化学传感器研究速度加快　21 世纪中，全世界范围内对生命科学的研究加速，对人类生存的环境更加重视。新型生物传感器和化学传感器的研究和开发已成为重点和热点。

为了人类的健康，目前正在研发多种 DNA 传感器、蛋白质芯片、细胞芯片以及集成化的实验室芯片（Lab on Chip）或称微全分析系统（μTAS）；研发监测大气污染、水质污染所急需的各种新型传感器，以取代目前笨重、烦琐的检测系统。

④ 商品化、产业化前景广阔　在新型传感器研究开发的同时，注意新型材料、设计方法、生产工艺、测试技术和配套仪表等基础技术的同步发展，更加注重实用化，从而保证了成果转化和产业化的速度更快。

⑤ 创新性更加突出　新型传感器的研究和开发由于开展时间短，往往尚不成熟，因此蕴藏着更多的创新机会，竞争也很激烈，成果也具有更多的知识产权。所以加速新型传感器的研究、开发、应用具有更大意义。

⑥ 新型传感器研发的重点——基于 MEMS 技术的新型微传感器　微传感器（尺寸从几微米到几毫米的传感器总称）特别是以 MEMS（微电子机械系统）技术为基础的传感器已逐步实用化，这是今后发展的重点之一。

微机械设想早在 1959 年就被提出，其后逐渐显出采用 MEMS 技术制造各种微型新型传感器、执行器和微系统的巨大潜力。这项研发在工业、农业、国防、航空航天、航海、医学、生物工程、交通、家庭服务等各个领域都有巨大的应用前景。

（2）测试技术的发展方向

现代测试技术既是促进科学技术发展的重要技术手段，也是科学技术发展的结果。现代科技的发展不断地对测试技术提出更新、更高的要求，从而推动了测试技术的发展。另一方面，测试技术也不断地吸取其他技术领域（如物理学、化学、生物学、材料科学、微电子学、计算机科学等）的新成就、新技术，开发出新的测试方法和测试装置。近年来，测试技术在以下几个方面的发展尤为突出。

① 利用新原理制成的各种新型传感器层出不穷，可测试的对象迅速增多　传感器是实现测试、获取信息的基础，只有拥有多样、性能优良的传感器，才能适应各种各样的被测对象、测试精度及动态特性等测试要求。现今人们已普遍认为，传感技术决定着时代的发展。

早期的传感器大多属于结构型，它们的工作是基于某些物理定律，传感器本身某些结构参数随被测量的变化而变化。现代传感器的一个显著特点是物性型传感器的大量出现，这些传感器依靠传感器敏感元件材料的物理性质随被测量的变化而工作。一种新的物性型传感器通常是随着一种新材料的开发而出现的，由于这些新材料具有独特的物理性质，从而使得可测试的对象增多，也使得传感器的多功能、集成化、智能化以及小型化成为可能。目前发展最为迅速的新材料主要有半导体、电介质（晶体或陶瓷）、光导纤维、磁性材料、高分子合成材料、超导材料、液晶及所谓的“智能材料”（如形状记忆合金、具有自增殖功能的生物体材料）等。

计算机技术、微电子技术、微细加工技术和集成化工艺等方面的进展，大大促进了传感器的集成化、智能化。这些集成、智能传感器，或是由多个同一功能的敏感元件排列成线形、面形；或是将多种不同功能的敏感元件集成为一体而实现可同时进行多参数测试的功能；或是将传感器与某些测量电路（放大、运算、量程及增益的自动选择、自动校准与实时校准、温度补偿、非线性校正、过载保护等）甚至微处理器集成为一体。

② 测试装置中的电路设计得到迅速改进　在测试装置的电路设计中，广泛采用集成运算放大器和其他各种集成电路，大大改善了测试装置的特性（负载效应、非线性误差、漂移、功耗、干扰等），简化了测试装置的组成，促进了测试装置的小型化。

③ 出现了多参量测试系统　近年来出现了各种廉价的传感器和实时处理装置，多参量测试系统得到了迅速的发展。多参量测试系统可以同时对多个参量进行测试，是自动化过程控制系统所必不可少的装置。这种系统也广泛用于设备运行状态的监测等场合。

④ 信息技术得到了广泛应用　凡是可以扩展到获取信息的技术都是信息技术，其主体内容包括传感器技术、通信技术和计算机技术。

应用计算机进行信号的采集、分析与处理，使测试技术产生了巨大的变化，大幅度地提高了测试系统的精确度、测试能力和测试效率，实现了测试仪器的智能化。现代测试技术中应用了许多新的分析方法和手段（如各种快速傅里叶变换算法、各种可实现高速信号处理的芯片），使测试系统具有实时分析、记忆、逻辑决断、自校准、自适应控制和某些补偿能力。

虚拟仪器技术是近年来随着计算机技术的发展而在测试技术领域引发的一场技术革命。虚拟仪器是在通用计算机上，借助于专门的虚拟仪器开发软件，辅之以少量的硬件，就可根据用户的需要设计仪器的功能，用户可方便地在图形化界面上对仪器进行操作。虚拟仪器还可以用软件实现传统仪器靠硬件才能实现的功能以及某些传统仪器所不能实现的功能。“软件就是仪器”是虚拟仪器的理念。虚拟仪器可实现并扩展传统仪器的功能，可以充分利用计算机强大的计算处理、显示、传送、存储等功能，具有开发周期短、成本低、易于维护和升级等诸多特点，已成为当今测试仪器的主要发展方向。

网络技术在测试技术中的应用也越来越广泛。人们可以通过 Internet 或局域网实现数据交换与资源共享，可以在其他地方对现场工况进行监测，能够实现远程实时操作、远程测量、远程数据采集、远程调试、远程故障诊断，从而构成遍布各处的分布式测控网络。

第2章 传感器基础理论

学习目标：了解传感器的分类和命名方法，重点掌握传感器的静态特性，清楚静态特性中各指标的意义，熟悉传感器的选用原则，会根据测试任务及测试要求选用适当的传感器。

2.1 非电量与非电量电测

人们生活的世界是由物质组成的，一切物质都处在永不停止的运动之中。物质的运动形式很多，它们通过化学现象或物理现象表现出来。表征物质特性或其运动形式的参数很多，根据物质的电特性，可分为电量和非电量两类。电量一般是指物理学中的电学量，如电压、电流、电阻、电容、电感等；非电量则是指除电量之外的一些参数，如压力、流量、尺寸、位移量、重量、力、速度、加速度、转速、温度、浓度、酸碱度等。

人们在科学实验和生产活动中，通过测量可以对物质或事物获得定量的概念并发现它们的规律性，从而认识物质及事物的本质。在众多的实际测量中，大多数是对非电量的测量。

随着科学技术的不断进步和自动化水平的提高，对非电量测量的精度、灵敏度及反应速度，尤其对被测量动态变化过程的测量和远距离的检测都提出了更高的要求，原有的对非电量的测量方法已无法适应这一需要。这就要求对原有的非电量测量方法加以改进，并采用新技术、新方法。采用传感器技术的非电量电测方法，就是目前应用非常广泛的测量方法。

非电量不能直接使用一般电工仪表和电子仪器测量，因为一般电工仪表和电子仪器要求输入的信号为电信号。在由电子计算机控制的自动化系统中，更是要求输入的信息为电量信号。一些在特殊场合下的非电量，如炉内的高温，带有腐蚀性液体的液位，煤矿内瓦斯的浓度等也无法进行直接测量，这也需要将非电量转换成电量进行测量。

这种把被测非电量转换成与非电量有一定关系的电量，再进行测量的方法就是非电量电测法。实现这种转换技术的器件叫传感器。

非电量电测法具有以下优点。

① 可进行微量检测，精度高，反应速度快。

② 可实现远距离遥测及遥控。

③ 可实现无损检测。

④ 能连续进行测量、记录及显示。

⑤ 可采用计算机技术对测量数据进行运算、存储及信息处理。

⑥ 测量安全可靠。

2.2 传感器的定义及分类

(1) 定义

国家标准 GB 7665—87——《传感器通用术语》中，对于传感器（Transducer/Sensor）的

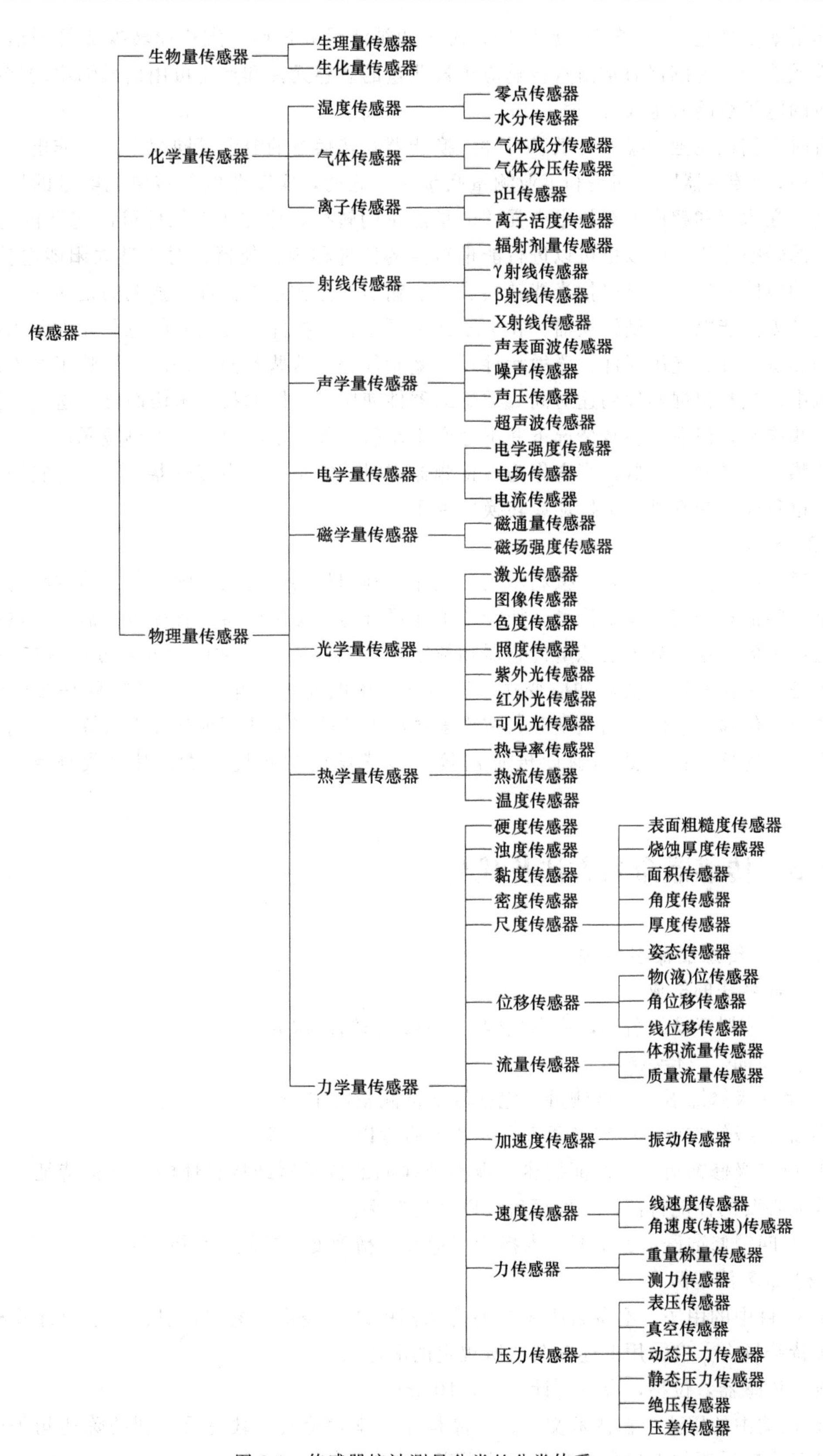

图 2-1　传感器按被测量分类的分类体系

定义作了如下规定："能感受（或响应）规定的被测量并按照一定规律转换成可用信号输出的器件或装置。传感器通常由直接响应于被测量的敏感元件和产生可用信号输出的转换元件及相应的电子线路所组成"。

有时人们往往把传感器、敏感元件、换能器及转换器的概念等同起来。在非电量电测变换技术中，"传感器"一词是和工业测量联系在一起的，实现非电量转换成电量的器件称为传感器；在水声和超声波等技术中强调的是能量的转换，比如压电元件可以起到机-电或电-机能量的转换作用，所以把可以进行能量转换的器件称为换能器；对于硅太阳能电池来说，也是一种换能器件，它可以把光能转换成电能输出，但在这类器件上强调的是转换效率，习惯上把硅太阳能电池叫做转换器；在电子技术领域，常把能感受信号的电子元件称为敏感元件，如热敏元件、光敏元件、磁敏元件及气敏元件等。这些不同的提法，反映了在不同的技术领域中，只是根据器件用途对同一类型的器件使用着不同的技术术语而已。这些提法虽然含义有些狭窄，但在大多数情况下并不会产生矛盾，如热敏电阻可称为热敏元件，也可称为温度传感器。又如扬声器，当它作为声检测器件时，它是一个声传感器，如果把它当成喇叭使用，也只能认为它是一个换能或转换器件了。

（2）分类

传感器的分类方法较多，按利用场的规律或利用材料的物质法则可分为结构型传感器和物性型传感器；按依靠或不依靠外加能源工作可分为无源传感器和有源传感器；按输出量是模拟量还是数字量可分为模拟量传感器和数字量传感器等。最常用的分类方法有如下两种：第一种是按工作原理分类，如应变式、压阻式、压电式、光电式等；第二种是按被测量分类，如力、位移、速度、加速度等。在许多情况下往往将上述两种分类方法综合使用，如应变式压力传感器、压电式加速度传感器等。传感器按被测量分类，其分类体系如图 2-1 所示。

2.3 传感器命名方法及代号

2.3.1 传感器命名方法

（1）命名法的构成

一种传感器产品的名称，应由主题词加四级修饰语构成。

① 主题词——传感器。

② 第一级修饰语——被测量，包括修饰被测量的定语。

③ 第二级修饰语——转换原理，一般可后续以"式"字。

④ 第三级修饰语——特征描述，指必须强调的传感器结构、性能、材料特征、敏感元件及其他必要的性能特征，一般可后续以"型"字。

⑤ 第四级修饰语——主要技术指标（量程、精确度、灵敏度范围等）。

（2）命名法案例

① 题目中的用法　本命名法在有关传感器的统计表格、图书索引、检索及计算机汉字处理等特殊场合，应采用上述命名法所规定的顺序。

例：传感器，位移，应变［计］式，100mm

② 正文中的用法　在技术文件、产品样本、学术论文、教材及书刊的陈述句子中，作为产品名称应采用与上述命名法相反的顺序。

例：100mm 应变式位移传感器

当对传感器的名称简化表征时，除第一级修饰语外，其他各级可视产品的具体情况任选或省略。

在传感器科学研究的文献、报告及有关教材中，为方便对传感器进行原理及其分类的研究，允许只采用第二级修饰语，省略其他各级修饰语。

2.3.2　传感器代号

GB 7666—87 标准规定用大写汉语拼音字母和阿拉伯数字构成传感器完整的代号。

常用被测量和常用转换原理的代号应参照 GB 7666—87 的规定。

2.3.3　传感器代号标记示例

（1）应变式位移传感器

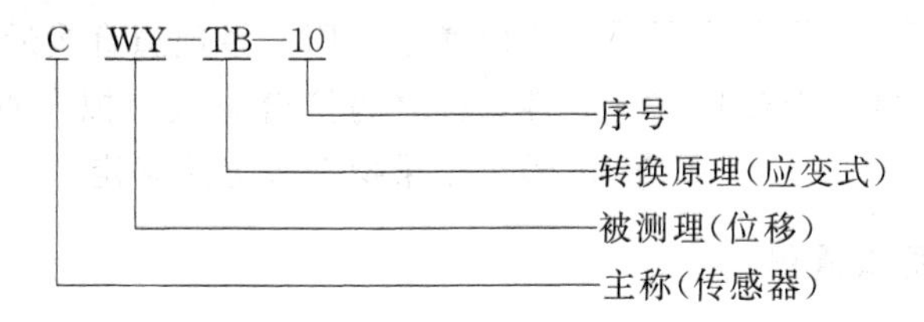

（2）温度传感器

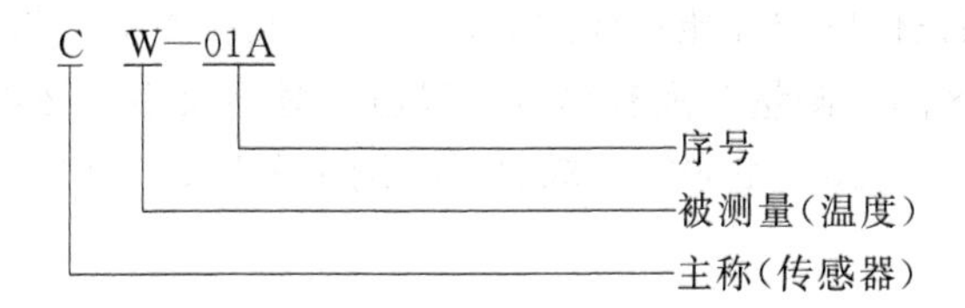

2.4　传感器的静态特性

在分析传感器特性时一般将传感器等效为二端网络，如图 2-2 所示。传感器的特性分为静态特性和动态特性。

$x \rightarrow$ 传感器 $\rightarrow y$

图 2-2　传感器等效图

静态特性是指被测物理量不随时间变化或随时间变化极其缓慢（在所观察的时间间隔内，其随时间的变化可忽略不计）的情况下，传感器的输出与其输入之间的关系。在静态测试中，这种关系一般是一一对应的，可以用代数方程加以描述。最常用的方法是将传感器的输出与输入的关系用以下多项式表示：

$$y = \sum_{i=1}^{n} a_i x^i = a_0 + a_1 x + a_2 x^2 + \cdots + a_n x^n \tag{2-1}$$

式中　x——传感器的输入；

y——传感器的输出；

a_i——传感器的特性参数。

当式（2-1）可以写为

$$y = a_0 + a_1 x \tag{2-2}$$

的形式时，传感器的输出-输入关系为一条直线，该传感器称为线性传感器。式（2-2）中 a_0 为传感器的零位输出，a_1 为传感器的静态增益（灵敏度）。若通过零位补偿使 $a_0=0$，则传感器具有理想的线性输入-输出关系：

$$y=a_1x \tag{2-3}$$

理想的测试装置是线性时不变系统，静态输出与静态输入之间为理想的线性比例关系。实际测试装置的静态输出输入特性大多是非线性的，可通过静态标定（也称为校准）得到。在传感器静态校准过程中，通常应标注其适用的温度范围。

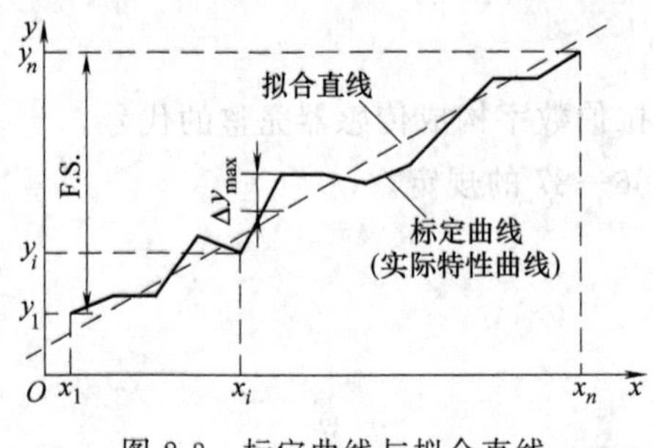

图 2-3 标定曲线与拟合直线

标定时先给测试装置一系列标准输入，测出对应的一系列输出，得到一系列的数据对（x_i，y_i）（$i=0$，1，2，…，n）。以输入为横坐标、输出为纵坐标可以绘出测试装置的实际特性曲线，称之为标定曲线或校准曲线（见图 2-3）。由于测试装置的实际静态特性一般是非线性的而不便于直接使用，所以通常是用一条理想直线近似地代替实际静态特性，称之为拟合直线。拟合直线可以用端点连线、最小二乘拟合等方法确定。

2.4.1 测量范围和量程

（1）测量范围

测量范围是指在保证传感器性能指标的前提下，最大被测量（测量上限）和最小被测量（测量下限）所表示的区间。测量范围有单边、双边、对称及不对称之分，如 0～100N，5～40kPa 是单边测量范围；－50～＋50℃是双边对称测量范围；－10～＋20g 是双边不对称测量范围。

（2）量程

量程是测量上限与测量下限的代数差。量程的计算公式为

$$x_{FS}=x_{max}-x_{min} \tag{2-4}$$

式中 x_{max}——测量范围的上限值；

x_{min}——测量范围的下限值。

（3）满量程输出

满量程输出又称校准满量程输出，为工作特性所决定的最大输出和最小输出的代数差。满量程输出的计算公式为

$$Y_{FS}=Y_{max}-Y_{min} \tag{2-5}$$

式中 Y_{max}——工作特性所决定的最大输出值；

Y_{min}——工作特性所决定的最小输出值。

凡经过传感器输出-输入拟合而得到的输出值用 Y 表示，而实测的输出值用 y 表示。对于线性传感器和具有单调特性的非线性传感器，满量程输出可以用 $Y_{FS}=Y(x_{max})-Y(x_{min})$ 计算；而在要求不高的场合，实际满量程输出 $Y_{FS}=y_{max}-y_{min}$。

2.4.2 分辨力和阈值

在整个传感器量程内都能产生可观测的输出量变化的最小输入量变化称为分辨力。计算公式如下：

$$R_x=\max|\Delta x_{i,\min}| \tag{2-6}$$

式中 $\Delta x_{i,\min}$——在第 i 个测量点上能产生可观测输出变化的最小输入变化量；

$\max|\Delta x_{i,\min}|$——在整个量程内取最大的 $\Delta x_{i,\min}$。

分辨力与量程的比值称为分辨率，一般用百分数表示。传感器零点处的分辨力称为阈值或死区。

2.4.3　静态灵敏度

传感器的静态灵敏度（简称灵敏度）是输出变化量与相应的输入变化量之比，或者说是单位输入下所得到的输出。这里所说的输入量的变化必须很慢且不致引起输出量的动态响应。如果有动态响应，则必须采用达到稳态后的输出量。传感器在第 i 个测量点处的灵敏度可表示为

$$s_i=\lim_{\Delta x_i\to 0}\left(\frac{\Delta Y_i}{\Delta x_i}\right)=\frac{\mathrm{d}Y_i}{\mathrm{d}x_i} \tag{2-7}$$

式中　Δx_i——在第 i 个测量点上传感器的变化量；

ΔY_i——在第 i 个测量点上由 Δx_i 引起的传感器的输出变化量。

线性传感器的灵敏度为一常数，计算公式为

$$s=\frac{Y_{\max}-Y_{\min}}{x_{\max}-x_{\min}} \tag{2-8}$$

灵敏度是一个有量纲的量，其量纲取决于传感器输出量的量纲和输入量的量纲之比。假若某装置输入量为压力（量纲为 MPa），输出量为电压（量纲为 V），那么该装置灵敏度的量纲就是 V/MPa。即使输入量与输出量具有相同的量纲，为意义明确，也往往将它们写出来（例如 mV/mV）。式（2-8）也可用来计算非线性传感器的平均灵敏度。

2.4.4　线性度、迟滞

（1）线性度

线性度也称为非线性度、非线性误差，用来表征标定曲线（实际特性曲线）接近拟合直线（为一理想直线）的程度，亦即测试装置的输入输出特性为线性的近似程度，它是反映测试装置精度的指标之一，其值越小越好。线性度定义为校准曲线对拟合直线的最大偏距与装置的满量程（F. S.）输出之比的百分数（见图 2-3）。即

$$\text{线性度}=\frac{\Delta y_{\max}}{\text{F. S.}}\times 100\%=\frac{\Delta y_{\max}}{y_{\max}-y_{\min}}\times 100\% \tag{2-9}$$

独立线性度一般根据定义采用作图法求得，具体算法可参考 GB/T 18459—2001，即《传感器主要静态性能指标计算方法》。

作为拟合直线的最小二乘直线，应保证传感器实际特性对它的偏差的平方和为最小。最小二乘直线方程为

$$Y_{\mathrm{ls}}=a+bx \tag{2-10}$$

式中　Y_{ls}——传感器的理论输出；

a，b——最小二乘直线的截距和斜率；

x——传感器的实际输入。

最小二乘直线的截距和斜率可通过对传感器实际特性的直线拟合求出，计算公式如下：

$$a=\frac{\sum x_i^2\cdot\sum\overline{y}_i-\sum x_i\cdot\sum x_i\overline{y}_i}{m\sum x_i^2-(\sum x_i)^2},\ b=\frac{m\sum x_i\overline{y}_i-\sum x_i\cdot\sum\overline{y}_i}{m\sum x_i^2-(\sum x_i)^2} \tag{2-11}$$

式中　x_i——传感器在第 i 校准点值；

$\overline{y}_i$——传感器在第 i 校准点处的实际输出值；

m——校准点数。

（2）迟滞（回程误差）

由于传感器的机械部分存在摩擦和间隙、敏感元件结构材料的缺陷，传感器内部具有弹性元件、电感、电容等储能元件，在输入量作满量程变化时，对于同一量，传感器的正反行程输出量不一致，这一现象称为迟滞，也叫回程误差、滞后或变差。

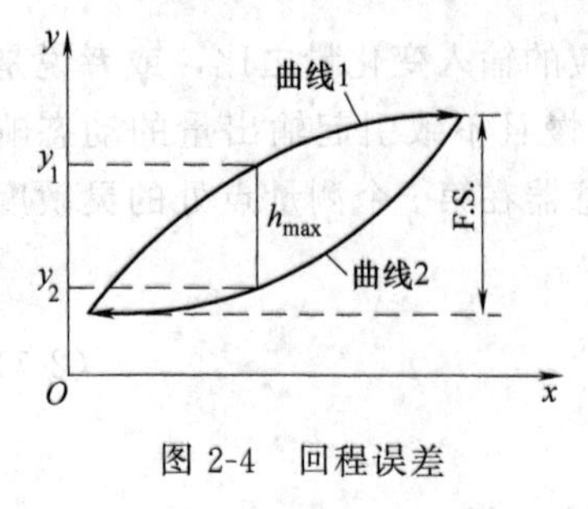

图 2-4 回程误差

回程误差的定义是：在同样的测试条件下，在全程范围内，输入量从小到大变化时的输出量（图 2-4 中的曲线 1）与输入量从大到小变化时的输出量（图 2-4 中的曲线 2）之间的最大差值 $h_{\max}=|y_1-y_2|$ 对满量程输出 F.S. 之比的百分数，即

$$\text{回程误差}=\frac{h_{\max}}{\text{F. S.}}\times 100\% \tag{2-12}$$

2.4.5 零漂和温漂

（1）零点输出漂移

在规定的时间内，传感器的零点输出随时间的变化量称为零点输出漂移，通常用满量程输出的百分比来表示。零点输出漂移的计算公式为

$$D_0=\frac{\Delta y_0}{Y_{\text{FS}}}\times 100\%=\frac{|y_{0,\max}-y_0|}{Y_{\text{FS}}}\times 100\% \tag{2-13}$$

式中 y_0——初始的零点输出；

$y_{0,\max}$——最大漂移处的零点输出；

Y_{FS}——满量程输出值（为了计算方便，此处也可用实际满量程输出）。

（2）满量程输出漂移

在规定的时间内，传感器的满量程输出随时间的变化量称为满量程输出漂移，通常用满量程输出的百分比来表示。如果规定的考核时间很长，例如数月到数年，本指标通常又称为长期稳定性。满量程输出漂移的计算公式为

$$D_{\text{FS}}=\frac{\Delta y_0}{Y_{\text{FS}}}\times 100\%=\frac{|y_{\text{FS},\max}-y_{\text{FS}}|}{Y_{\text{FS}}}\times 100\% \tag{2-14}$$

式中 y_{FS}——初始的满量程输出；

$y_{\text{FS},\max}$——最大漂移处的满量程输出；

Y_{FS}——满量程输出值（为了计算方便，此处也可用实际满量程输出）。

（3）热零点偏移

由于环境温度变化所引起的传感器零点输出的变化量称为热零点偏移，通常用单位温度的满量程输出的百分比来表示。热零点偏移的计算公式为

$$\gamma=\frac{|\overline{y}_{0(T_2)}-\overline{y}_{0(T_1)}|}{Y_{\text{YS}(T_1)}(T_2-T_1)}\times 100\%\ (℃^{-1}) \tag{2-15}$$

式中 $\overline{y}_{0(T_1)}$——在温度 T_1 下，平均零点输出值；

$\overline{y}_{0(T_2)}$——在温度 T_2 下，平均零点输出值；

$Y_{\text{FS}(T_1)}$——在温度 T_1 下的理论满量程输出（为了计算方便，此处也可用实际的满量程输出代替）。

如果传感器的热零点偏移与温度间隔不成线性关系，则应把 T_2-T_1 分为若干小区间，并用式（2-15）来计算各区间的 γ，取绝对值最大的 γ 值。

（4）热满量程输出偏移

由于环境温度变化所引起的传感器满量程输出的变化量称为热满量程偏移，通常用单位温度的满量程输出的百分比来表示。热满量程输出偏移的计算公式为

$$\beta=\frac{|\overline{y}_{FS(T_2)}-\overline{y}_{FS(T_1)}|}{Y_{FS(T_1)}(T_2-T_1)}\times 100\%\ (℃^{-1}) \tag{2-16}$$

式中　$\overline{y}_{FS(T_1)}$——在温度 T_1 下，平均满量程输出值；

$\overline{y}_{FS(T_2)}$——在温度 T_2 下，平均满量程输出值；

$Y_{FS(T_1)}$ 在温度 T_1 下的理论满量程输出（为了计算方便，此处也可用实际的满量程输出代替）。

如果传感器的热满量程偏移与温度间隔不成线性关系，则应把 T_2-T_1 分为若干小区间，并用式（2-16）来计算各区间的 β，取绝对值最大的 β 值。

2.5　传感器的选用原则

现代传感器在原理与结构上千差万别，如何根据具体的测量目的、测量对象以及测量环境合理地选用传感器，是在进行某个量的测量时首先要解决的问题。当传感器确定之后，与之相配套的测量方法和测量设备也就可以确定了。测量结果的成败，在很大程度上取决于传感器的选用是否合理。

（1）根据测量对象与测量环境确定传感器的类型

要进行一项具体的测量工作，首先要考虑采用何种原理的传感器，这需要分析多方面的因素之后才能确定。因为，即使是测量同一物理量，也有多种原理的传感器可供选用，哪一种原理的传感器更为合适，则需要根据被测量的特点和传感器的使用条件考虑以下一些具体问题：量程的大小；被测位置对传感器体积的要求；测量方式为接触式还是非接触式；信号的引出方法，有线或是非接触测量；传感器的来源，国产还是进口，价格能否承受，还是自行研制等。

在考虑上述问题之后就能确定选用何种类型的传感器，然后再考虑传感器的具体性能指标。

（2）灵敏度的选择

通常，在传感器的线性范围内，希望传感器的灵敏度越高越好。因为只有灵敏度高时，与被测量变化对应的输出信号的值才比较大，意味着传感器所能感受的最小被测参数变化小，当被测参数发生变化时，传感器将会产生较大的输出变化，有利于信号处理。但要注意的是，选用高灵敏度的传感器也会带来如下一些不利的影响。

① 灵敏度越高，外部干扰、噪声越容易混入。传感器的灵敏度高，与被测量无关的外界噪声也容易混入，混入的干扰、噪声也会与有用信号一样被后面的装置放大，从而可能会使有用信号淹没在这些无用的干扰、噪声之中，影响测量精度。因此，在有较高的灵敏度要求（检测微弱信号）且工作时可能存在干扰、噪声的情况下，应该选用灵敏度高、信噪比也高的传感器。

② 传感器的灵敏度与测量范围密切相关。一般来说，灵敏度越高测量范围越小。如果

输入信号过大，则将会使传感器工作在非线性区甚至是饱和区而无法正常工作。因此，要求传感器本身应具有较高的信噪比，尽量减少从外界引入的干扰信号。

传感器的灵敏度是有方向性的。当被测量是单向量，而且对其方向性要求较高，则应选择其他方向灵敏度小的传感器；如果被测量是多维向量，则要求传感器的交叉灵敏度越小越好。

如果被测参数是一个单向向量，则所选传感器的单向灵敏度越高越好，横向灵敏度越低越好。如果被测参数为二维或三维向量，那么所选传感器在各测量方向上的单向灵敏度越高越好、交叉灵敏度越低越好。

（3）频率响应特性

传感器的频率响应特性决定了被测量的频率范围，必须在允许频率范围内保持不失真的测量条件，实际上传感器的响应总有一定延迟，希望延迟时间越短越好。传感器的频率响应高，可测的信号频率范围就宽，而由于受到结构特性的影响，机械系统的惯性较大，固有频率低的传感器可测信号的频率较低。

在动态测量中，应根据信号的特点（稳态、瞬态、随机等）响应特性，以免产生过大的误差。

一般来说，利用光电效应、压电效应等制成的各种物性型传感器，它们的响应时间短，工作频带宽；而结构型传感器（电感、电容、磁电式传感器等）由于受到原理、结构上的限制，运动部分的机械惯性质量较大，固有频率低，所以工作频带较窄；非接触式传感器的动态特性比接触式传感器要好。

（4）线性范围

传感器的线性范围是指输出与输入成正比的范围。以理论上讲，在此范围内，灵敏度保持定值。传感器的线性范围越宽，则其量程越大，并且能保证一定的测量精度。在选择传感器时，当传感器的种类确定以后，首先要看其量程是否满足要求。但实际上，任何传感器都不能保证绝对的线性，其线性度也是相对的。当所要求测量精度比较低时，在一定的范围内，可将非线性误差较小的传感器近似看作线性的，这会给测量带来极大的方便。

（5）稳定性

传感器使用一段时间后，其性能保持不变化的能力称为稳定性。影响传感器长期稳定性的因素除传感器本身结构外，主要是传感器的使用环境。因此，要使传感器具有良好的稳定性，传感器必须要有较强的环境适应能力。

在选择传感器之前，应对其使用环境进行调查，并根据具体的使用环境选择合适的传感器，或采取适当的措施，减小环境的影响。

传感器的稳定性有定量指标，在超过使用期后，在使用前应重新进行标定，以确定传感器的性能是否发生变化。

在某些要求传感器能长期使用而又不能轻易更换或标定的场合，所选用的传感器稳定性要求更严格，要能够经受住长时间的考验。

（6）精度

精度是传感器的一个重要的性能指标，它是关系到整个测量系统测量精度的一个重要环节。传感器的精度越高，其价格越昂贵，因此，传感器的精度只要满足整个测量系统的精度要求就可以，不必选得过高。这样就可以在满足同一测量目的的诸多传感器中选择比较便宜和简单的传感器。

如果测量目的是定性分析的，选用重复精度高的传感器即可，不宜选用绝对量值精度高的；如果是为了定量分析，必须获得精确的测量值，就需选用精度等级能满足要求的传感器。

(7) 工作方式

① 接触测量与非接触测量　在机械系统中，运动部件的被测参数（例如回转轴的运动误差、主轴振动、扭力矩等）多采用非接触测量方式。因为对运动部件的接触测量，在测头磨损、测头接触的可靠性、动态响应特性等方面都存在着问题，实现合理测量有许多困难，也容易产生较大的测量误差。在这些情况下，则应尽可能选用电容式、涡流式、光电式、激光式等非接触式传感器。

② 破坏性检验与非破坏性检验　破坏性检验使被测对象无法再用，因此应尽量避免使用，若能用模拟试件代替实际的产品或结构，也可以使用破坏性检验方式。在一般情况下，应尽可能采用非破坏性检验方式（如涡流检验、超声波检验、核辐射检验、声发射检验、激光检验等），以避免造成经济上的重大损失。

③ 在线测试与非在线测试　在线测试就是在被测对象处于实际工作状态的条件下进行测试，在过程的自动控制与监视、参数的实时检测中一般都要求采用在线测试。相对来说在线测试的实现是比较困难的，对传感器及整个测试系统的特性有比较高而特殊的要求。例如，飞行器飞行姿态的检测与控制、自动机床加工过程中的尺寸的自动控制等，都采用的是在线测试。实现在线测试的新型传感器的研制，也是当今测试技术的主要发展方向之一。

(8) 其他

选用传感器时还要兼顾结构简单、体积小、重量轻、价格便宜、易于维护等因素。

对某些特殊使用场合，无法选到合适的传感器，则需自行设计制造传感器。自制传感器的性能应满足使用要求。

思考题与习题

2-1　传感器的命名方法是什么？

2-2　什么是传感器的静态特性？传感器的静态特性都包含哪些技术指标？

2-3　传感器的选用原则是什么？

第3章　常用传感器及其典型应用

学习目标： 掌握电容式、电感式、电涡流式、电位器式、压电式和热电偶传感器的工作原理、类型及适用场合。会根据测试任务和各种测试要求选用适当的传感器。

3.1　电容式传感器

电容器是电子技术中的三大类无源元件（电阻、电感和电容）之一，利用电容器的原理，将非电量转化为电容量，进而实现非电量到电量的转化。早在1920—1925年期间，R. Whiddington及其合作者就利用电容传感器成功地测量了大气压下的9.3×10^{-4}Pa的压力变化、10^{-8}cm数量级的机械位移、1/16000℃的温度变化、10^{-10}N的重力。但是将实验室的结果应用到工业上有很多具体困难，因此电容式传感器在几十年内发展缓慢。随着对电容式传感器检测原理和结构的深入研究及新材料、新工艺、新电路的开发，其中一些缺点逐渐得到了克服，应用也越来越广泛。目前电容式传感器已在位移、压力、厚度、物位、湿度、振动、转速、流量的测量等方面得到了广泛的应用。电容式传感器的精度和稳定性也日益提高，高达0.01%精度的电容式传感器国外已有商品供应。一种250mm量程的电容式位移传感器，精度可达5μm。电容式传感器作为一种频响宽、应用广、非接触测量的传感器，是很有发展前途的。

3.1.1　电容式传感器的工作原理和结构

由绝缘介质分开的两个平行金属板组成的平板电容，如果不考虑边缘效应，其电容应为

$$C=\frac{\varepsilon A}{d} \tag{3-1}$$

式中　ε——电容极板间介质的介电常数，$\varepsilon=\varepsilon_0\varepsilon_r$；

ε_0——真空介电常数；

ε_r——极板间介质的相对介电常数；

A——两平行板正对面积；

d——两平行板之间的距离。

当被测参数变化使得式（3-1）中的A、d或ε发生变化时，电容量C也随之变化。如果保持其中两个参数不变，而仅改变其中一个参数，就可把该参数的变化转换为电容量的变化，通过测量电路就可以转换为电量输出。因此，电容式传感器可分为变极距型、变面积型和变介电常数型三种。图3-1所示为常用电容式传感器的结构形式，其中图（b）、（c）、（d）、（f）、（g）、（h）为变面积型，图（a）和图（e）为变极距型，而图（i）～图（l）则为变介电常数型。

3.1.2　变极距型电容式传感器

图3-2是空气介质变极距型电容式传感器的工作原理图。图中一个电极板固定不动，称

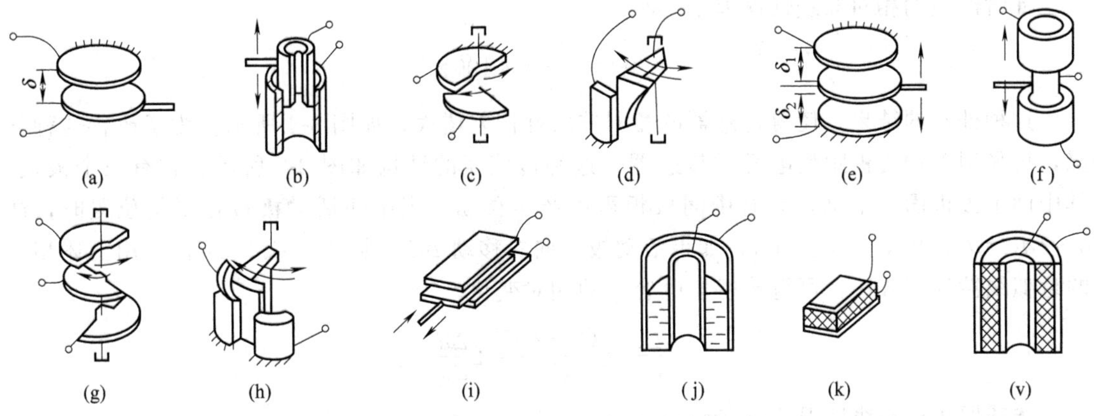

图 3-1　电容式传感器元件的各种结构形式

为固定极板，另一极板可左右移动，引起极板间距离 d 相应变化，从而引起电容量的变化。因此，只要测出电容变化量 ΔC，便可测得极板间距的变化量，即动极板的位移量 Δd。变极距型电容式传感器的初始电容 C_0 可由下式表达，即

$$C_0=\frac{\varepsilon A}{d_0} \tag{3-2}$$

式中　ε——电容极板间介质的介电常数；

A——极板面积，m^2；

d_0——极板间初始距离，m。

变极距型电容式传感器的这种变化关系呈非线性，如图 3-3 所示。

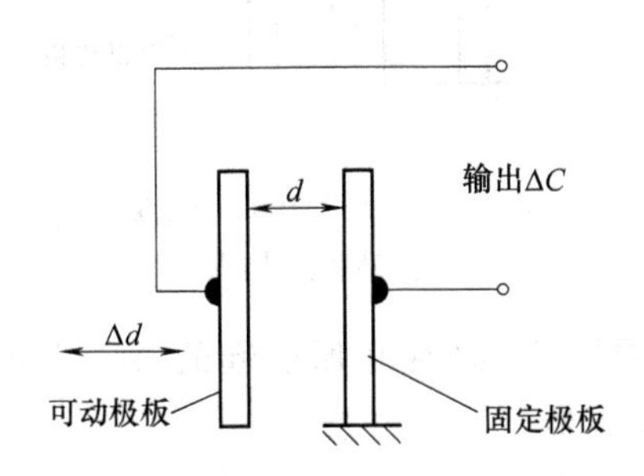

图 3-2　变极距型电容式传感器工作原理图

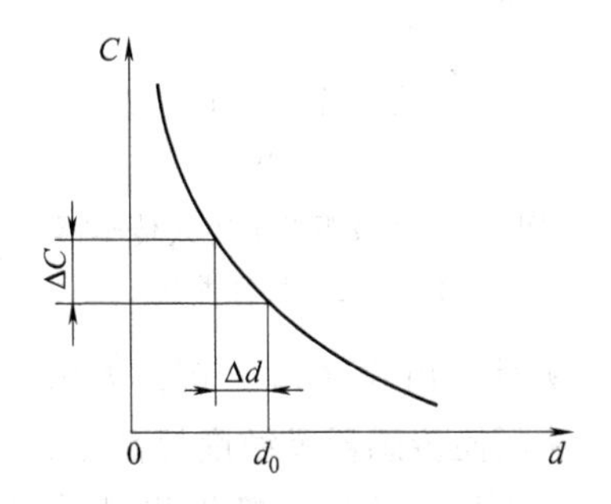

图 3-3　变极距型电容式传感器的特性曲线

当极板初始距离由 d_0 减少 Δd 时，则电容量相应增加 ΔC，即

$$C_0+\Delta C=\frac{\varepsilon A}{d_0+\Delta d}=\frac{C_0}{1-\dfrac{\Delta d}{d_0}} \tag{3-3}$$

电容相对变化量 $\Delta C/C_0$ 为

$$\frac{\Delta C}{C_0}=\frac{\Delta d}{d_0}\left(1-\frac{\Delta d}{d_0}\right)^{-1}$$

由于$\dfrac{\Delta d}{d_0}\ll 1$，在实际应用中时常采用近似线性处理，即

$$\frac{\Delta C}{C_0}=\frac{\Delta d}{d_0} \tag{3-4}$$

此时产生的相对非线性误差 γ_0 为

$$\gamma_0=\pm\left|\frac{\Delta d}{d_0}\right|\times 100\%$$

这种处理的结果，使得传感器的相对非线性误差增大，如图 3-4 所示。为了改善这种状况，可采用差动变极距型电容式传感器，这种传感器的结构如图 3-5 所示。它有三个极板，其中两个极板固定不动，只有中间极板可以产生移动。当中间活动极板在平衡位置时，即 $d_1=d_2=d_0$，则 $C_1=C_2=C_0$，如果活动极板向右移动 Δd，则 $d_1=d_0-\Delta d$，采用上述相同的近似线性处理方法，可得传感器电容总的相对变化，为

$$\frac{\Delta C}{C_0}=\frac{C_1-C_2}{C_0}=2\frac{\Delta d}{d_0}$$

传感器相对非线性误差 γ_0 为

$$\gamma_0=\pm\left|\frac{\Delta d}{d_0}\right|^2\times 100\%$$

不难看出，变极距型电容式传感器改成差动式之后，不但非线性误差大大减少，而且灵敏度也提高了一倍。

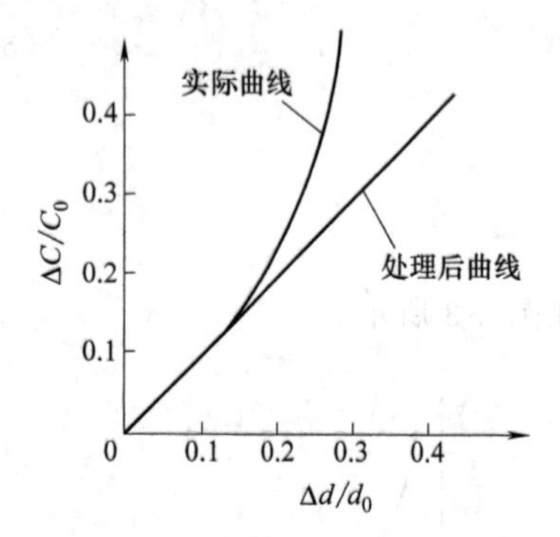

图 3-4 变极距型电容式传感器的 ΔC-Δd 特性曲线

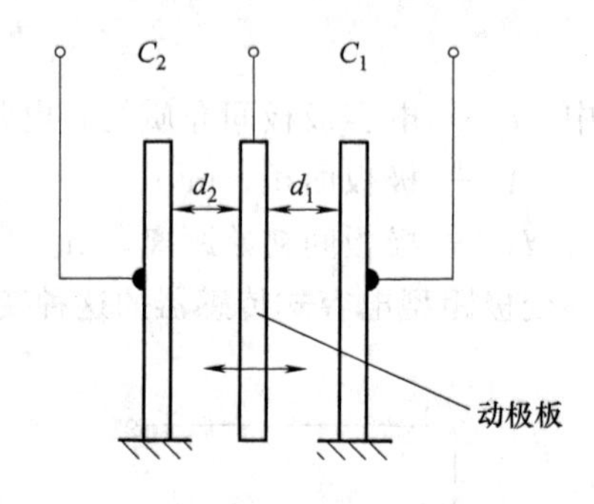

图 3-5 差动变极距型电容式传感器结构图

另外，由式（3-4）可以看出，在 d_0 较小时，对于同样的 Δd 变化所引起的 ΔC 可以增大，从而使传感器灵敏度提高。但 d_0 过小，容易引起电容器击穿或短路。为此，极板间可采用高介电常数的材料（如云母、塑料膜等）作介质，如图 3-6 所示，此时电容 C 变为

$$C=\frac{A}{\dfrac{d_g}{\varepsilon_0\varepsilon_g}+\dfrac{d_0}{\varepsilon_0}} \tag{3-5}$$

式中 ε_g——云母的相对介电常数，$\varepsilon_g=7$；

ε_0——空气的介电常数，$\varepsilon_0=1$；

d_0——空气隙厚度；

d_g——云母片的厚度。

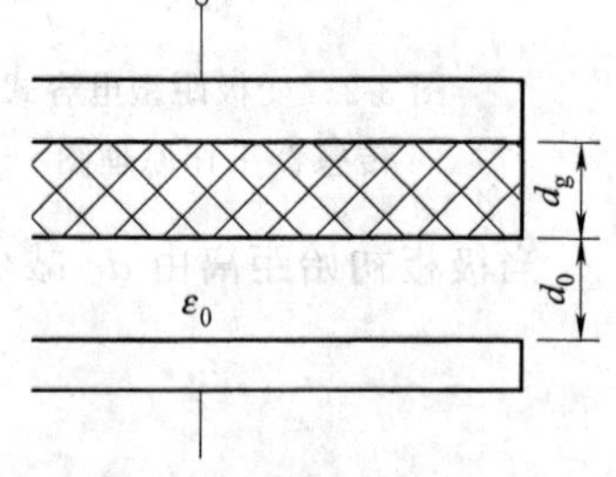

图 3-6 放置云母片的电容器

云母片的相对介电常数是空气的 7 倍，其击穿电压不小于 1000kV/mm，而空气仅为 3kV/mm。因此有了云母片，极板间起始距离可大大减小。同时，式（3-5）中的$\dfrac{d_g}{\varepsilon_0\varepsilon_g}$是恒定值，它能使传感器的输出特性的线性度得到改善。

一般变极距型电容式传感器的起始电容在 20～100pF 之间，极板间距离在 25～200μm 的范围内。最大位移应小于间距的 1/10，故在微位移测量中应用最广。

3.1.3　变面积型电容式传感器

图 3-7 所示为变面积型电容式传感器结构原理图。被测量通过动极板移动引起两极板有效覆盖面积 A 改变，从而得到电容量的变化。当动极板相对于定极板沿长度方向平移 Δx 时，则电容变化量为

$$\Delta C=C-C_0=-\frac{\varepsilon_0\varepsilon_r b\Delta x}{d} \tag{3-6}$$

式中，$C_0=\varepsilon_0\varepsilon_r ba/d$ 为初始电容。

电容相对变化量为

$$\frac{\Delta C}{C_0}=\frac{\Delta x}{a} \tag{3-7}$$

很明显，这种传感器其电容量 C 与水平位移量呈线性关系。

图 3-8 所示是电容式角位移传感器原理图。当动极板有一个角位移 θ 时，与定极板间的有效覆盖面积就发生改变，从而改变了两极板间的电容量。当 $\theta=0$ 时，则

$$C_0=\frac{\varepsilon_0\varepsilon_r A_0}{d_0} \tag{3-8}$$

式中　ε_r——介质相对介电常数；

d_0——两极板间距离；

A_0——两极板间初始覆盖面积。

当 $\theta\neq0$ 时，则

$$C=\frac{\varepsilon_0\varepsilon_r A_0\left(1-\frac{\theta}{\pi}\right)}{d_0}=C_0-C_0\frac{\theta}{\pi} \tag{3-9}$$

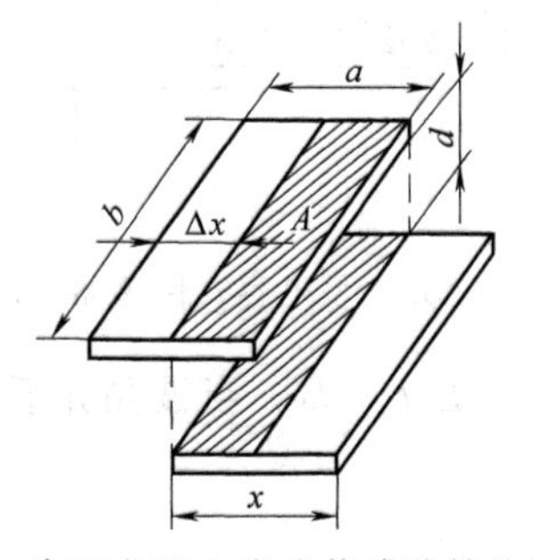

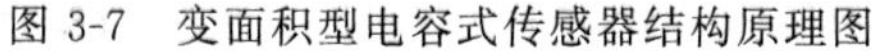

图 3-7　变面积型电容式传感器结构原理图

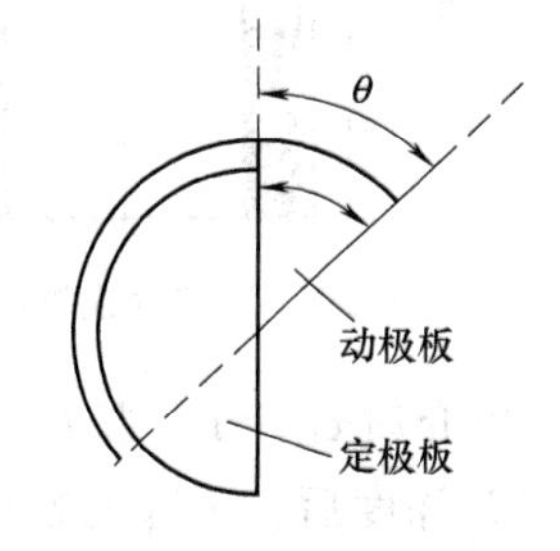

图 3-8　电容式角位移传感器原理图

从式（3-9）可以看出，传感器的电容量 C 与角位移 θ 呈线性关系。

因此，当动极板绕轴转动一个 θ 角时，两极板的对应面积要减少 ΔA，则传感器的电容量就要减少 ΔC。如果把这种电容量的变化通过谐振回路或其他回路方法检测出来，就实现了角位移转换为电量的电测变换。

电容式位移传感器的位移测量范围在 1～10μm 之间，变极距型电容式传感器的测量精度约 2%，变面积型电容式传感器的测量精度较高，其分辨率可达 0.3μm。

3.1.4　变介质型电容式传感器

图 3-9 所示为一种变极板间介质的电容式传感器用于测量液位高低的结构原理图。设被

测介质的介电常数为ε_1，液面高度为h，变换器总高度为H，内筒外径为d，外筒内径为D，此时变换器电容值为

$$C=\frac{2\pi\varepsilon_1 h}{\ln\frac{D}{d}}+\frac{2\pi\varepsilon(H-h)}{\ln\frac{D}{d}}=C_0+\frac{2\pi h(\varepsilon_1-\varepsilon)}{\ln\frac{D}{d}} \tag{3-10}$$

式中 ε——空气介电常数。

C_0——由变换器的基本尺寸决定的初始电容值，即

$$C_0=\frac{2\pi\varepsilon H}{\ln\frac{D}{d}} \tag{3-11}$$

由式（3-10）可见，此变换器的电容增量正比于被测液位高度h。

变介质型电容式传感器有较多的结构形式，可以用来测量纸张、绝缘薄膜等的厚度，也可用来测量粮食、纺织品、木材或煤等非导电固体介质的湿度。图 3-10 所示为一种常用的结构形式。图中，两平行电极固定不动，极距为d_0，相对介电常数为ε_{r2}的电介质以不同深度插入电容器中，从而改变两种介质的极板覆盖面积。传感器总容量C为

$$C=C_1+C_2=\varepsilon_0 b_0\frac{\varepsilon_{r1}(L_0-L)+\varepsilon_{r2}L}{d_0} \tag{3-12}$$

式中 L_0，b_0——极板的长度和宽度；

L——第二种介质进入极板间的长度。

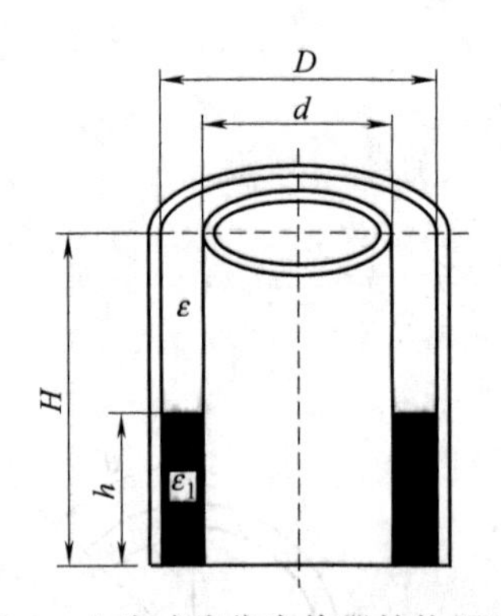

图 3-9 电容式液位变换器结构原理图

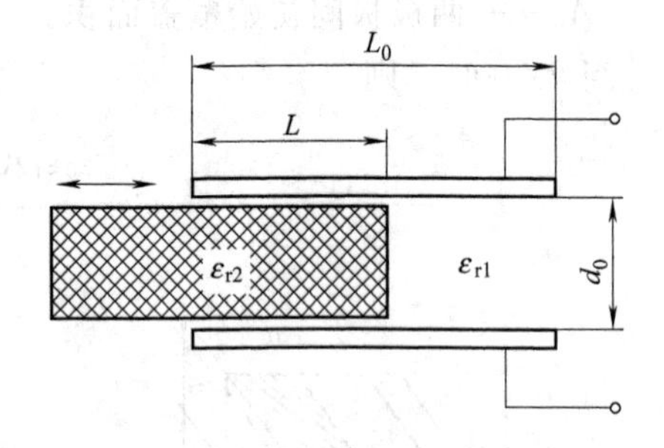

图 3-10 变介质型电容式传感器常用结构

若电介质$\varepsilon_{r1}=1$，当$L=0$时，传感器初始电容$C_0=\varepsilon_0\varepsilon_{r1}L_0 b_0/d_0$。当被测介质$\varepsilon_{r2}$进入极板间$L$深度后，引起电容相对变化量为

$$\frac{\Delta C}{C_0}=\frac{C-C_0}{C_0}=\frac{(\varepsilon_{r2}-1)L}{L_0} \tag{3-13}$$

表 3-1 列出几种常用的电介质材料的相对介电常数ε_r。

表 3-1 常用电介质材料的相对介电常数

材　料	相对介电常数 ε_r	材　料	相对介电常数 ε_r
真空	1.00000	纸	2.0
其他气体	1～1.2	聚四氟乙烯	2.1
石油	2.2	玻璃	5.3～7.5
聚乙烯	2.3	陶瓷	5.5～7.0
硅油	2.7	盐	6

续表

材　　料	相对介电常数 ε_r	材　　料	相对介电常数 ε_r
米及谷物	3～5	云母	6～8.5
环氧树脂	3.3	三氧化二铝	8.5
石英玻璃	3.5	乙醇	20～25
二氧化硅	3.8	乙二醇	35～40
纤维素	3.9	甲醇	37
聚氯乙烯	4.0	丙三醇	47
硬橡胶	4.3	水	80
石英	4.5	钛酸钡	1000～10000

3.1.5　电容式传感器的应用

（1）电容式加速度传感器

图3-11所示为差动式电容加速度传感器结构图。它有两个固定极板（与壳体绝缘），中间有一用弹簧片支撑的质量块，此质量块的两个端面经过磨平抛光后作为可动极板（与壳体电连接）。

当传感器壳体随被测对象沿垂直方向作直线加速运动时，质量块在惯性空间中相对静止，两个固定电极将相对于质量块在垂直方向产生大小正比于被测加速度的位移。此位移使两电容的间隙发生变化，一个增加，一个减小，从而使 C_1、C_2 产生大小相等、符号相反的增量，此增量正比于被测加速度。

电容式加速度传感器的主要特点是频率响应快和量程范围大，大多采用空气或其他气体作阻尼物质。

（2）电容式压力传感器

图3-12所示为差动式电容压力传感器的结构图，图中所示膜片为动电极，两个在凹形玻璃上的金属镀层为固定电极，构成差动电容器。

当被测压力或压力差作用于膜片并产生位移时，所形成的两个电容器的电容量，一个增大，一个减小。该电容的变化经测量电路转换成与压力或压力差相对应的电流或电压的变化。

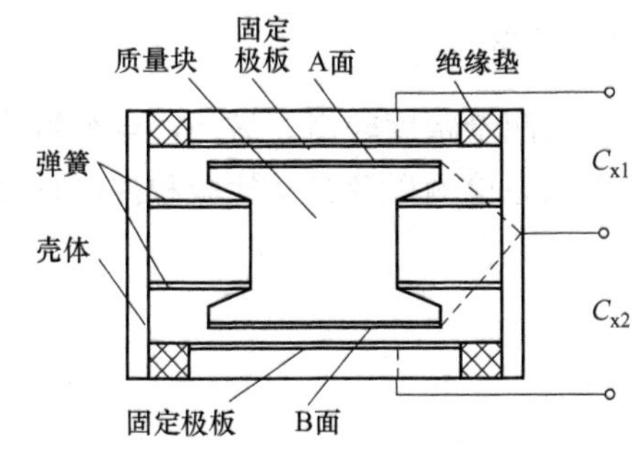

图3-11　差动式电容加速度传感器结构图

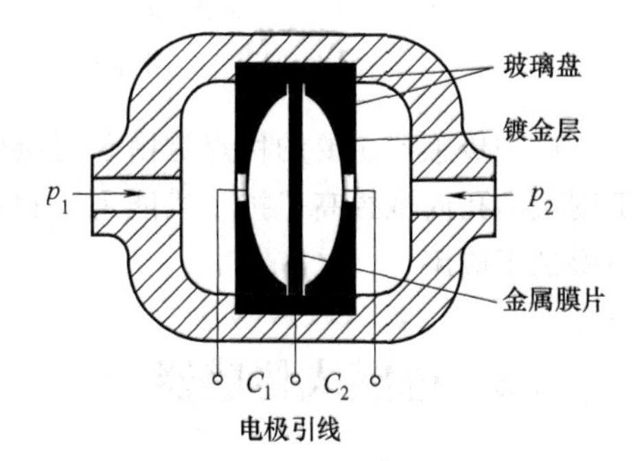

图3-12　差动式电容压力传感器结构图

（3）差动式电容测厚传感器

电容测厚传感器用来对金属带材在轧制过程中的厚度进行检测，其工作原理是在被测带材的上下两侧各置放一块面积相等，与带材距离相等的极板，这样极板与带材就构成了两个电容器 C_1、C_2。把两块极板用导线连接起来成为一个极，而带材就是电容的另一个极，其

总电容为 C_1+C_2，如果带材的厚度发生变化，将引起电容量的变化，用交流电桥将电容的变化测出来，经过放大即可由电表指示测量结果。

差动式电容测厚传感器的测量原理如图 3-13 所示。音频信号发生器产生的音频信号，接入变压器 T 的一次绕组，变压器二次侧的两个绕组作为测量电桥的两臂，电桥的另外两桥臂由标准电容 C_0 和带材与极板形成的被测电容 C_x（$C_x=C_1+C_2$）组成。电桥的输出电压经放大器放大后整流为直流，再经差动放大，即可用指示电表指示出带材厚度的变化。

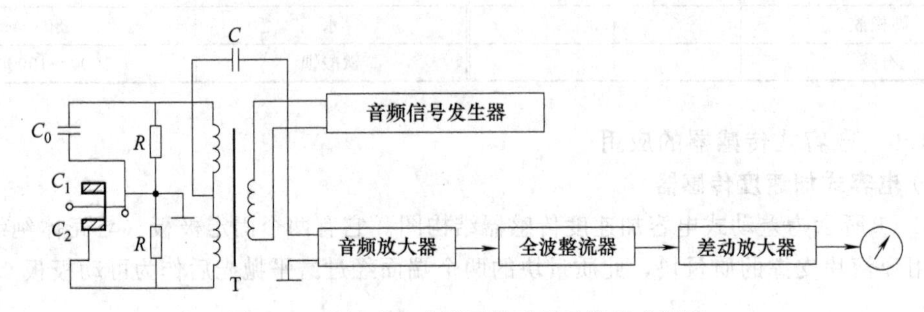

图 3-13 差动式电容测厚传感器系统组成框图

（4）电容式荷重传感器

图 3-14 所示为电容式荷重传感器的结构示意图。它是在镍铬钼钢块上，加工出一排尺寸相同且等距的圆孔，在圆孔内壁上粘接有带绝缘支架的平板式电容器，然后将每个圆孔内的电容器并联。当钢块端面承受载荷 F 作用时，圆孔将产生变形，从而使每个电容器的极板间距变小，电容量增大。电容器容量的增值正比于被测载荷 F。

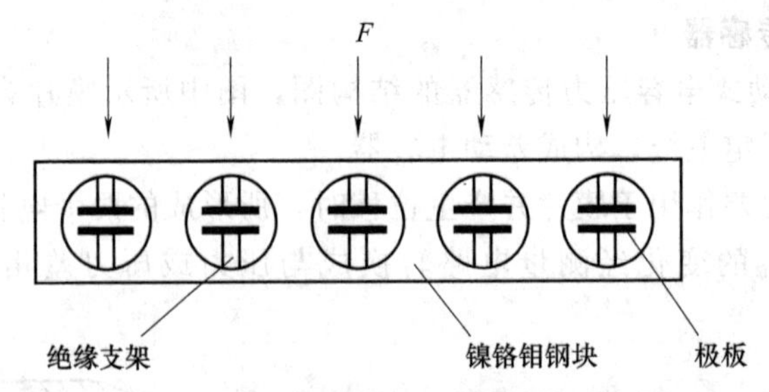

图 3-14 电容式荷重传感器结构示意图

这种传感器主要的优点是由于受接触面的影响小，因此测量精度较高。另外，电容器放于钢块的孔内也提高了抗干扰能力。它在地球物理、表面状态检测以及自动检验和控制系统中得到了应用。

3.2 电感式传感器

电感式传感器是利用线圈自感或互感的变化来实现测量的一种装置，可以用来测量位移、振动、压力、流量、重量、力矩及应变等多种物理量。

电感式传感器的核心部分是可变电感或可变互感。在被测量转换成线圈自感或互感的变化时，一般要利用磁场作为媒介或利用铁磁体的某些现象。这类传感器的主要特征是具有线圈绕组。

电感式传感器具有以下优点：结构简单可靠，输出功率大，抗干扰能力强，对工作环境要求不高，分辨力较高（如在测量长度时，一般可达0.1μm），示值误差一般为示值范围的0.1%～0.5%，稳定性好。它的缺点是频率响应低，不宜用于快速动态测量。一般说来，电感式传感器的分辨力和示值误差与示值范围有关。示值范围大时，分辨力和示值精度将相应降低。

3.2.1　电感式传感器的工作原理

（1）自感式传感器

自感式传感器将被测量的变化转换成线圈本身自感系数的变化。图3-15（a）为其工作原理示意图。

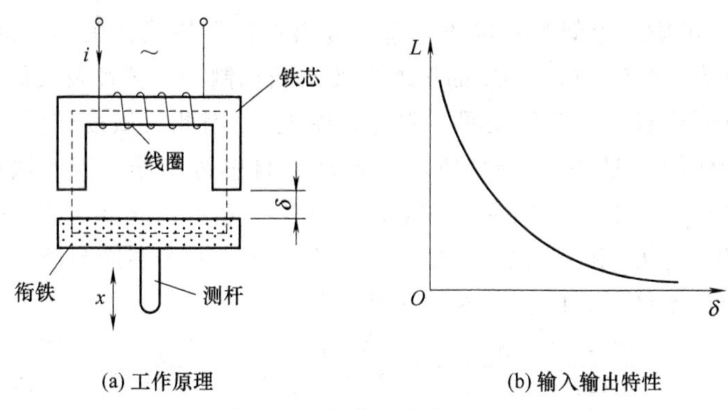

图3-15　自感式传感器原理

传感器由线圈、铁芯和衔铁组成，在铁芯与衔铁之间有空气隙δ。当线圈中通以交变电流i时，在线圈中产生磁通Φ_m，其大小与激励电流成正比，即

$$W\Phi_m = Li \tag{3-14}$$

式中　W——线圈的匝数；

L——线圈的自感。

另外，根据磁路的欧姆定律，有

$$\Phi_m = \frac{Wi}{R_m} \tag{3-15}$$

式中，R_m为磁路的磁阻。

将上面两式合并，可以得到线圈的自感L为

$$L = \frac{W^2}{R_m} \tag{3-16}$$

磁路的磁阻由铁芯的磁阻和空气隙的磁阻串联而成。由于铁芯的磁导率远高于空气的磁导率，其磁阻与空气隙的磁阻相比可以忽略不计，因此有

$$R_m = R_{m铁} + R_{m气} \approx R_{m气} = \frac{2\delta}{\mu_0 A} \tag{3-17}$$

式中　A——磁路的导磁截面积；

μ_0——空气的磁导率，$\mu_0 = 4\pi \times 10^{-7}$ H/m。

传感器线圈的自感L为

$$L = \frac{W^2 \mu_0 A}{2\delta} \tag{3-18}$$

因此，当铁芯的磁导率 μ_0、导磁截面积 A 及线圈的匝数一定时，空气隙 δ 的改变将使线圈的自感 L 发生变化，自感 L 与空气隙 δ 之间的关系为反比关系［图 3-15（b）］。据此原理制成的传感器称为变气隙式自感传感器。传感器的灵敏度 S 为

$$S=\frac{\mathrm{d}L}{\mathrm{d}\delta}=-\frac{W^2\mu_0 A}{2\delta^2} \tag{3-19}$$

灵敏度 S 与空气隙 δ 的平方成反比，说明传感器在不同的工作气隙下灵敏度不为常数，因此存在理论上的非线性误差。为限制传感器的非线性误差大小，通常是使传感器在初始气隙 δ_0 附近较小的范围 $\pm\Delta\delta$ 内工作，则此时的灵敏度为

$$S=-\frac{W^2\mu_0 A}{2\delta^2}=-\frac{W^2\mu_0 A}{2(\delta_0+\Delta\delta)^2}\approx-\frac{W^2\mu_0 A}{2\delta_0^2}\left(1-2\frac{\Delta\delta}{\delta_0}\right) \tag{3-20}$$

当 $\Delta\delta\ll\delta_0$ 时，灵敏度近似为一常数，输入输出近似保持线性关系。因此，这种传感器的工作范围通常取为 $\Delta\delta/\delta_0\leqslant 0.1$。$\delta_0$ 的选取主要与结构制造工艺性及灵敏度要求有关。

上述自感传感器只有一个工作线圈（称为单圈式），因此灵敏度较低，线性差，工作范围小，目前已很少使用。图 3-16（a）所示为差动式自感传感器，当衔铁在平衡位置（$\delta=\delta_0$）附近有一个位移 $\Delta\delta$ 时，两线圈的空气隙一个变为 $\delta_1=\delta_0-\Delta\delta$，另一个变为 $\delta_2=\delta_0+\Delta\delta$，从而使它们的自感 L_1 和 L_2 也一个增大，一个减小，两个线圈自感的差值 $\Delta L=L_1-L_2$ 也随之发生变化。根据单圈式自感传感器原理，有

$$\Delta L=L_1-L_2=\frac{W^2\mu_0 A}{2\delta_1}-\frac{W^2\mu_0 A}{2\delta_2}=\frac{W^2\mu_0 A}{2(\delta_0-\Delta\delta)}-\frac{W^2\mu_0 A}{2(\delta_0+\Delta\delta)}\approx\frac{W^2\mu_0 A}{\delta_0}\times\frac{\Delta\delta}{\delta_0}$$

这种传感器的测量电路一般是把两个线圈分别接在交流电桥相邻的两个桥臂上［图 3-16（b）］，当输入 x（即 δ）发生变化时，ΔL 与 x 基本上为一线性关系，电桥的输出 e_o 又正比于 ΔL，因此电桥的输出也与输入 x 基本保持线性关系［图 3-16（c）］。

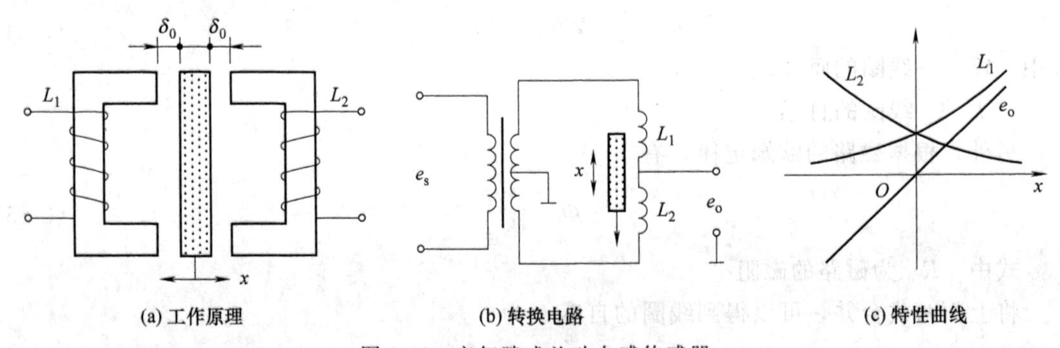

(a) 工作原理　　(b) 转换电路　　(c) 特性曲线

图 3-16　变气隙式差动自感传感器

将传感器做成差动式，不仅使灵敏度比单圈式提高了一倍，而且大大改善了传感器的非线性，同时还在一定程度上实现了对某些误差的补偿（诸如环境条件变化、铁芯材料的磁特性不均匀等）。

目前常用的自感式传感器有以下三种类型：变面积型；变间隙型；螺管插铁型。如图 3-17 所示。

变面积型传感器的灵敏度比变间隙型的小，但理论灵敏度为一常数，因而线性度好，量程较大，使用比较广泛。

变间隙型传感器的灵敏度最高，且灵敏度随气隙的增大而减小；非线性误差大，为了减小非线性，量程必须限制而且较小，一般为间隙的 1/5 以下。这种传感器制作装配比较

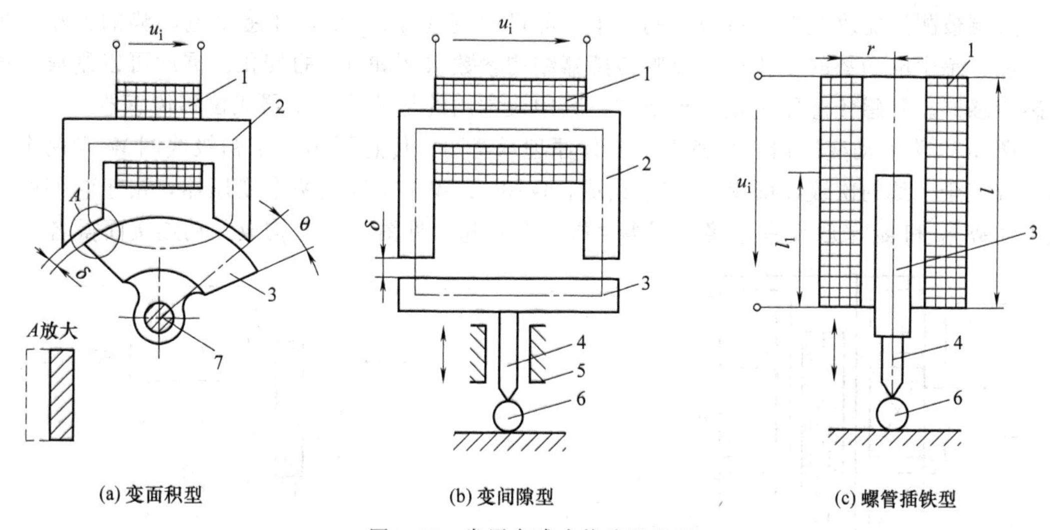

图 3-17　常用自感式传感器类型

1—差动线圈；2—铁芯；3—衔铁；4—测杆；5—套筒；6—工件；7—转轴

困难。

螺管插铁型传感器的量程大，灵敏度低，结构简单，便于制作，因而应用广泛。

（2）互感式传感器

互感式传感器是将非电量转换成线圈间互感 M 的一种磁电机构，是根据电磁感应中的互感原理工作的。互感原理指的是：当某一线圈中通以交变的电流时，在其周围产生交变的磁通，因而在其邻近的线圈上感应出感生电动势。如图 3-18 所示，当初级线圈 W_1 通入交流电流 i_1 时，次级线圈 W_2 上便产生感生电动势 e_{12}，其大小与 i_1 对时间的变化率成正比，即

$$e_{12}=M\frac{\mathrm{d}i_1}{\mathrm{d}t} \tag{3-21}$$

式中的 M 为比例系数，称为互感系数（简称为互感），其大小与两线圈的参数、磁路的导磁能力等因素有关，它表征了两线圈的耦合程度。

在图 3-19 中，磁路设计成开磁路（磁路中有导磁能力的铁芯相差很大的空气隙），此时互感 M 是下面一些参数的函数：

$$M=f(W_1,W_2,\mu_0,\mu,\delta,S) \tag{3-22}$$

式中　W_1，W_2——初、次级线圈的匝数；

$\mu_0(\mu)$——真空（介质）的磁导率；

δ——空气隙的长度；

S——导磁截面积。

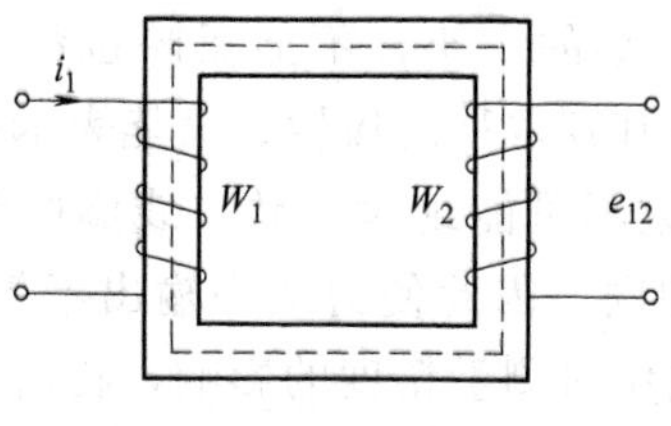

图 3-18　互感现象

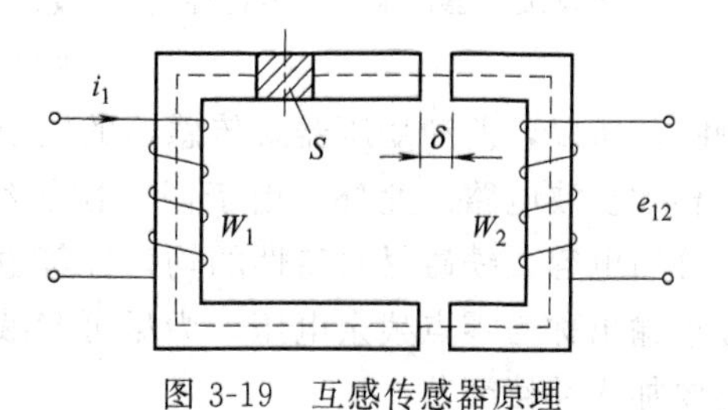

图 3-19　互感传感器原理

只要被测量能改变上述参数中的一个，即可改变 M 的大小，即感生电动势的大小。也就是说，感生电动势的变化可以反映传感器结构参数（例如 δ）的变化。据此可以制成各种互感传感器。互感传感器有很多种形式，其中最常用的是差动变压器式位移传感器。

图 3-20 为差动变压器式传感器的工作原理示意图。传感器由一个初级线圈 W 和两个结构参数完全一致的次级线圈 W_1、W_2 组成，W-W_1、W-W_2 构成两个变压器，由于它们的感生电动势 e_1 和 e_2 采取反串连接（同极性端接在一起，见图 3-21）构成差动连接而得名。

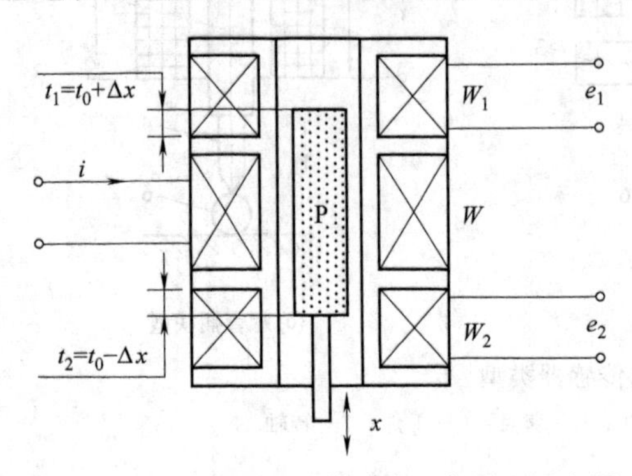

图 3-20 差动变压器式传感器工作原理示意图

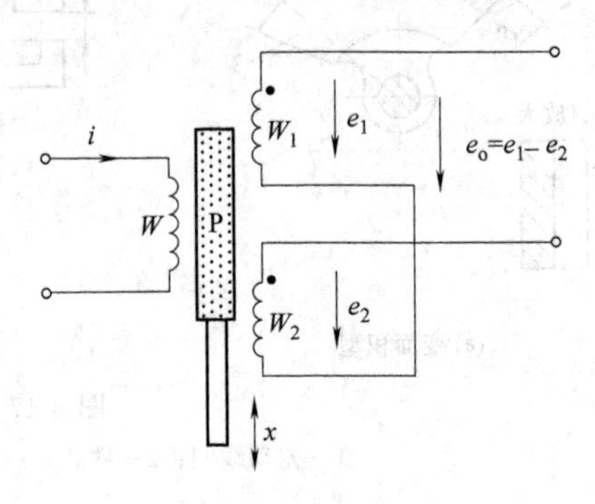

图 3-21 反串连接

两个变压器的初、次级线圈之间的耦合程度（互感 M_1、M_2）与磁芯 P 的位置有关。理论分析表明，当磁芯插入次级线圈的深度为 t_1、t_2 时，有

$$M_1 \propto t_1^2,\ M_2 \propto t_2^2 \tag{3-23}$$

从而

$$e_1 = kt_1^2,\ e_1 = kt_2^2 \tag{3-24}$$

反串连接后的输出电压 e_o 为

$$e_o = e_1 - e_2 = k(t_1^2 - t_2^2) \tag{3-25}$$

设磁芯处在中间位置时插入两次级线圈的深度为 t_0，当磁芯向上移动 Δx 后，磁芯插入 W_1、W_2 的深度分别变为 $t_1 = t_0 + \Delta x$ 和 $t_2 = t_1 - \Delta x$，输出电压 e_o 为

$$e_o = e_1 - e_2 = k(t_1^2 - t_2^2) = k[(t_0 + \Delta x)^2 - (t_0 - \Delta x)^2] = 4kt_0\Delta x = S\Delta x$$

如果磁芯的移动方向相反，则输出仅差一个负号（反相）。图 3-22 为差动变压器的输入输出特性曲线。

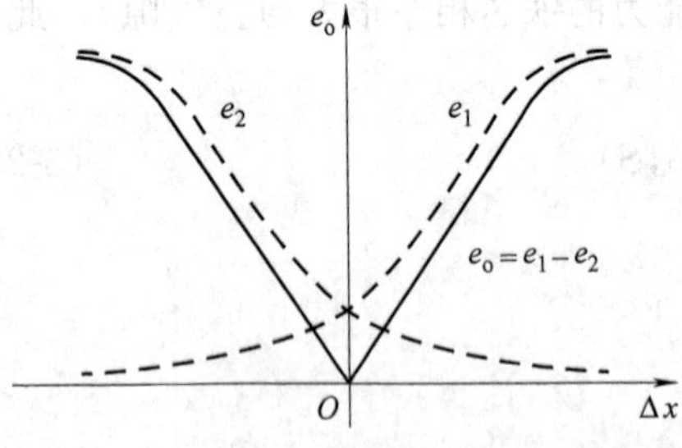

图 3-22 差动变压器的输入输出特性曲线

由上可见，差动变压器式传感器理论上具有理想的线性输入输出特性。实际上，由于边缘效应以及线圈结构参数不一致、磁芯特性不均匀等因素的影响，这种传感器仍具有一定的非线性误差。

差动变压器输出的是高频交流电压信号，信号的幅值 e_o 与磁芯对中间位置的偏离量 Δx 成正比。如果直接用普通交流电压表、示波器等指示结果，则只能反映磁芯位移的大小，不能反映位移的方向（极性）。所以，差动变压器式传感器的输出通常后接既能判别位移的极性、又能表示位移大小的相敏检波电路。此外，由于两个次级线圈的结构参数不可能绝对一致，线圈的铜损电阻、分布电容、铁磁材料特性的均匀性等也不可能完全相同，因此使得最小输出不等于零，该最小输出称为零点残余电压。为尽可能减小零点残余电压对测量精度的影响，在后接电路中还要加入补偿环节。

差动变压器式电感传感器的分辨率及测量精度都很高（可达 0.1μm）、线性范围较大（可达±100mm）、稳定性好、使用方便，因此被广泛用于位移或可转换成位移变化的压力、重量、液位等参数的测量中。

3.2.2　电感式传感器的应用

电感式传感器是被广泛应用的电磁机械式传感器，可以直接用于测量直线位移、角位移的静态和动态量。而且以电感式传感器为基础，可做成多种用途的传感器，用于测量力、压力、转矩及加速度等。

（1）变间隙电感式气体压力传感器

图 3-23 所示为变间隙电感式气体压力传感器示意图。它由膜盒、铁芯、衔铁及线圈等组成。衔铁与膜盒的上端连在一起。

当压力作用于膜盒时，膜盒的顶端在压力 p 的作用下产生与其大小成正比的位移。于是衔铁也发生移动，从而使气隙发生变化，流过线圈的电流也发生相应的变化，电流表指示值即反映被测压力的大小。

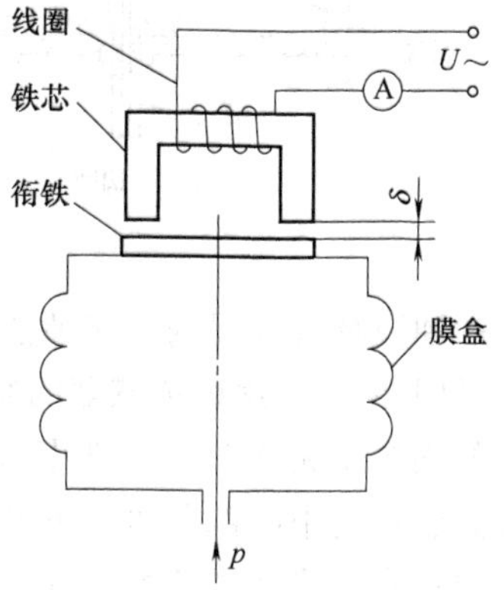

图 3-23　变间隙电感式气体压力传感器示意图

（2）差动变压器式加速度传感器

图 3-24 所示为差动变压器式加速度传感器结构示意图和测振电路方框图。用于测定振动物体的频率和振幅时其励磁频率必须是振动频率的 10 倍以上，这样才可以得到精确的测量结果。可测量的振幅范围为 0.1～0.5mm，振动频率一般为 0～150Hz。

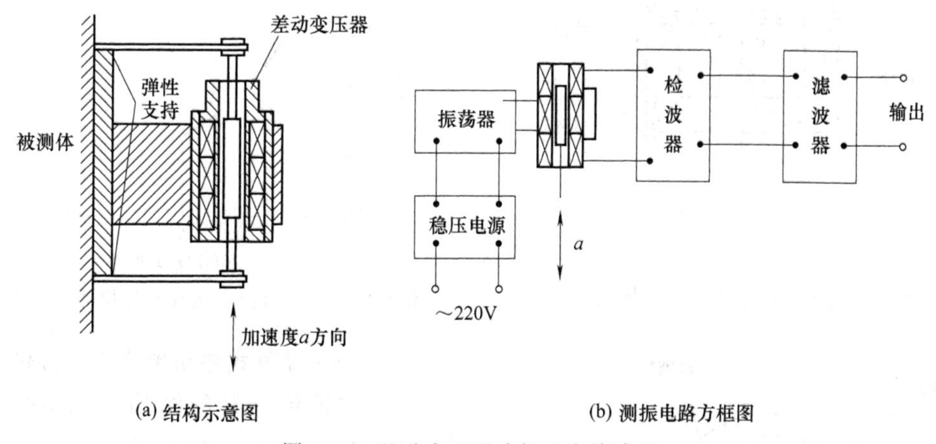

(a) 结构示意图　(b) 测振电路方框图

图 3-24　差动变压器式加速度传感器

（3）微压力传感器

图 3-25 所示为微压力传感器的结构示意图，在被测压力为零时，膜片在初始位置状态，此时固接在膜盒中心的衔铁位于差动变压器线圈的中间位置，因而输出为零。当被测压力由接头传入膜盒时，其自由端产生一正比于被测压力的位移，并带动衔铁在变压器线圈中移动，从而使差动变压器输出电压经相敏检波、滤波后其输出电压可反映被测压力的数值。

（4）电感式油压传感器

电感式油压传感器是一种新型的压力传感器，它可以使用在各种运动的机械装置上。由于弹性元件使用屋顶形合金薄膜，可承受高机械强度，并有较高的耐腐蚀性，对一些腐蚀性

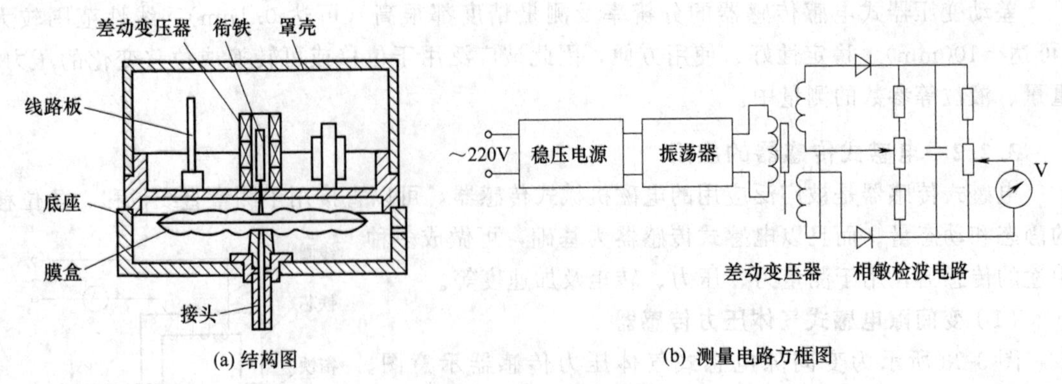

(a) 结构图　　(b) 测量电路方框图

图 3-25　微压力传感器

强的油液具有较强的耐腐蚀能力。

图 3-26 是这种传感器的结构图。由无定形合金膜片、线圈、铁氧体构成磁路，它们之间的隔垫使无定形合金膜片和铁氧体之间形成气隙。当液压油从入口进入传感器后，无定形合金膜片的中间部分将向下产生变形，它不但使气隙发生变化，而且由此产生的应力还会使无定形合金膜片本身的磁导率发生变化（见图 3-27）。从而使线圈的电感量也发生变化。用检测电路测出这种变化，也测得了油压的大小。

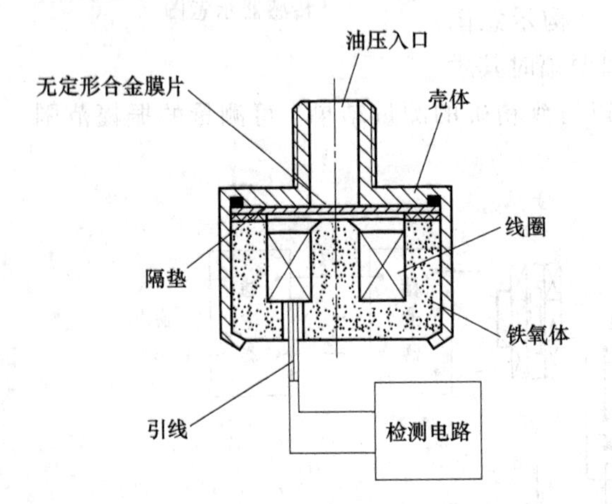

图 3-26　电感式油压传感器结构图

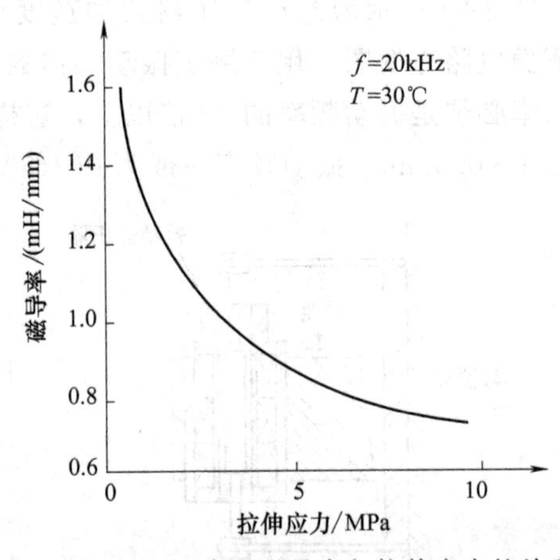

图 3-27　无定形合金磁导率与拉伸应力的关系

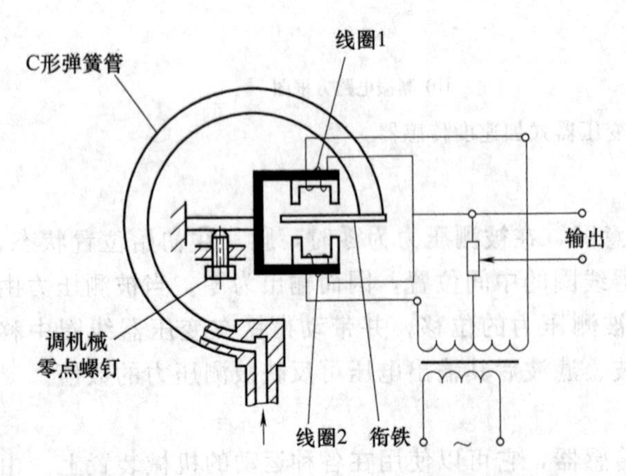

图 3-28　变隙式差动电感式压力传感器结构图

（5）变隙式差动电感式压力传感器

这种传感器的结构见图 3-28 所示。它主要由 C 形弹簧管、衔铁、铁芯和线圈等组成。当被测压力进入 C 形弹簧管时，C 形弹簧管产生变形，其自由端发生位移，带动与自由端连接成一体的衔铁运动，使线圈 1 和线圈 2 中的电感量发生大小相等、符号相反的变化，即一个电感量增大，一个电感量减小。电感的这种变化通过电桥电路转换成电压输出。由于输出电压和被测压力之间成正比关系，所以只要用检测仪表测量出输出电压，即可得知被测压力的大小。

3.3　电涡流式传感器

3.3.1　电涡流式传感器的工作原理

根据法拉第电磁感应定律，块状金属导体置于变化磁场中或在磁场中作切割磁力线运动时，金属导体内将会产生旋涡状的感应电流，该旋涡状的感应电流称为电涡流，简称涡流。

根据电涡流效应原理制成的传感器称为电涡流式传感器。利用电涡流传感器可以实现对位移、材料厚度、金属表面温度、应力、速度以及材料损伤等进行非接触式的连续测量，并且这种测量方法具有灵敏度高、频率响应范围宽、体积小等一系列优点。

按照电涡流在导体内贯穿的情况，可以把电涡流传感器分为高频反射式和低频透射式两类，其工作原理相似。

将一个通以正弦交变电流 I_1，频率为 f，外半径为 r 的扁平线圈置于金属导体附近，则线圈周围空间将产生一个正弦交变磁场 H_1，使金属导体中感应电涡流 I_2，I_2 又产生一个与 H_1 方向相反的交变磁场 H_2，如图 3-29 所示。根据楞次定律，金属导体感生的磁场 H_2 必然削弱线圈的磁场 H_1。由于磁场 H_2 的作用，涡流要消耗一部分能量，导致传感器线圈的等效阻抗发生变化。线圈阻抗的变化取决于被测金属导体的电涡流效应。而电涡流效应既与被测导体的电阻率 ρ、磁导率 μ 以及几何形状有关，还与线圈的几何参数、线圈中励磁电流频率 f 有关，同时还与线圈与导体间的距离 x 有关。

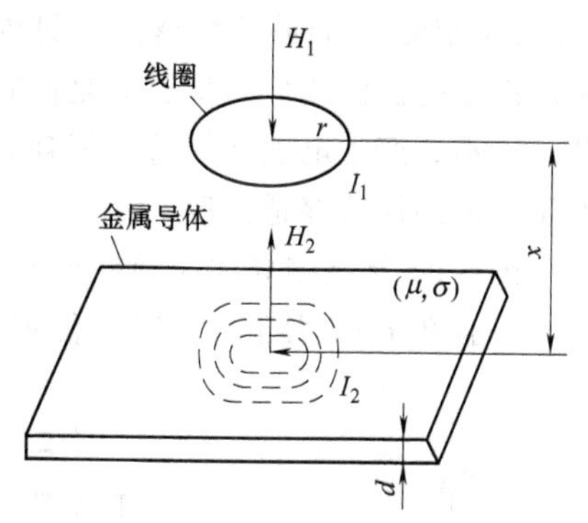

图 3-29　电涡流式传感器原理图

传感器线圈受电涡流影响时的等效阻抗 Z 的函数关系式为

$$Z=F(\rho,\mu,r,f,x) \tag{3-26}$$

式中　ρ——被测导体的电阻率；

μ——被测导体的磁导率；

r——线圈与被测体的尺寸因子；

f——线圈中励磁电流频率；

x——线圈与导体间的距离。

如果保持上式中其他参数不变，而只使其中一个参数发生变化，则传感器线圈的阻抗 Z 就仅仅是这个参数的单值函数。通过与传感器配用的测量电路测出阻抗 Z 的变化量，即可实现对该参数的测量。图 3-29 所示的是电涡流式传感器原理。

当被测物体和传感器探头被确定以后，影响传感器线圈阻抗 Z 的一些参数是不变的，此时只有线圈与被测导体之间的距离 x 的变化量与阻抗 Z 有关，如果通过检测电路测出阻抗 Z 的变化量，也就实现了对被测导体位移量的检测。以上就是电涡流式位移传感器的基本工作原理。

根据线圈等效阻抗的函数表达式，电涡流传感器还有表 3-2 所列出的其他用途。

表 3-2　电涡流传感器主要用途

恒定参量	变化参量	主要用途
ρ,μ,r,f	x	位移、厚度尺寸及振动幅度的测量
μ,r,f,x	ρ	温度检测及材质的判断
ρ,r,f,x	μ	应力及硬度的测试
r,f	ρ,μ,x	物体的探伤

下面就以电涡流强度与距离的关系为例介绍传感器的工作原理。实验证明，当传感器线圈与被测导体的距离 x 发生变化时，电涡流分布特性并不改变，但电涡流密度将发生相应的变化，即电涡流强度将随距离 x 的变化而变化，且呈非线性关系，随距离 x 的增加而迅速减小，如图 3-30 所示。

另外被测导体的一些特性也会对传感器灵敏度产生影响。被测导体的电阻率 ρ 和磁导率 μ 越小，传感器的灵敏度越高。另外被测导体的形状和尺寸大小对传感器的灵敏度也有影响。由于电涡流式位移传感器是高频反射式涡流传感器，因此，被测导体必须达到一定的厚度，才不会产生电涡流的透射损耗，使传感器具有较高的灵敏度。一般要求被测导体的厚度大于 2 倍的涡流穿透深度。

图 3-31 是被测导体为圆柱形时，被测导体直径与传感器灵敏度的关系曲线。从曲线可知，只有在 D/d 大于 3.5 时，传感器灵敏度才有稳态值。

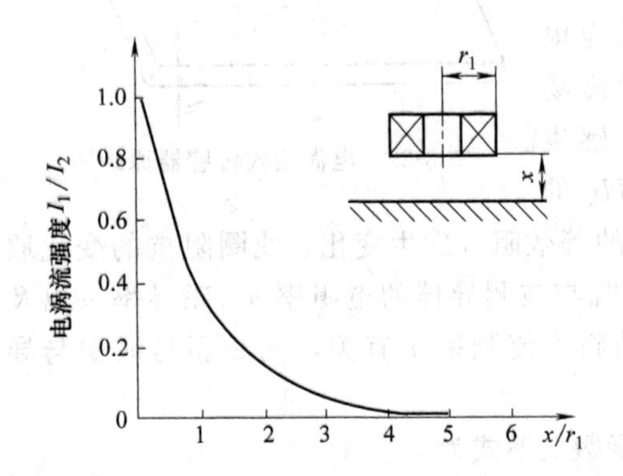

图 3-30　电涡流强度与距离的关系曲线

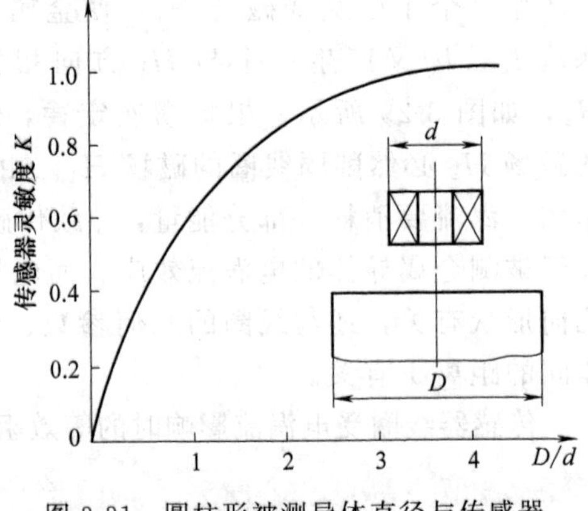

图 3-31　圆柱形被测导体直径与传感器灵敏度的关系曲线

3.3.2　电涡流式传感器的应用

(1) 低频透射式电涡流厚度传感器

透射式电涡流厚度传感器的结构原理如图 3-32所示。在被测金属板的上方设有发射传感器线圈 L_1，在被测金属板下方设有接收传感器线圈 L_2。当在 L_1 上加低频电压 U_1 时，L_1 上产生交变磁通 Φ_1，若两线圈间无金属板，则交变磁通直接耦合至 L_2 中，L_2 产生感应电压 U_2。如果将被测金属板放入两线圈之间，则 L_1 线圈产生的磁场将导致在金属板中产生电涡流，并将贯

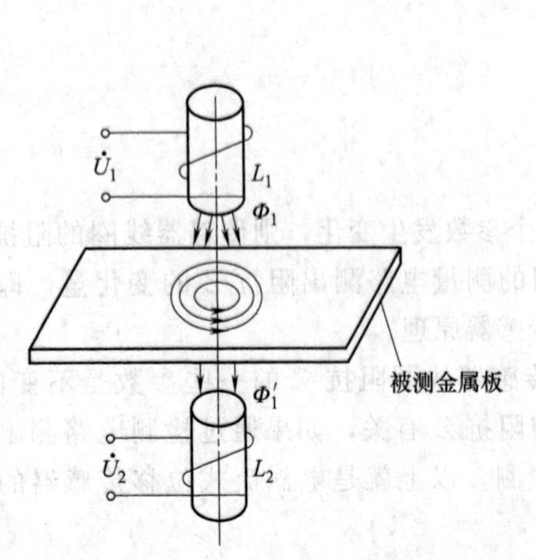

图 3-32　透射式电涡流厚度传感器结构原理图

穿金属板，此时磁场能量受到损耗，使到达 L_2 的磁通将减弱为 Φ_1'，从而使产生的感应电压 U_2 下降。金属板越厚，涡流损失就越大，电压 U_2 就越小。因此，可根据 U_2 电压的大小得知被测金属板的厚度。透射式电涡流厚度传感器的检测范围可达 1～100mm，分辨率为 0.1μm，线性度为 1%。

(2) 电涡流式转速传感器

电涡流式转速传感器工作原理如图 3-33 所示。在软磁材料制成的输入轴上加工一键槽，在距输入表面 d_0 处设置电涡流传感器，输入轴与被测旋转轴相连。

当被测旋转轴转动时，电涡流传感器与输出轴的距离变为 $d_0+\Delta d$。由于电涡流效应，使传感器线圈阻抗随 Δd 的变化而变化，这种变化将导致振荡谐振回路的品质因数发生变化，它们将直接影响振荡器的电压幅值和振荡频率。因此，随着输入轴的旋转，从振荡器输出的信号中包含有与转速成正比的脉冲频率信号。该信号由检波器检出电压幅值的变化量，然后经整形电路输出频率为 f_n 的脉冲信号。该信号经电路处理便可得到被测转速。

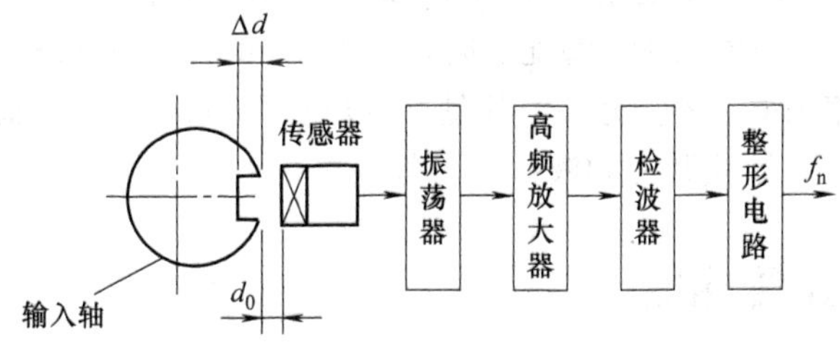

图 3-33　电涡流式转速传感器工作原理图

这种转速传感器可实现非接触式测量，抗污染能力很强，可安装在旋转轴近旁长期对被测转速进行监视。最高测量转速可达 600000r/min。

(3) 高频反射式电涡流厚度传感器

图 3-34 所示的是应用高频反射式电涡流传感器检测金属带材厚度的原理框图。为了克服带材不够平整或运行过程中上、下波动的影响，在带材的上、下两侧对称地设置了两个特性完全相同的涡流传感器 S_1 和 S_2。S_1 和 S_2 与被测带材表面之间的距离分别为 x_1 和 x_2。若带材厚度不变，则被测带材上、下表面之间的距离总有"$x_1+x_2=$常数"的关系存在。两传感器的输出电压之和为 $2U_0$，数值不变。如果被测带材厚度改变量为 $\Delta\delta$，则两传感器与带材之间的距离也改变一个 $\Delta\delta$，两传感器输出电压此时为 $2U_0\pm\Delta U$，ΔU 经放大器放大后，通过指示仪表即可指示出带材的厚度变化值。带材厚度给定值与偏差指示值的代数和就

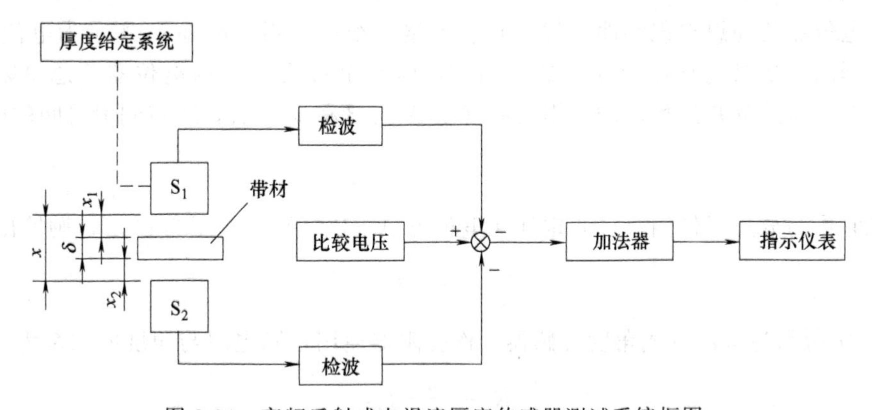

图 3-34　高频反射式电涡流厚度传感器测试系统框图

是被测带材的厚度。

（4）高频反射式电涡流位移传感器

电涡流位移计是根据高频反射式涡流传感器的基本原理制作的。电涡流位移计可以用来测量各种形状试件的位移量，具体使用如图 3-35 所示。

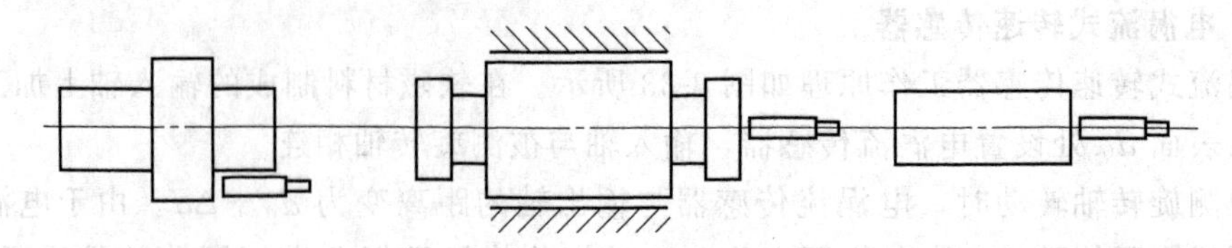

(a) 汽轮机主轴的轴向位移　(b) 磨床换向阀、先导阀的位置　(c) 金属试件的热膨胀系数

图 3-35　电涡流位移计测量位移举例

电涡流位移计测量位移的范围可以从 0～1mm 至 0～30mm，个别产品已达 80mm。一般的分辨率为满量程的 0.1%，也有达到 0.5μm 的（其全量程为 0～5μm）。例如，CZFI-1000 型传感器与 BZF-l 、ZZF-5310 型配套时，有 0～1mm、0～3mm、0～5mm 等几种主要类型传感器，其分辨率为 0.1%。另外，凡是可变成位移量的参数，都可以用电涡流式传感器来测量，如钢水液位、纱线张力和液体压力等。

3.4　电位器式传感器

电位器是一种人们熟知的机电元件，在传感器中，它是一种可以把线位移或角位移转换成具有一定函数关系的电阻或电压输出的传感元件，因此可用来制作位移、压力、加速度、油量、高度等各种用途的传感器。由于它具有结构简单、成本低廉、精度较高（可达 0.1% 或更高)、性能稳定、输出信号大、受环境影响较小等优点。可实现线性的或任意函数的变换，在航空仪表中有着广泛的用途。但它的缺点也很明显，一般都有摩擦和磨损，要求较大的输入能量，除此之外其可靠性较差、寿命较短、分辨力较低，动态特性不好，一般用于静态和缓变量的检测。

电位器的种类很多，按其结构不同，可分为线绕式、薄膜式、光电式等；按特性不同，可分为线性电位器和非线性电位器。目前常用的以单圈线绕电位器居多。

3.4.1　电位器式传感器的工作原理

（1）线性电位器

线性电位器的理想空载特性曲线应具有严格的线性关系。图 3-36 所示为电位器式位移传感器原理图。如果把它作为变阻器使用，且假定全长为 $x_{\max}$ 的电位器其总电阻为 $R_{\max}$，电阻沿长度方向的分布是均匀的，则当滑臂由 A 向 B 移动 x 后，A 点到滑臂间的电阻为

$$R_x=\frac{x}{x_{\max}}R_{\max} \tag{3-27}$$

若把它作为分压器使用，且假定加在电位器 A、B 之间的电压为 $U_{\max}$，则输出电压为

$$U_x=\frac{x}{x_{\max}}U_{\max} \tag{3-28}$$

图 3-37 所示为电位器式角度传感器。作变阻器使用，则电阻与角度的关系为

$$R_\alpha=\frac{\alpha}{\alpha_{\max}}R_{\max} \tag{3-29}$$

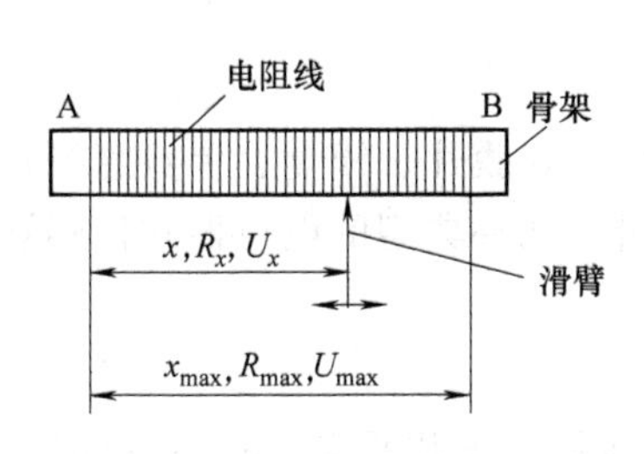

图 3-36 电位器式位移传感器原理图

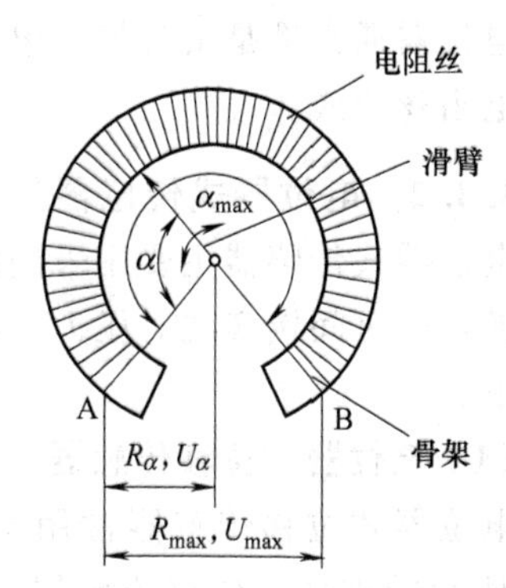

图 3-37 电位器式角度传感器原理图

作为分压器使用，则有

$$U_\alpha=\frac{\alpha}{\alpha_{max}}U_{max} \tag{3-30}$$

线性线绕电位器的特性稳定，制造精度容易保证。线性线绕电位器的骨架截面应处处相等，并且由材料均匀的导线按相等的节距绕成。线性线绕电位器示意图如图 3-38 所示，其理想的输出、输入关系遵循式（3-27）～式（3-30）。因此对由线性线绕电位器制成的位移传感器来说，其灵敏度为

$$S_R=\frac{R_{max}}{x_{max}}=\frac{2(b+h)\rho}{At} \tag{3-31}$$

$$S_U=\frac{U_{max}}{x_{max}}=I\ \frac{2(b+h)\rho}{At} \tag{3-32}$$

式中，S_R、S_U 分别为电阻灵敏度、电压灵敏度；ρ 为导线电阻率；A 为导线横截面积。

由式（3-31）、式（3-32）可以看出，灵敏度除与电阻率 ρ 有关外，还与骨架尺寸 h、b、导线直径 d、绕线节距 t 等结构参数有关；电压灵敏度还与通过电位器的电流 I 的大小有关。

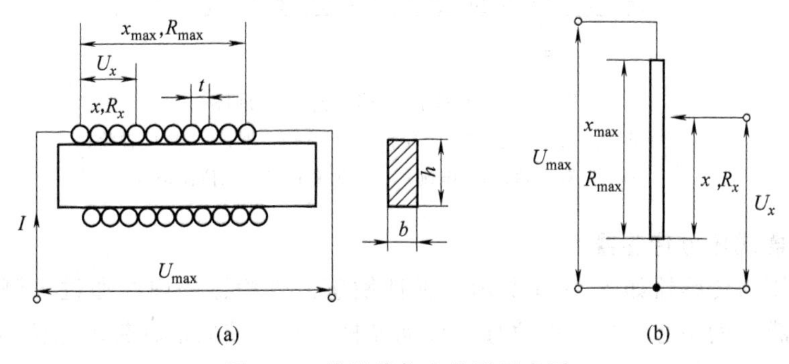

图 3-38 线性线绕电位器示意图

（2）非线性电位器

非线性电位器是指在空载时其输出电压（或电阻）与电刷行程之间具有非线性函数关系的一种电位器，也称函数电位器。它可以实现指数函数、对数函数、三角函数及其他任意函数，因此可满足控制系统的特殊要求，也可满足传感、检测系统最终获得线性输出的要求。常用的非线性线绕电位器有变骨架式、变节距式、分路电阻式及电位给定式四种。

（3）结构与材料

由于测量领域的不同，电位器的结构及材料选择会有所不同。但是其基本结构是相近

的。电位器通常都是由骨架、电阻元件及活动电刷组成。常用的线绕式电位器的电阻元件由金属电阻丝绕成。

3.4.2 电位器式传感器的应用

电位器式传感器主要用来测量位移，通过其他敏感元件（如膜片、膜盒、弹簧管等）进行转换，也可间接实现对压力、加速度等其他物理量的测量。几种典型的电位器式传感器介绍如下。

（1）电位器式位移传感器

电位器式位移传感器常用于测量几毫米到几十米的位移，或几乎到360°的角度。图3-39所示的推杆式位移传感器可测量5～200mm的位移，可在温度为±50℃，相对湿度为98%（t=20℃），频率300Hz以内，以及300m/s^{2}加速度的振动条件下工作，精度为2%，电位器的总电阻为1500Ω。传感器由外壳1，带齿条的推杆2，以及由齿轮3～5组成的齿轮系统，将被测位移转换成旋转运动，旋转运动通过爪牙离合器6传送到线绕电位器的轴8上，电位器轴8上装有电刷9，电刷9因推杆位移而沿电位器绕组11滑动，通过轴套10和焊在轴套上的螺旋弹簧7及电刷9输出电信号，弹簧7还可保证传感器的所有活动系统复位。

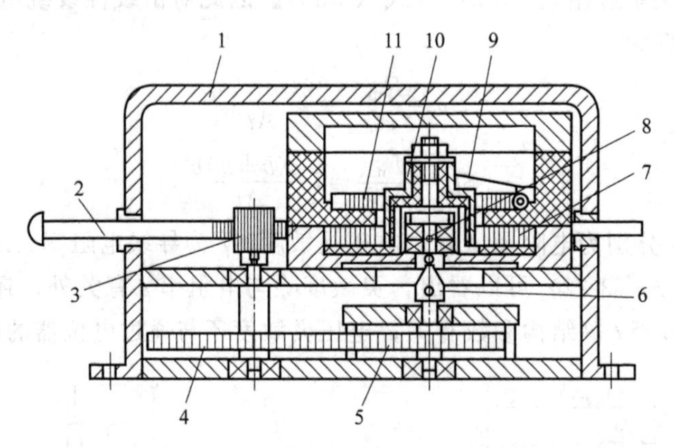

图3-39 推杆式位移传感器原理图

1—外壳；2—推杆；3～5—齿轮；6—爪牙离合器；7—螺旋弹簧；
8—电位器的轴；9—电刷；10—轴套；11—电位器绕组

（2）电位器式压力传感器

电位器式压力传感器如图3-40所示。弹性敏感元件膜盒的内腔通过被测流体，在流体压力作用下，膜盒的中心产生弹性位移，推动连杆上移，使曲柄轴带动电位器的电刷在电位器绕组上滑动，因而输出一个与被测压力成比例的电压信号。

（3）电位器式加速度传感器

图3-41所示为电位器式加速度传感器。惯性质量块在被测加速度的作用下，使片状弹簧产生正比于被测加速度的位移，从而引起电刷在电位器的电阻元件上滑动，输出一个与加速度成比例的电压信号。

电位器式加速度传感器的优点是结构简单、价格低廉、性能稳定、能承受恶劣环境条件、输出信号大，因此在火箭上仍被采用。缺点是精度不高、动态响应较差、不适于测量快速变化量。

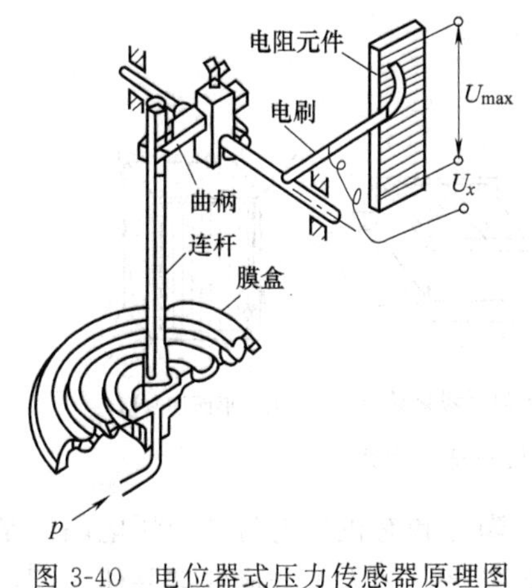

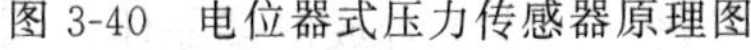
图 3-40　电位器式压力传感器原理图

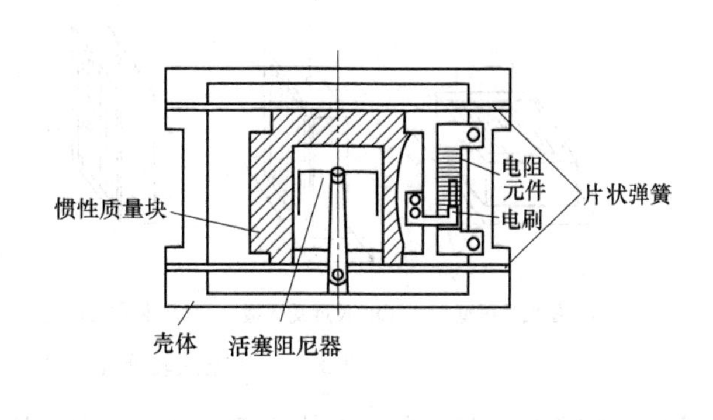

图 3-41　电位器式加速度传感器原理图

3.5　压电式传感器

压电式传感器是一种有源双向机电传感器。它是以某些材料受力后在其表面产生电荷的压电效应为转换原理的传感器。

石英晶体的压电效应早在 1880 年就被发现，1948 年制作出第一个石英传感器。在石英晶体的压电效应被发现之后，又发现了一系列的单晶、多晶陶瓷材料和近年来发展起来的有机高分子聚合材料，也都具有相当强的压电效应。压电效应自发现以来，在电子、超声、通信、引爆和传感等许多技术领域均得到广泛的应用。

压电式传感器具有使用频带宽（高频响应特别好）、灵敏度高、机械阻抗大、信噪比高、结构简单、工作可靠、重量轻、测量范围广等优点，因此常用于压力冲击和振动等动态参数测试中，它可以把加速度、压力、位移、温度等许多非电量转换为电量。近年来随着电子技术的飞跃发展，与之配套的二次仪表及低噪声、小电容、高绝缘电阻电缆的出现，使压电传感器使用更为方便。因此，在工程力学、生物医学、电声学等许多技术领域中，压电式传感器获得了广泛的应用。

3.5.1　压电效应和压电材料

（1）正、逆压电效应

某些单晶或多晶陶瓷，当其沿着一定方向受到外力作用时，相应地在其确定的两个表面上，会产生符号相反的电荷；当外力去掉后，又恢复到不带电状态；当作用力方向改变时，电荷的极性也随着改变，而且所产生的电荷量与外力的大小成正比。上述现象称为压电效应。反之，如果在压电材料的极化方向对晶体施加一电场，它本身将产生变形，外加电场撤除，变形也随之消失，这就是逆压电效应。

压电传感器大都是利用压电材料的正压电效应制成的。在电声和超声工程中也有利用逆压电效应制作的传感器。

压电转换元件受力变形的状态可分为几种基本形式，如图 3-42 所示。但由于晶体的各向异性，并非所有的压电晶体都能同时具有这几种形式的压电效应。例如，石英晶体就没有体积变形（VT）压电效应，但具有良好的厚度变形（TE）和长度变形（LE）压电效应。

在大自然中，大多数晶体都具有压电效应，但由于多数晶体的压电效应过于微弱，因此

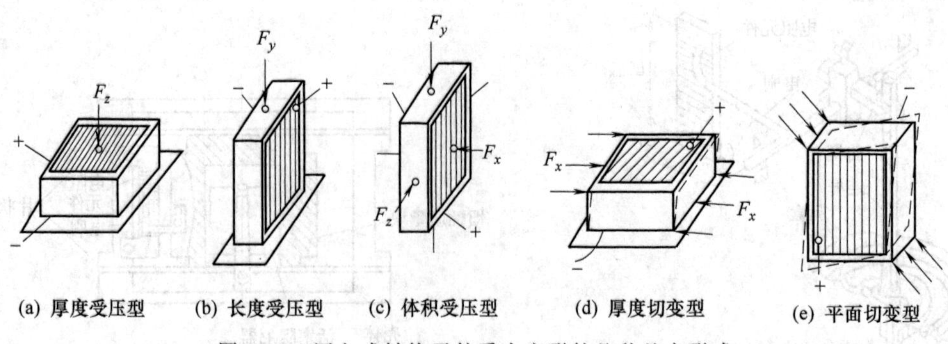

图 3-42 压电式转换元件受力变形的几种基本形式

实用价值不大。压电材料基本上可以分为压电晶体、压电陶瓷和有机压电材料。压电晶体是一种天然单晶体，例如石英晶体、酒石酸钾钠等；压电陶瓷是一种人工合成的多晶体，例如钛酸钡、锆钛酸铅等；有机压电材料是近年来研制成的有机高分子聚合材料。

压电材料的主要特性参数有以下几种（见表 3-3)。

① 压电系数：它是衡量材料压电效应强弱的参数，直接关系到压电输出的灵敏度。

② 弹性常数：弹性常数、刚度决定着压电元件的固有频率和动态特性。

③ 介电常数：对于一定形状、尺寸的压电元件，其固有电容与介电常数有关，而固有电容又影响着传感器的频率下限。

④ 机械耦合系数：在压电效应中其值等于转换输出量与输入量之比的平方根。它是衡量压电材料电能转换效率的一个重要参数。

⑤ 电阻：压电材料的绝缘电阻将减少电荷泄漏，从而改善压电传感器的低频特性。

⑥ 居里点温度：是指压电效应开始丧失电压特性的温度。

表 3-3 常用压电材料性能

性能 \ 压电材料	石英	钛酸钡	PZT-4	PZT-5	PZT-8
压电系数/(pC/N)	$d_{15}=260$ $d_{14}=2.31$	$d_{31}=-78$ $d_{33}=190$	$d_{15}\approx 410$ $d_{31}=-100$ $d_{33}=230$	$d_{15}\approx 670$ $d_{31}=-185$ $d_{33}=600$	$d_{15}\approx 330$ $d_{31}=-90$ $d_{33}=200$
相对介电常数/ε_r	4.5	1200	1050	2100	100
居里点温度/℃	573	115	310	260	300
密度/(10^3kg/m^3)	2.65	5.5	7.45	7.5	7.45
弹性模量/(10^3N/m^3)	80	110	83.3	117	123
机械品质因数	$10^5\sim10^6$		≥500	80	≥800
最大安全应力/Pa	95~100	81	76	76	83
体积电阻率/(Ω·mm^2/m)	$>10^{12}$	$>10^{10}$	$>10^{10}$	$>10^{11}$	
最高允许温度/℃	550	80	250	250	
最高允许湿度/%	100	100	100	100	

(2) 石英晶体

石英晶体的化学成分是 SiO_2，是单晶体结构，理想形状为六角锥体，如图 3-43 所示。石英晶体是各向异性材料，不同方向具有各异的物理特性，用 x、y、z 轴来描述。

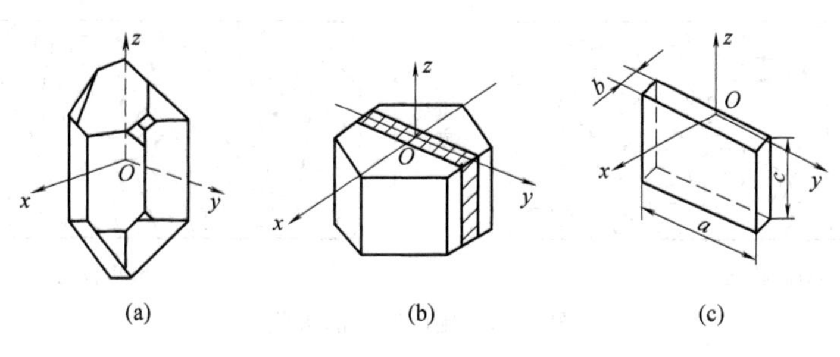

图 3-43　石英晶体

x 轴：经过六面体的棱线并垂直于 z 轴，称为电轴，沿该方向受力产生的压电效应称为纵向压电效应。

y 轴：与 x、z 轴同时垂直的轴，称为机械轴，沿该方向受力产生的压电效应称为横向压电效应。

z 轴：是通过锥顶端的轴线，是纵向轴，称为光轴，沿该方向受力不会产生压电效应。

从晶体上沿 y 轴方向切下一块晶体，如图 3-43（b）所示。晶体上产生电荷的极性与受力的方向有关。若在 x 轴方向施加作用力，则在加压的两表面上分别出现正、负电荷。若在 y 轴上施加压力时，则在加压的表面上不出现电荷，电荷仍出现在垂直于 x 轴的表面上，只是电荷的极性相反。若将 x、y 轴方向施加的压力改为拉力，则产生电荷的位置不变，只是电荷的极性相反，如图 3-44 所示。

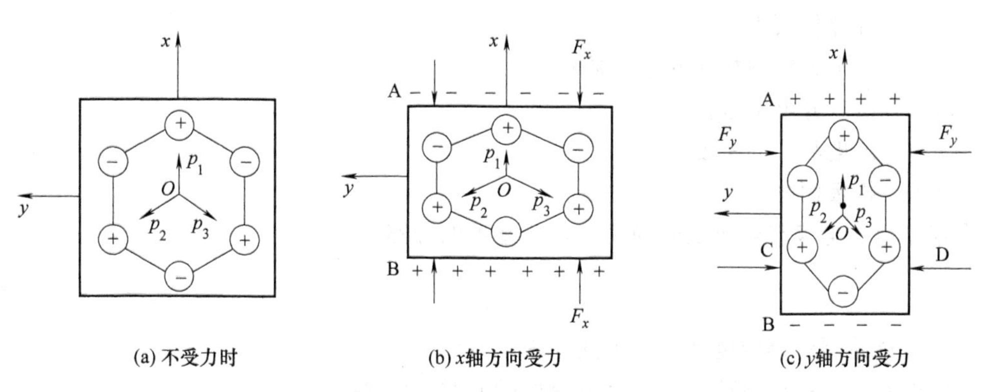

图 3-44　石英晶体压电模型

（3）压电陶瓷（多晶体）

压电陶瓷是一种人工合成的多晶体压电材料。其内部是由无数个细微的单晶体组成的，每个晶体具有一定的极化方向，在无外电场作用下，晶粒杂乱分布，它们的极化效应被相互抵消，因此压电陶瓷此时呈中性，即原始的压电陶瓷不具有压电性质，如图 3-45（a）所示。当在陶瓷上施加外电场时，晶粒的极化方向发生转动，趋向按外电场方向排列，从而使材料整体得到极化。外电场越强，极化程度越高，让外电场强度大到使材料的极化达到饱和程度，即所有晶粒的极化方向都与外电场的方向一致，此时，去掉外电场，材料整体的极化方向基本不变，即出现剩余极化，这时的材料就具有了压电特性，如图 3-45（b）所示。可见，压电陶瓷要具有压电效应，必须要有外加电场和压力的共同作用。

压电陶瓷的压电系数比石英晶体大得多（即压电效应明显得多），因此用它制成的传感器灵敏度较高，但稳定性、机械强度等不如石英晶体。压电陶瓷材料有多种，最早的是钛酸

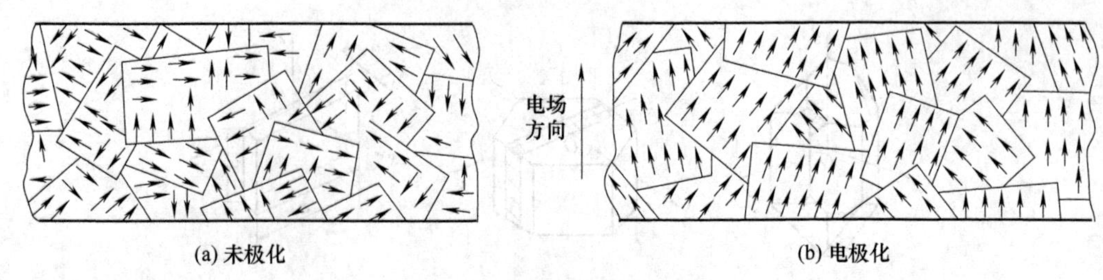

(a) 未极化　(b) 电极化

图 3-45　压电陶瓷的极化

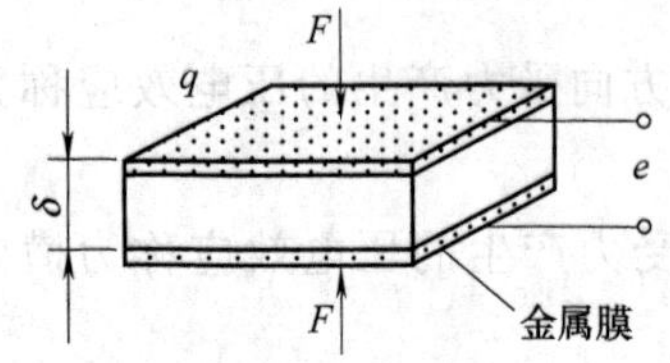

钡，现在最常用是锆钛酸铅，简称 PZT。

图 3-46　压电传感器

3.5.2　压电式传感器等效电路和灵敏度

在压电晶片的两个工作表面（y-z 平面）上进行金属蒸镀，形成金属膜并引出两根引线作为电极，就构成了基本的压电传感器（图 3-46）。在外力作用下，传感器的两个工作表面上产生极性相反、数量相等的电荷，形成电场。两个金属极板构成一电容器。压电传感器工作表面上所产生的电荷 q 及传感器的固有电容 C_a 为

$$q = DF \tag{3-33}$$

$$C_a = \frac{\varepsilon\varepsilon_0 A}{\delta} \tag{3-34}$$

式中　D——压电系数，与压电材料及切片方向有关；

F——外部作用力；

ε——压电材料的相对介电常数；

ε_0——真空介电常数；

δ——压电晶片的厚度；

A——极板面积。

根据电荷、电容与电压之间的关系，传感器的开路电压 e 为

$$e = \frac{q}{C_a} \tag{3-35}$$

据此，压电传感器的等级电路有以下几种表示方法。

等效电路一：一个电荷源与一个电容器的并联［图 3-47（a)］。

等效电路二：一个电压源与一个电容器的串联［图 3-47（b)］。

等效电路三：由于压电传感器并非开路工作，它要通过电缆与后面的前置放大器相连，所以压电传感器完整的等效电路还应包括传感器的固有电阻 R_a、电缆电容 C_c、放大器的输入电阻 R_i、放大器的输入电容 C_i 的影响［图 3-47（c)］。

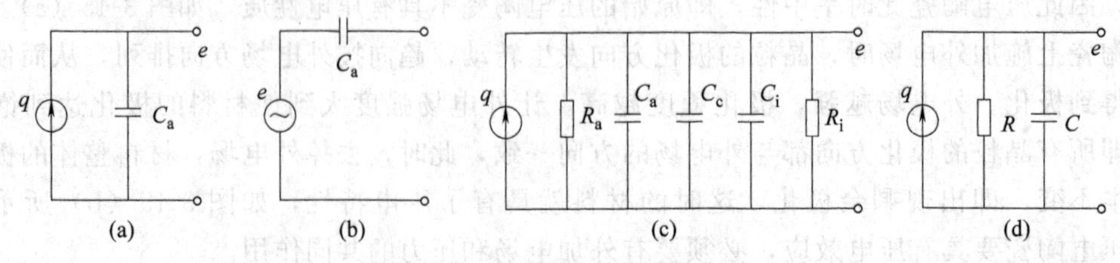

图 3-47　压电传感器的等效电路

等效电路四：将所有的电阻及所有的电容合并，得到图 3-47（d）所示的等效电路。其

中 $R=R_a // R_i$，$C=C_a // C_c // C_i=C_a+C_c+C_i$。

后接的前置放大器对传感器上产生的电荷或形成的电压作进一步的转换、放大。根据前置放大器的输出与传感器上的电荷、电压之间的关系，压电传感器有两种灵敏度。

① 电荷灵敏度 S_q　单位作用力所产生的电荷，即

$$S_q=\frac{q}{F}=D \tag{3-36}$$

② 电压灵敏度 S_e　单位作用力所形成的电压，即

$$S_e=\frac{e}{F} \tag{3-37}$$

由于 $q=Ce$，因此不难得到电荷灵敏度与电压灵敏度之间的关系为

$$S_q=CS_e=(C_a+C_c+C_i)S_e \tag{3-38}$$

或

$$S_e=\frac{S_q}{C}=\frac{S_q}{C_a+C_c+C_i} \tag{3-39}$$

电荷灵敏度 S_q 仅与压电材料有关，传感器制成后其值基本上就保持不变了，由厂家提供所标定出的结果。而电压灵敏度 S_e 除与 S_q 有关外，还与传感器的内、外电路特性（即 C）有关。例如，如果传感器在使用过程中更换了电缆，则电缆电容 C_c 要发生改变，电压灵敏度也要随之发生变化。

3.5.3　压电式传感器的应用

（1）压电式力传感器

压电式力传感器是以压电材料（通常采用 α-SiO_2）为力/电转换元件的一种新型的力传感器。与其他类型的力传感器相比，它具有以下一些特点：静态刚性好，因而固有频率高（从几百赫兹到几百千赫兹），灵敏度高，分辨率也高（分辨率可达满量程的 10^{-7} 或者更高）；具有良好的线性、滞后及重复性，可测频带宽，动态误差小，因此特别适用于动态测力。由于采用石英晶体，热释电效应小，而且无自发极化效应，长期使用性能稳定，寿命长；体积小，结构紧凑，安装调整方便。石英晶体由不锈钢壳体封装，处于全密封状态，因此耐腐蚀、耐潮湿。缺点是不适于测量长时间作用的静态力。近些年来单向和多向压电式力传感器的出现和发展，使得动态力测试提高到一个新的水平。

① 单向力传感器　图 3-48 所示的单向力传感器用来测量与传感器承载面相垂直的外力——法向力 F_z，即所谓“测力垫圈”。这种传感器采用 xy 切型晶体，根据 d_{11} 实现力/电转换，晶盒内只含一个 xy 单元晶组。其主要特点是体积小、重量轻、固有频率高、便于组合。

② 三向力传感器　三向力传感器可以对空间任一个或多个力同时进行测量，分解并合成到三个坐标轴上输出。若用几个三向力传感器依据不同情况所组成的测力系统，可对更复杂的力系进行综合动态测量。图 3-49（a）所示为三向力传感器结构示意图，图（b）为晶片接线示意图，图（c）为晶片组合的示意图。

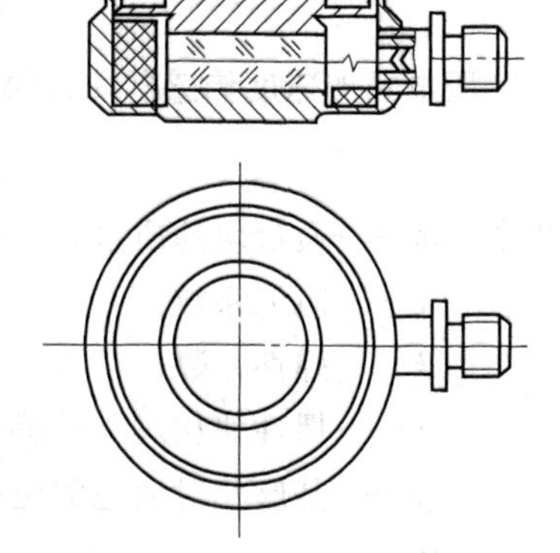

图 3-48　单向力传感器结构示意图

（2）压电式加速度传感器

压电式加速度传感器由于具有良好的频率特性，以及量程大、结构简单、工作可靠、安装方便等一系列优点，目前已成为振动与冲击测试技术中使用最为广泛的一种传

感器。在各种冲击、振动传感器中，它约占总数的80%以上。目前世界各国用作加速度量值传递标准的高频和中频标准加速传感器都是压电式的。在工程中，欲测量几个重力加速度到几万个重力加速度，持续时间从小于1ms到几十毫秒，而不需更换传感器的，只有压电式加速度传感器才能胜任。目前最小的压电式加速传感器外形为 ϕ3.6mm×2.4mm，重0.14g；最大测量范围为0～100000g（加速度）；频率下限可达0.03Hz（−3dB），频率上限可达50kHz；温度下限可达−270℃，温度上限可达760℃，这是迄今为止所见到的非冷却型传感器的最高工作温度。目前压电式加速度传感器广泛应用于航空、航天、兵器、造船、纺织、机械及电气等各种系统的振动，以及冲击测试、信号分析、环境模拟实验、模态分析、故障诊断及优化设计等方面，如一架航天飞机中就有500多个加速度传感器用于冲击振动监测。

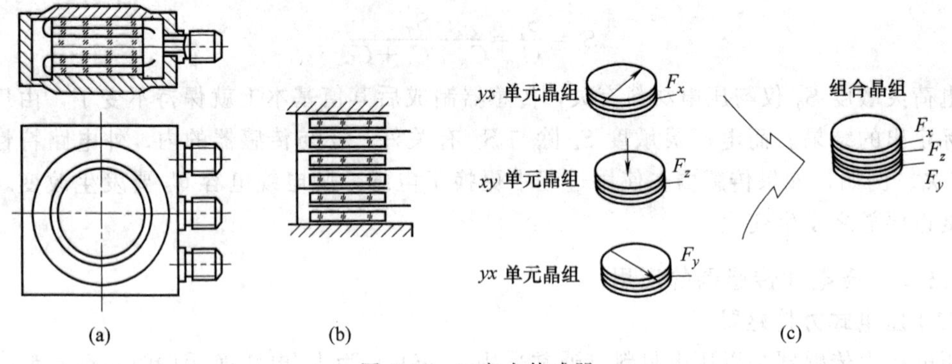

图 3-49 三向力传感器

① 压电式加速度传感器的工作原理　在压电元件上，以一定的预紧力安装一个质量块，质量块上有一弹簧片，这是典型的惯性式传感器，如图3-50（a）所示；其简化的单自由度二阶力学系统如图3-50（b）所示。

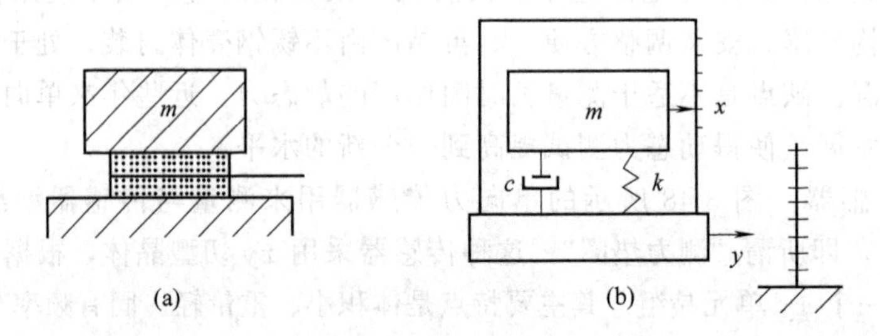

图 3-50 压电式加速度传感器工作原理示意图

压电式加速度传感器质量块的运动规律可用下式表述：

$$m(\ddot{x}+\ddot{y})+c\dot{x}+kx=0 \tag{3-40}$$

式中 m——质量块的质量；

c——阻尼系数；

k——弹性系数；

x——惯性块相对于传感器基座的位移；

y——基座相对大地的位移；

$\ddot{y}$——振动物体的加速度，即传感器基座的振动加速度。

设 $y=y_0\sin\omega t$，则有

$$m\ddot{x}+c\dot{x}+kx=my_0\omega^2\sin\omega t \tag{3-41}$$

设

$$\xi=\sqrt{\frac{c}{2\sqrt{km}}},\omega_n^2=\frac{k}{m} \tag{3-42}$$

式中，ξ 是无因次阻尼比；ω_n 是传感器的无阻尼谐振频率，即固有频率；ω 是物体的振动频率。压电式加速度传感器的阻尼比 ξ 非常小，一般为 0.04，可以忽略不计。在设计加速度传感器时，要尽量提高加速度传感器的无阻尼谐振频率。在 $\omega_n \gg \omega$，即加速度传感器的无阻尼谐振频率远远大于物体的振动频率时，有

$$x=\ddot{y}/\omega_n^2 \tag{3-43}$$

这就说明，质量块的相对位移 x 与物体振动加速度 $\ddot{y}$ 成正比。

压电元件在质量块的惯性力作用下，输出的电荷量对同一个加速度传感器而言，其 d_{ij}，m 均为常数。所以传感器输出的电荷 Q 与物体被测振动加速度 $\ddot{y}$ 成正比，这样就达到了压电式传感器测加速度的目的。

② 压电式加速度传感器的结构和特点　压电式加速度传感器应用领域非常广泛，为了适应不同的要求，它有不同的结构。图 3-51 所示为各种压电式加速度传感器的结构示意图。

a. 基座压缩型。如图 3-51（a）所示，它主要由基座、压电元件、质量块和预紧件组成。施加预应力的目的在于消除质量块及压电元件间因加工粗糙所造成的非线性等问题。这种结构比较简单，可以得到高灵敏度和高的谐振频率。其缺点是易受外界条件，如基座应变、温度变化及声场等影响，国外 20 世纪 70 年代中期已基本淘汰了这种结构。

b. 中心压缩型。如图 3-51（b）所示，它主要由基座、中心螺杆、压电元件、质量块及预紧螺母组成。它的外壳与质量弹簧系统不直接接触，可隔离一部分外界干扰。它可用于大数值加速度的测量。

c. 倒置中心压缩型。如图 3-51（c）所示，将中心压缩型倒置在一个特别的隔离基座上，可以进一步消除基座应变引起的干扰。但其结构加工装配困难。对于标准加速度传感器可采用此种形式，如丹麦 BK 公司的 8305 型标准加速度传感器即属此种类型。

d. 隔离基座压缩型。如图 3-51（d）所示，在中心压缩型加速度传感器的基座上加开一个隔热、隔应力槽，则构成了这种隔离基座压缩型加速度传感器。这种结构除保持了中心压缩型的优点外，环形槽增强了传感器抗基座变形的能力，同时增强了对热的隔离。

e. 隔离基座预载套筒压缩型。如图 3-51（e）所示，这是一种比较新颖的压缩型结构，质量块和压电元件的预紧力是靠一薄壁预载套筒施加的，它属于双屏蔽结构，增强了传感器的抗干扰能力。在相同质量或截面积下，薄壁预紧套筒比中心螺杆具有更高的抗弯截面模量，增大了传感器的横向刚度，也就是增大了抗横向过载的能力，而且它的基座同隔离基座压缩型一样需加开应力槽。

上述五种均为压缩型，其优点是灵敏度高，测量频率上限较高，动态范围大，结构简单，目前国内使用得较多，但其他性能不如下面介绍的剪切型。

f. 环形剪切型。如图 3-51（f）所示为最早出现的剪切型，压电元件和质量块均为圆柱环的，压电元件沿轴向极化，在内、外围柱面镀银电极取电荷，或径向极化，由上、下端面取电荷。它是受剪切力作用而产生压电效应的。这种结构由于采用胶合方法使质量块和压电元件黏合在一起，工作温度不能太高，另外，圆环形压电元件的加工和安装比较困难。

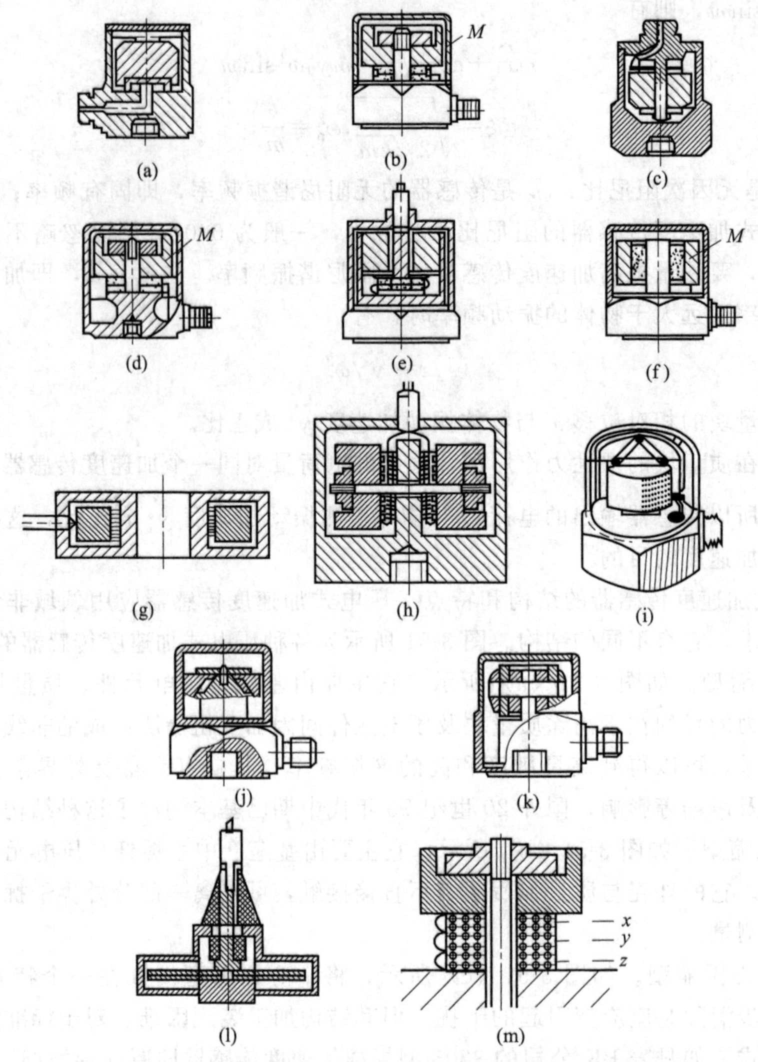

图 3-51 各种压电工加速度传感器的结构示意图

g. “中空”环形剪切型。如图 3-51（g）所示，将这种结构的加速度传感器设计成“中空”环状结构，安装时，可以用简单的标准螺栓穿过“中空”孔，将传感器安装到被测点上，其使用时，电缆可按任意方向引出。国外已制成仅有 0.2g 的这种结构的超小型传感器，灵敏度及高频响应均不亚于压缩型。

h. 平面剪切型。如图 3-51（h）所示，它和中心压缩型结构有些相似，所不同的是中心螺杆对质量块和压电元件施加横向预紧力。当感受轴向振动后，压电元件受剪切力产生正比于加速度的输出。这种结构可以通过叠加压电元件的方法来增加灵敏度，对低频振动测量十分方便，其灵敏度高且有良好的抗干扰性。

i. 三角剪切型。如图 3-51（i）所示，用一预紧圆环将三块弓形质量块和三片压电元件紧固在三角形棱柱上。这种传感器具有良好的性能和耐环境特性，但加工、装配比较困难。

j. 圆锥剪切型。如图 3-51（j）所示，它也不用胶结，其余性能和三角剪切型相似。

k. 隔离剪切型。这是近年来发展的最新品种，如图 3-51（k）所示。由于重心对称，可产生适当高的谐振频率，测量的下限已下降到 0.1Hz 左右，这种结构在低频、高温、小量程等方面取得了较大进展，而且可采用多片压电元件，以提高灵敏度。此外在压电元件组件中可加入外形与压电元件相同的补偿电容，用以对灵敏度温度系数进行补偿，使工作温度范围大大拓宽，保证了传感器有最佳的温度性能、最佳的稳定性和最高的信噪比。

l. 弯曲型。其结构示意图如图 3-51（l）所示。两个可弯曲的压电元件被夹在基座与导电柱之间，即构成这种类型传感器。这里压电元件兼作惯性元件，其特点是体积小，重量轻，比同样重量的压缩型或剪切型的灵敏度大为提高。

m. 剪切、压缩复合型。如图 3-51（m）所示，这种复合型传感器，可测三个方向的加速度。它仅有一个质量块，三组灵敏度轴互相垂直的压电元件分别测 x、y、z 三个方向的加速度，并分别独立输出。

剪切型是现代压电式传感器技术上的一个突破，剪切型与压缩型相比，其某些性能指标较压缩型有所提高，特别是使环境对灵敏度的影响大为降低，同时还可以消除温度梯度的影响。

（3）压电式压力传感器

压电式压力传感器由于有良好的动态响应（高频可达 400kHz）、机械强度高、耐疲劳、耐振动、耐腐蚀、耐高温、体积小及寿命长等优点，因此近年来在动压测量方面得到了非常广泛的应用。

① 活塞式压力传感器　图 3-52 示出了可用于中、高压动态测量的活塞式压力传感器结构示意图。这种早期使用的活塞式传感器的特点是结构简单，零件可拆卸更换，但它要求活塞与活塞孔之间有合适的配合精度。为了使气体压力通过活塞杆传递到石英晶片的过程中，尽量减小能量损失，要求活塞杆硬度达到 50HRC 以上，且要求壳体有较高的刚度，否则，气体将会渗入传感器内部使测量无法进行。为了使活塞在其配合孔中，轴向运动灵活，需要有一定的配合长度，这样就势必会增大运动件的质量，因此，这种传感器的固有频率较低，通常为 20～30kHz。如在晶片和电极片之间用导电胶粘接，可提高接触刚度，则固有频率可提高到 40 kHz，但不便于拆卸更换。活塞式传感器在每次使用后，都应将零件拆下清洗：有条件时，可用超声清洗，然后再用四氯化碳、丙酮、无水乙醇溶液清洗；没有超声清洗条件的，也可仅用航空汽油人工清洗，再用四氯化碳、丙酮、无水乙醇清洗。清洗后在无

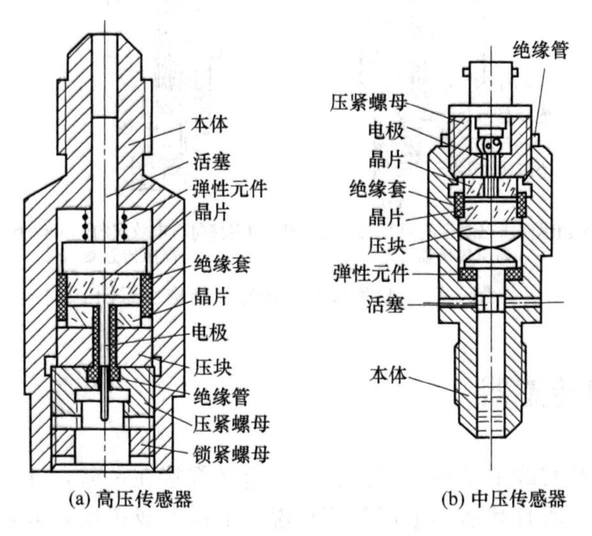

图 3-52　活塞式压力传感器结构示意图

尘条件下烘干和装配，装配后和使用前都应重新标定传感器。显然，活塞式传感器的使用和维护很不方便，而且一般不适于测量5kHz以上的动态压力。

② 膜片式压力传感器 与活塞式相比，膜片式压力传感器具有频响高、使用方便、稳定性好等优点，目前使用比较广泛。图3-53所示为膜片式高压传感器的结构示意图。这种传感器灵敏度一般较低，固有频率较高，适用于高频高压力的测量，如火炮膛压。膜片一般为钟罩形膜片或平膜片，钟罩形膜片通常有一个硬中心。具有硬中心的膜片在压力作用下，其中心位移是平行移动的，和无硬中心的膜片相比，改善了晶片上的受力状态，提高了传感器的线性度。也可以从工艺角度出发选用无硬中心的平膜片，加上一传压块，在传感器组装好之后采用点焊技术将平膜片和传压块点焊在一起。

通常称传压面积大于膜片有效受压面积的传压块为减压块，反之称为增压块。传压块作为传压元件，一方面起改善晶体受力状态的作用，另一方面还起到缓冲被测气体的高温传递到晶体上的作用。对于压力上升时间短至微秒级的高压动态测量，传压块可以制作得很薄，有的具有硬中心的膜片甚至可以不用传压块。因为在极短的时间内，热量的传递比压力波的传递要慢得多，因此由瞬时高温引起的相对误差很小，一般可以忽略。这样做对提高传感器的固有频率，减小传感器的动态误差是有好处的。膜片式压力传感器的膜片通常采用和壳体相同的材料，这样在焊接时不产生固熔体。在装配完成后，应采取适当措施消除焊接内应力，否则会使传感器的非线性和滞后变坏。

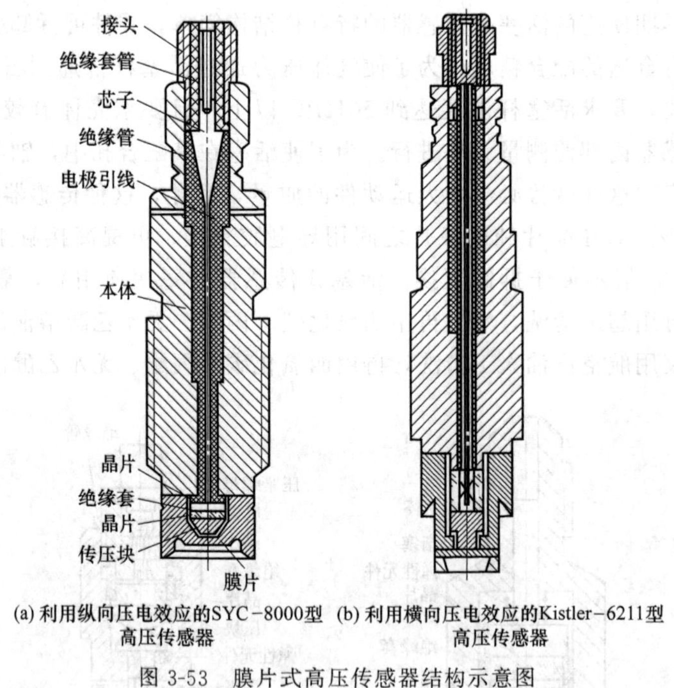

(a) 利用纵向压电效应的SYC-8000型高压传感器 (b) 利用横向压电效应的Kistler-6211型高压传感器

图3-53 膜片式高压传感器结构示意图

3.6 热电偶传感器

人们在长期的生产实践中发现，用两种不同金属焊接在一起，通过加热后在其两输出端便有一定的电压输出，而且其输出电压与所加温度的高低成正比，人们根据这一现象，研制出一种测温元件，通称为“热电偶”。

3.6.1　热电效应

两种不同导体 A 与 B 串接成一闭合回路，如果两接点 1 和 2 出现温差，在回路中就有电流产生。这种由于温度不同而产生电动势的现象称为热电效应。这两种不同导体的组合称为热电偶。热电效应如图 3-54 所示。

接点 1 通常用焊接的方法连接在一起，测温时置于被测温场中，称为测温端、热端或工作端。接点 2 一般要求恒定在某一温度，称参考端、冷端或自由端。导体中有大量的自由电子，不同金属自由电子密度不同。例如，金属 A、B 的自由电子密度分别为 nA、nB，并且 nA>nB，A、B 金属接触在一起时，A 中自由电子向 B 扩散，这时 A 失去电子而具有正电，B 得到电子而带负电，扩散达到动态平衡，即得到一个稳定的接触电势，如图 3-55 所示。

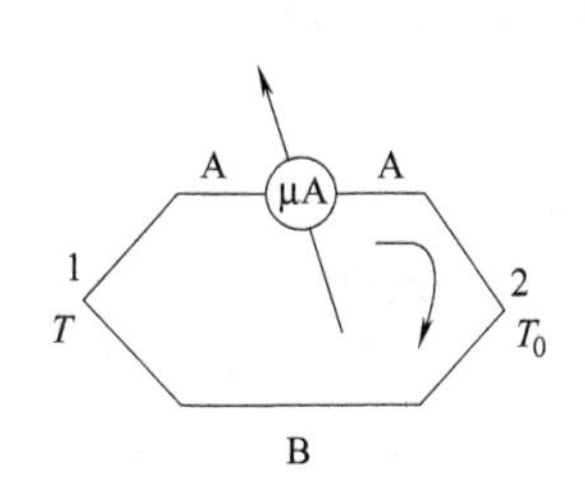

图 3-54　热电效应示意图

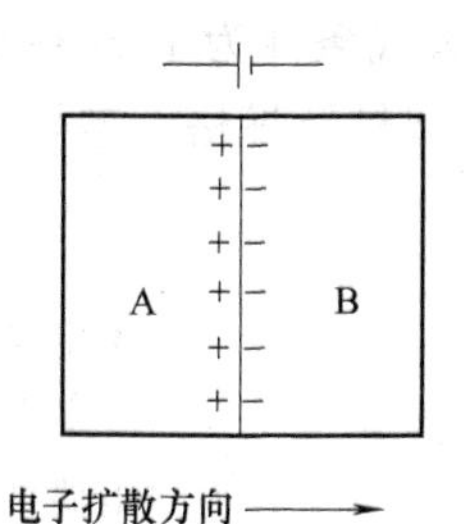

图 3-55　两种导体接触电势

3.6.2　热电偶基本知识

（1）图形符号

热电偶的品种颇多，外形各异。其文字符号为 TC，图形符号如图 3-56 所示。热电偶是一种电压输出的传感器，因此它有正负极之分。在电路图形符号中，“＋”表示正极；“－”表示负极。在使用中，用数字万用表的正极接热电偶的“＋”极，负极接“－”极，则可测出热电偶的输出电压来。测量时，一般将数字万用表打在毫伏档。

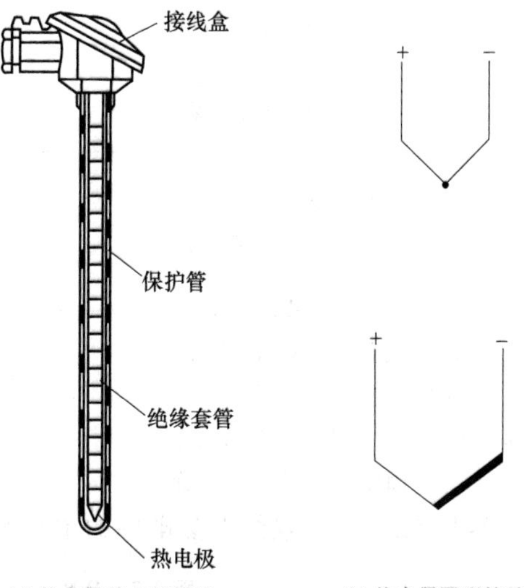

图 3-56　热电偶的图形符号

（2）主要技术参数

① 主要测量范围和允差　工业用装配式热电偶作为测量温度的传感器通常和显示仪表、记录仪表及电子调节器配套使用。它可以直接测量各种生产过程中从 0～1800℃ 范围内的液体、蒸汽和气体介质以及固体的表面温度。其测温范围和允差见表 3-4。

表 3-4　热电偶的测量范围与允差

热电偶类别	代　号	分　度　号	测量范围/℃	允差 Δt
铂铑 30-铂铑 6	WRR	B	0～1600	±2.5℃或 ±0.25%t
铂铑 10-铂	WRP	S	0～1300	
镍铬硅-镍硅	WEM	N	0～1300	
镍铬-镍硅	WRN	K	0～1200	±2.5℃或 ±0.75%t
镍铬-铜镍	WRE	E	0～800	

注：t 为感温元件的实测温度。

② 主要技术参数名词解释　热电偶主要技术参数有公称压力、最小置入深度、绝缘电阻、热响应时间等，其含义如下。

a. 公称压力。一般指在工作温度下保护管不破裂所能承受的静态外压力。实际上公称压力不仅与保护管材料、直径有关，还与其结构形式、安装方法、置入深度以及被测介质的流速和种类有关。

b. 最小置入深度。应不小于其保护管外径的 8～10 倍（特殊产品例外）。

c. 热响应时间。在温度出现阶跃变化时，热电偶的输出变化至相当于该阶跃变化的 50%所需要的时间称为热响应时间。

d. 绝缘电阻（常温）。常温绝缘电阻的试验电压为直流（500±50）V，测量常温绝缘电阻的大气条件为 15～35℃，相对湿度为 80%，大气压力为 86～106kPa。

③ 型号及规格　型号、规格表示如下：

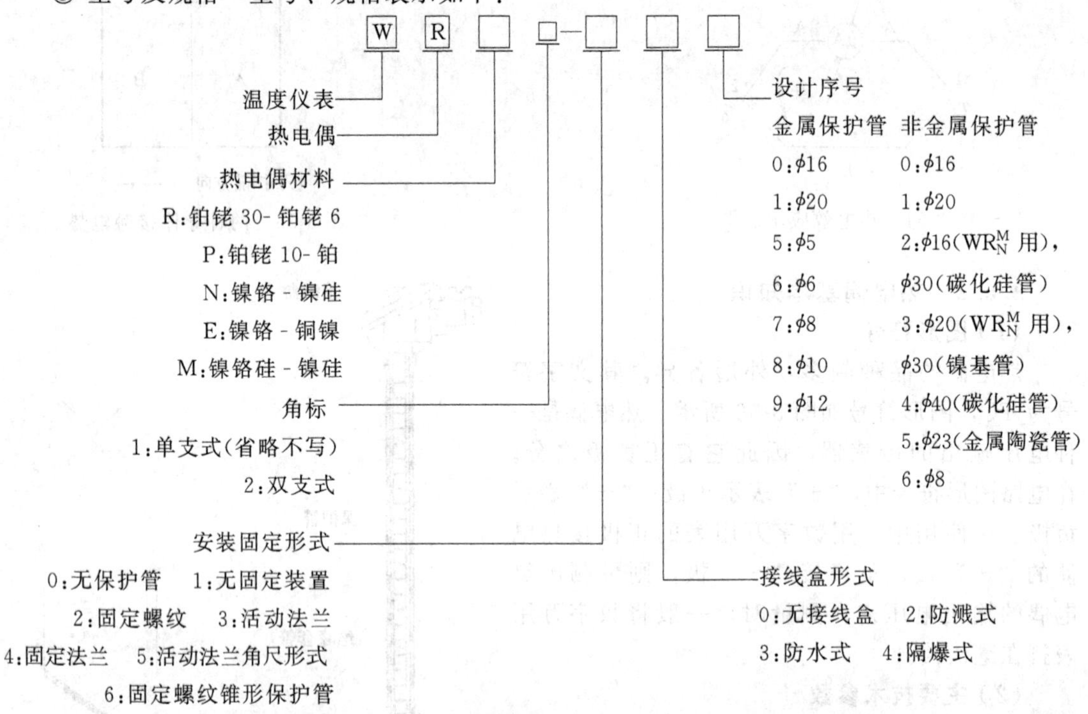

WR（Z）系列隔爆型热电偶的主要参数见表 3-5。

表 3-5　WR（Z）系列隔爆型热电偶主要参数

产品型号	分度号	结构特征	测量范围/℃	保护管材料及直径/mm	总长(L)×插入深度(l)/mm	$\tau_{0.5}$/s	公称压力/MPa
WRN-240-B WRN_2-241-B	K	27×2 固定螺纹安装	−40～900	ϕ16 不锈钢 1Cr18Ni9Ti 或 0Cr18Ni 12M02Ti	300×150 350×200 400×250 450×300 550×400 650×500 900×750 1150×1000 1650×1500 2150×2000	<90	10
WRE-240-B WRE-241-B	E		0～650				
WRN-240-B	K	固定法兰安装	−40～900				6.1
WRE-441-B	E		0～650				

3.6.3 热电偶的简易测试

(1) 用数字万用表和开水判断热电偶优劣

热电偶常与数字式温度仪表配套使用。常见的热电偶有镍铬-铜镍（康铜），分度号为“E”，测量范围有 0～300℃、0～400℃、0～600℃，－200～＋1300℃等，其外形如图 3-57（a）所示。

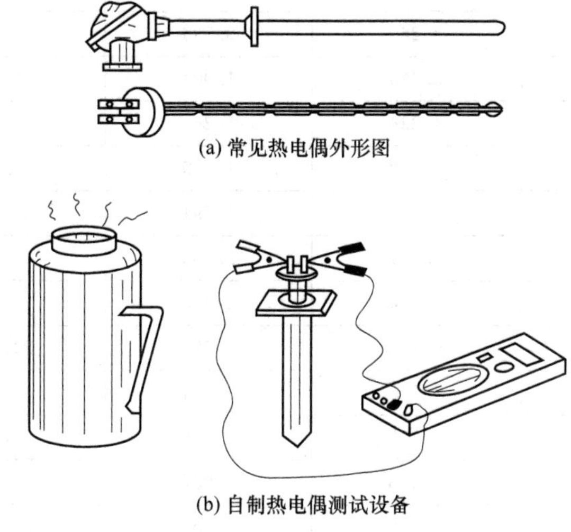

(a) 常见热电偶外形图

(b) 自制热电偶测试设备

图 3-57　用数字万用表和开水来判断热电偶的优劣

测试热电偶时一般需要专用仪器和设备。在要求并不严格的条件下，可采用图 3-57（b）所示方法，利用数字万用表来判断热电偶的优劣。

采用一个热水瓶和一段口径为 20mm 的钢管（其长度要短于热水瓶内胆），将钢管的一端砸扁焊实不渗水，再把热电偶从管口插入，然后把钢管插入盛有开水的热水瓶中。将数字万用表的量程开关拨至电压 200mV 挡，将热电偶在放入热水瓶前和放入热水瓶后所测得的电压值进行比较。由于钢管插入热水瓶要吸热，所以要将其放入热水瓶几分钟后，才能得出稳定的读数。通常，镍铬-铜镍（康铜）在水温为 100℃时，其两电极之间的电位差为 4.095mV。

表 3-6 列出某厂热电偶的温度与绝对毫伏值数据对照表，仅供读者测试参考。测试时要注意数字万用表和热电偶的极性。

表 3-6　温度与绝对毫伏值数据对照表

热电偶型号 / 绝对毫伏值/mV / 温度/℃	铂铑 10-铂	铂铑 30-铂铑 6	镍铬-镍硅	镍铬-铜镍
	S	B	K	E
0	0	0	0	0
50	0.299	0.002	2.022	3.047
100	0.645	0.033	4.095	6.317
150	1.029	0.092	6.137	9.787
200	1.440	0.178	8.137	13.419
250	1.873	0.291	10.151	17.178

续表

热电偶型号 / 绝对毫伏值/mV / 温度/℃	铂铑10-铂	铂铑30-铂铑6	镍铬-镍硅	镍铬-铜镍
	S	B	K	E
300	2.323	0.431	12.207	21.033
350	2.786	0.596	14.292	24.961
400	3.260	0.786	16.295	28.943
450	3.743	1.002	18.513	32.960
500	4.234	1.241	20.640	36.999
550	4.732	1.505	22.772	41.045
600	5.237	1.791	24.902	45.085
650	5.751	2.100	27.022	49.109
700	6.274	2.430	29.128	53.110
750	6.805	2.782	31.214	57.083
800	7.345	3.154	33.277	61.022
850	7.892	3.546	35.314	64.924
900	8.448	3.957	37.325	68.783
950	9.012	4.386	39.310	72.593
1000	9.585	4.833	41.269	76.358
1050	10.165	5.297	43.202	—
1100	10.754	5.777	45.108	
1150	11.348	6.273	46.985	
1200	11.947	6.783	48.828	
1250	12.550	7.308	50.633	
1300	13.155	7.845	52.398	
1350	13.761	8.393	54.125	
1400	14.368	8.952	—	
1450	14.973	9.519		
1500	15.576	10.094		
1550	16.176	10.674		
1600	16.771	11.257		
1650	17.360	11.842		
1700	17.942	12.426		
1750	18.504	13.008		
1800	—	13.585		
1850		—		

(2)用电冰箱粗测热电偶低温下能否工作

某些热电偶能测试－200℃的低温，在安装或更换时可采用图 3-58 所示方法粗测，做到心中有数。

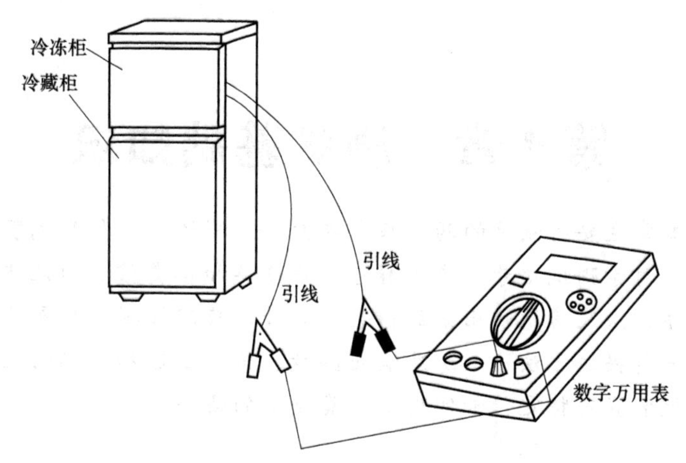

图 3-58　用电冰箱和万用表粗测热电偶

用电冰箱来提供测试时所需的低温简单易行。电冰箱的冷藏柜温度一般在零上几摄氏度，在秋夏时节算是低温了；它的冷冻柜，温度一般在零下几摄氏度，在一年四季中都可认为是低温了（高寒地区除外）。

测试时，将热电偶用普通电线（引线）从冰箱柜门缝引入冷冻柜，见数字万用表数字有变化，则认为此热电偶可以工作。

思考题与习题

3-1　电容式传感器的工作原理是什么，常用的电容传感器有哪几种类型?

3-2　电感式传感器可以测量哪些物理量?

3-3　什么是电涡流现象? 依据影响电涡流传感器线圈等效阻抗的参数说明传感器的主要用途。

3-4　线性电位器的灵敏度与哪些因素有关?

3-5　什么是压电效应? 压电式加速度传感器的常见类型有哪些?

3-6　什么是热电效应? 热电偶的主要技术参数有哪些?

第 4 章　测试基础知识

学习目标：本章主要对测试的两个基本要素——测试信号和测试装置的基本知识作简要介绍。其中，对于测试信号，应了解它们的分类和各类信号的性质，掌握动态信号在不同域中的描述方法及其反映出来的信息。此外，应掌握测试装置静态特性参数的含义及动态特性的三种描述方法——脉冲响应函数、传递函数和频率响应函数。在此基础上，深入理解测试装置对特定信号实现不失真测试的条件。

测试工作的基本目的就是要获取关于被测对象的有关信息，因此它包括两个方面：使用测试装置获取反映被测对象状态的测试信号；通过信号分析与信号处理手段从测试信号中提取有用的信息。在本章中，将主要介绍测试信号的有关特征及测试装置的静态、动态特性，最后讨论实现不失真测试的条件。

4.1　信号及其描述

4.1.1　信息、信号、干扰

(1) 信息

信息 (Information) 是事物运动状态和运动方式的反映。通俗地说，信息一般可理解为消息、情报或知识。

现代科学认为，物质、能量、信息是物质世界的三大支柱。只要有运动的事物，就必有能量，也就会存在信息，所以说信息无时不有，无所不在。信息具有可以识别、可以存储、存在形式多种多样、可以传输等几个主要特征。

(2) 信号

信息的载体称为信号 (Signal)，即蕴涵信息的某种具体物理形式。

(3) 干扰

信号中除有用信息之外的部分称为干扰 (Disturbance)。测试工作的实质就是感受被测量并将其转换成适当的测试信号，通过适当的信号调理，再利用各种分析处理手段，最大限度地从测试信号中排除各种干扰，最终获得关于被测量的有用信息。

需要指出的是，信号中的有用信息与干扰是相对的。例如，报纸可以看成是信息的载体即信号，对于只关心体育新闻的人来说，只有体育新闻是有用的信息，其他内容属于干扰；而对于只关心时事政治的人来说，体育新闻则变成了干扰。另外，同一信息是可以用不同的载体来承载的，也就是说，蕴涵信息的信号形式可以是多种多样的。在测试工作中，具体用哪一种信号来承载信息，取决于被测对象、测试条件、测试目的等多种因素。

4.1.2　信号的分类

信号可以从不同的角度进行分类。按信号的物理属性可分为机械信号、电信号、光信号等；按信号的幅值是否随时间变化可分为静态信号和动态信号；按自变量的变化范围可分为时限信号和频限信号；按信号是否满足绝对可积条件可分为能量有限信号和功率有限信号；按信号中变量的取值特点可分为连续时间信号和离散时间信号，模拟信号和数字信号即分属于这两类信号；按信号随时间的变化规律可分为确定性信号和非确定性信号。这里只从最后一种分类方法的角度对信号进行讨论。

（1）确定性信号

可以用确定的数学函数表示其随时间变化规律的信号称为确定性信号，如正弦信号、方波信号、三角波信号、指数衰减信号等（见图 4-1）。由于此类信号可以用数学函数加以描述，因此也常把确定性信号称为函数，如正弦函数等。确定性信号又可进一步分为周期信号和非周期信号。

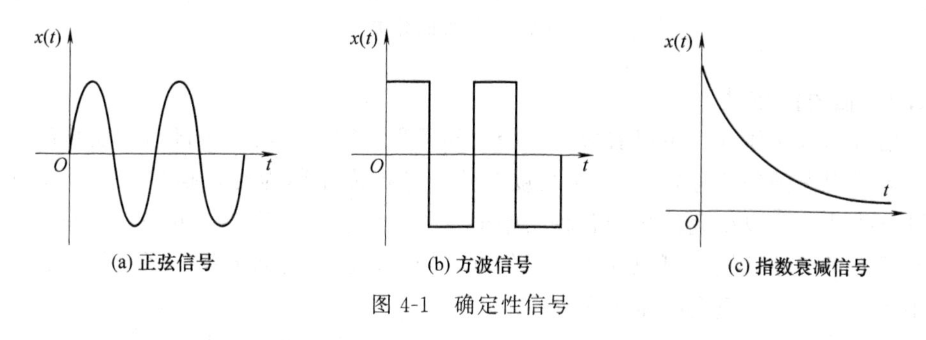

图 4-1　确定性信号

周期信号指的是每隔固定的时间间隔 T 不断重复其波形的信号，它满足以下关系式：

$$x(t \pm nT)=x(t) \tag{4-1}$$

时间间隔 T 称为周期信号 $x(t)$ 的周期，$f_0=1/T$ 称为周期信号 $x(t)$ 的频率，$\omega_0=2\pi f_0=2\pi/T$ 称为信号 $x(t)$ 的圆频率或角频率。

最基本的周期信号为正弦信号［图 4-1（a）］，也称为简谐信号，其一般函数形式为

$$x(t)=A\sin(\omega_0 t+\varphi) \tag{4-2}$$

其中，A 为正弦信号的幅值，ω_0 为正弦信号的角频率，φ 称为正弦信号的初相位。周期方波、周期三角波等是由无穷多个幅值、频率、初相位各不相同的正弦信号叠加而成的，称为复杂周期信号。

非周期信号可以分为瞬变信号和准周期信号两类。准周期信号指的是由有限个频率比为无理数的正弦信号叠加而成的信号，例如信号 $x(t)=\sin 2t+\sin(\sqrt{2}t+30°)$。除准周期信号以外的非周期信号都属于瞬变信号。在本书中，所提到的非周期信号一般可认为是瞬变信号。

（2）非确定性信号

不能用确定数学函数表示其随时间变化规律的信号称为非确定性信号。这类信号的具体特点是随时间的变化具有随机性和一定的持续作用时间过程，因此也称为随机信号或随机过程。如测量机床主轴的振动、工作现场的噪声所得到的测试信号等。

随机信号所描述的是一种随机过程，其特征用信号的统计学参数（均值、方差等）表示。如果随机过程的统计学参数不随时间变化，则称之为平稳随机过程，否则称之为非平稳随机过程。

图 4-2 为信号的分类情况。

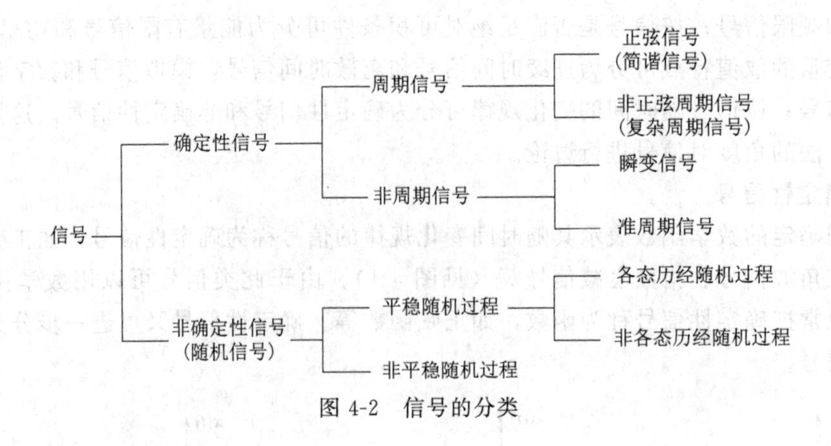

图 4-2　信号的分类

4.1.3　信号的描述

任何信号的直接体现都可以看成是一个时间历程，即信号的特征随时间变化的过程（例如用示波器所观察到的信号），从这个角度对信号进行描述称为时域描述。信号还可以在幅值域内进行描述，可以得到信号中各种与幅值有关的信息，如均值、方差、概率密度函数和概率分布函数等。频域描述可以获得信号的频率构成情况，是研究测试系统的动态特性、提取信号中的有用信息的重要技术手段。

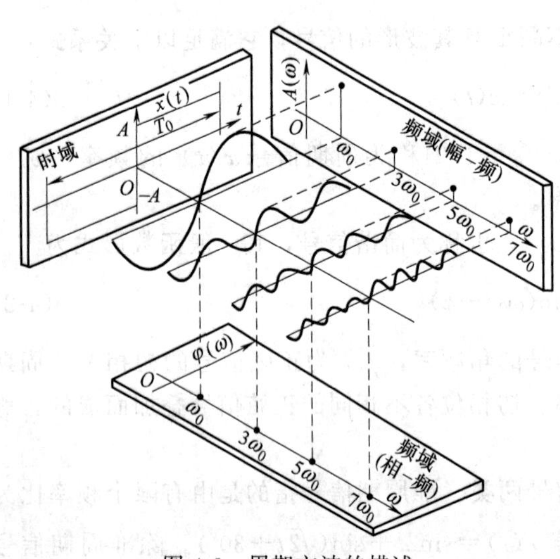

图 4-3　周期方波的描述

众所周知，白光是由无限多种频率不同的单色光组成的，光的组成结构称为光谱；物质都是由原子组成的，物质内原子的分布、组成等称为物质结构。对于动态信号来说，也有它们的组成结构。任何信号都是由许多频率不同的正弦分量组成的，不同的信号中各正弦分量的幅值、相位、能量、功率是不相同的，它们也就决定了信号的基本特征。信号的频率构成称为频谱。图 4-3 以周期方波为例示出了信号的时域描述与频域描述及它们之间的关系。

需要指出的是，时域描述、幅值域描述以及频域描述是从不同的角度描述同一信号的特征的，这些描述之间可以通过不同的数学工具进行相互转换。下面将主要针对周期信号和非周期信号的频谱作以介绍。

（1）周期信号与离散频谱

利用傅里叶级数（Fourier Series），可以将周期信号的时域描述转换成频域描述，得到关于频率的傅里叶级数三角函数展开式，该式即表示出了周期信号的频谱。

最基本的信号是正弦信号，其他信号都是由一系列不同的正弦信号叠加而成的。对于满足狄里赫利（Dirichlet）条件的周期信号 $x(t)$，其中所包含的正弦分量可以由下面三角函数形式的傅里叶级数给出：

$$x(t)=a_0+\sum_{n=1}^{\infty}(a_n\cos n\omega_0 t+b_n\sin n\omega_0 t)\quad(n=1,2,3,\cdots)\tag{4-3}$$

式中
$$\begin{cases}a_0 = \dfrac{1}{T}\displaystyle\int_{-\frac{T}{2}}^{\frac{T}{2}} x(t)\,\mathrm{d}t \\ a_n = \dfrac{2}{T}\displaystyle\int_{-\frac{T}{2}}^{\frac{T}{2}} x(t)\cos n\omega_0 t\,\mathrm{d}t \\ b_n = \dfrac{2}{T}\displaystyle\int_{-\frac{T}{2}}^{\frac{T}{2}} x(t)\sin n\omega_0 t\,\mathrm{d}t\end{cases}$$

称为傅里叶系数，T 为原周期信号 $x(t)$ 的周期，$\omega_0=2\pi/T$ 为 $x(t)$ 的角频率，称为基频。

通过对式（4-3）进行正、余弦合并，得到周期信号更为直观的频谱表达式：

$$x(t) = A_0 + \sum_{n=1}^{\infty} A_n \sin(n\omega_0 t + \varphi_n) \quad (n = 1,2,3,\cdots) \tag{4-4}$$

式中，$A_0=a_0$ 称为信号 $x(t)$ 的常值分量或直流分量，代表信号 $x(t)$ 的均值；$A_n\sin(n\omega_0 t+\varphi_n)$ 称为信号 $x(t)$ 的第 n 次谐波分量，$A_n=\sqrt{a_n^2+b_n^2}$ 称为第 n 次谐波分量的幅值，$\varphi_n=\arctan(a_n/b_n)$ 称为第 n 次谐波分量的初相位。$n=1$ 所对应的谐波分量称为一次谐波，$n=2$ 所对应的谐波分量称为二次谐波，$n>2$ 所对应的谐波分量称为高次谐波，$n\omega_0$ 称为第 n 次谐波的频率。由于 n 只取正整数，所以周期信号是由其直流分量和频率为基频整数倍的正弦谐波分量叠加而成的，各次谐波分量的频率、幅值、初相位一般是不同的。

各谐波分量的幅值、相位与谐波频率之间的关系即构成了信号的频谱，前者称为幅值谱，后者称为相位谱。以 ω 为横坐标（取值 $n\omega_0$，$n=0$，1，2，…），分别以对应的各次谐波的幅值、初相位为纵坐标所画出的 A_n-ω、φ_n-ω 图形称为频谱图（参见例 4-1）。各条谱线的高度分别表示各次谐波的幅值、初相位的大小。

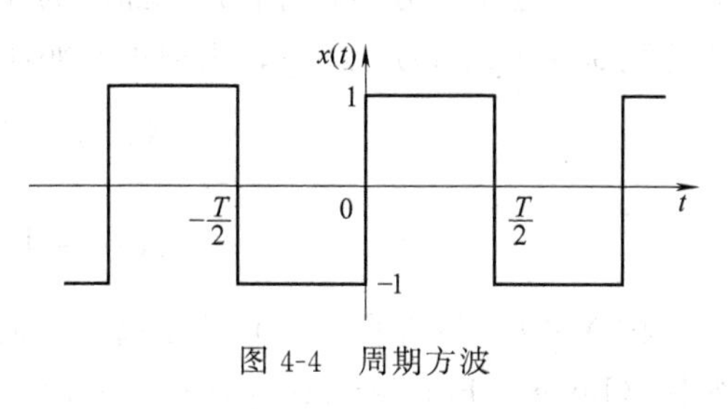

图 4-4　周期方波

例 4-1　求图 4-4 所示周期方波的频谱。

解　信号的时域函数表达式为 $x(t)=\begin{cases}-1 & (-\frac{T}{2}\leqslant t<0) \\ 1 & (0\leqslant t<\frac{T}{2})\end{cases}$，因此其傅里叶系数为

$$a_0 = A_0 = \frac{1}{T}\int_{-\frac{T}{2}}^{\frac{T}{2}} x(t)\,\mathrm{d}t = 0$$

$$a_n = \frac{2}{T}\int_{-\frac{T}{2}}^{\frac{T}{2}} x(t)\cos n\omega_0 t\,\mathrm{d}t = 0$$

$$b_n = \frac{2}{T}\int_{-\frac{T}{2}}^{\frac{T}{2}} x(t)\sin n\omega_0 t\,\mathrm{d}t = \frac{2}{n\pi}(1-\cos n\pi) = \begin{cases}\dfrac{4}{n\pi} & (n = 1,3,5,\cdots) \\ 0 & (n = 2,4,6,\cdots)\end{cases}$$

图 4-5 为周期方波的频谱图。周期方波只包含奇次谐波分量，各次谐波分量的幅值以 $1/n$ 的规律衰减，初相位均为 0。

周期信号的频谱有以下几个特点。

① 离散性　周期信号的频谱是离散的，由一系列离散的谱线组成，每条谱线对应于一个谐波分量。

② 谐波性　每条谱线只出现在基频的整数倍上，不存在基频非整数倍的频率分量。

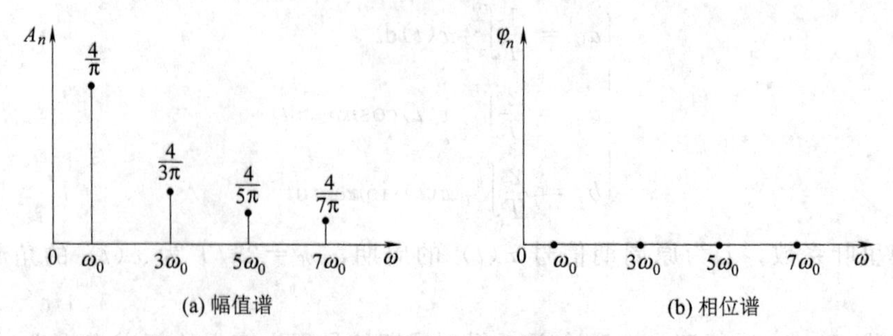

(a) 幅值谱　　　　(b) 相位谱

图 4-5　周期方波的频谱图

③ 衰减性　工程中常见的周期信号，其谐波幅值总的趋势是随谐波次数的增加而减小的。为了简化设计、分析处理，通常可忽略较高次谐波的影响。

（2）非周期信号与连续频谱

利用傅里叶变换（Fourier Transform，FT），可以将非周期信号（瞬变信号）的时域描述转换成频域描述，得到关于频率的傅里叶变换的复函数展开式，该式即表示出了非周期信号的频谱。

非周期信号可视为周期 $T\rightarrow\infty$ 的周期信号。此时，相邻谱线之间的间隔 $\Delta\omega=\omega_0=2\pi/T\rightarrow d\omega$（趋近于无穷小），离散的 $n\omega_0\rightarrow\omega$（连续变化的），因此非周期信号的频谱是连续的。考虑到 $\omega=2\pi f$、$d\omega=2\pi df$，由傅里叶变换的定义可以得到非周期信号 $x(t)$ 的频谱为

$$X(f)=\int_{-\infty}^{\infty}x(t)e^{-j2\pi ft}dt \tag{4-5}$$

$$x(t)=\int_{-\infty}^{\infty}X(f)e^{-j2\pi ft}df \tag{4-6}$$

称 $X(f)$ 为信号 $x(t)$ 的傅里叶变换，$x(t)$ 为 $X(f)$ 的傅里叶逆变换或傅里叶反变换（Inverse Fourier Transform，IFT），两者组成傅里叶变换对，简记为

$$x(t)\underset{\text{IFT}}{\overset{\text{FT}}{\rightleftharpoons}}X(f)$$

一般情况下 $X(f)$ 是关于频率 f 的复函数，故可表示为

$$X(f)=\text{Re}[X(f)]+j\text{Im}[X(f)]=|X(f)|e^{j\varphi(f)} \tag{4-7}$$

式中，$\text{Re}[X(f)]$、$\text{Im}[X(f)]$ 分别为 $X(f)$ 的实部和虚部，$|X(f)|=\sqrt{\text{Re}^2[X(f)]+\text{Im}^2[X(f)]}$为 $X(f)$ 的模，$\varphi(f)=\arctan^{-1}\frac{\text{Im}[X(f)]}{\text{Re}[X(f)]}$为 $X(f)$ 的辐角。

非周期信号的频谱有以下几个特点。

① 傅里叶变换是进行非周期信号的时域描述与频域描述之间转换的数学工具，非周期信号 $x(t)$ 的傅里叶变换 $X(f)$ 就是它的频谱。

② 在非周期信号的傅里叶变换 $X(f)$ 中，f 的取值是连续的，亦即非周期信号是由无穷多个谐波成分 $e^{j2\pi ft}$（$=\cos2\pi ft+j\sin2\pi ft$）叠加而成的，因此非周期信号的频谱是连续的，其中包括所有频率的谐波成分。

③ 在非周期信号展开式（4-5）中，$X(f)$ 具有“单位频率宽度上的振幅”的含义，故非周期信号的频谱严格上应称为频谱密度函数，在不致混淆的情况下简称为频谱。$|X(f)|$称为幅值谱密度函数（简称为幅值谱）；$\varphi(f)$ 称为相位谱密度函数（简称为相位谱）。

④ 非周期信号的谱密度为有限值，但各谐波分量的幅值 $X(f)\mathrm{d}f$ 为无穷小。

⑤ 傅里叶变换具有比例叠加、时移、频移、时间尺度改变、对称、微积分、卷积分等性质，详请参阅有关参考书。

例 4-2　求图 4-6（a）所示单边指数衰减信号 $x(t)=\begin{cases}0 & (t<0)\\ \beta e^{-\alpha t} & (t\geqslant 0,\alpha>0)\end{cases}$ 的频谱。

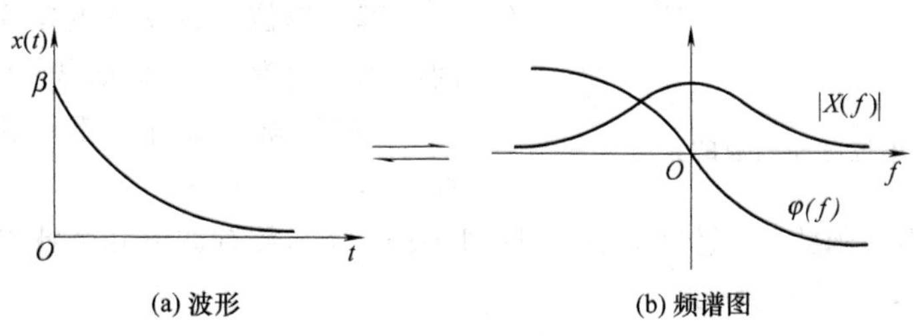

图 4-6　单边指数衰减信号及其频谱

解　由式（4-5）有

$$X(f)=\int_{-\infty}^{\infty}x(t)e^{-j2\pi ft}\,dt=\int_{0}^{\infty}\beta e^{-\alpha t}e^{-j2\pi ft}\,dt=\beta\int_{0}^{\infty}e^{-(\alpha+j2\pi f)t}\,dt$$

$$=\frac{-\beta}{\alpha+j2\pi f}e^{-(\alpha+j2\pi f)t}\Big|_{0}^{\infty}=\frac{\beta}{\alpha+j2\pi f}=\frac{\beta\alpha}{\alpha^2+(2\pi f)^2}+j\frac{-2\beta\pi f}{\alpha^2+(2\pi f)^2}$$

则

$$\mathrm{Re}[X(f)]=\frac{\beta\alpha}{\alpha^2+(2\pi f)^2}$$

$$\mathrm{Im}[X(f)]=\frac{-2\beta\pi f}{\alpha^2+(2\pi f)^2}$$

幅值谱密度　$|X(f)|=\sqrt{\mathrm{Re}^2[X(f)]+\mathrm{Im}^2[X(f)]}=\dfrac{\beta}{\sqrt{\alpha^2+(2\pi f)^2}}$

相位谱密度　$\varphi(f)=\arctan\dfrac{\mathrm{Im}[X(f)]}{\mathrm{Re}[X(f)]}=\arctan\left(-\dfrac{2\pi f}{\alpha}\right)$

频谱图如图 4-6（b）所示。

例 4-3　求图 4-7（a）所示矩形窗函数 $w(t)=\begin{cases}1 & |t|<\tau/2\\ 0 & |t|\geqslant\tau/2\end{cases}$ 的频谱。

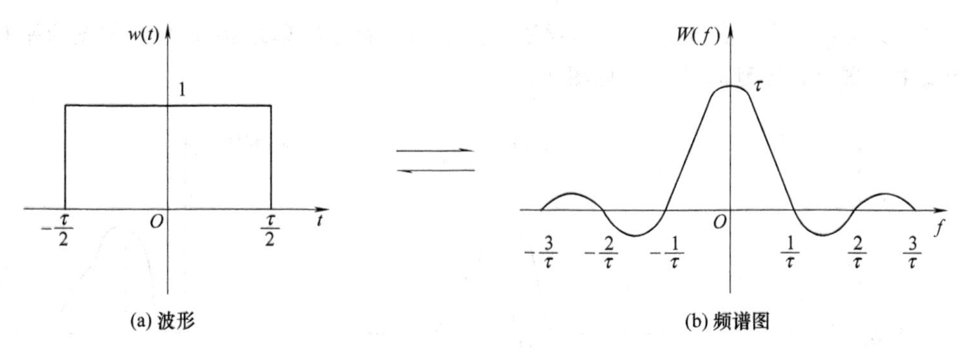

图 4-7　矩形窗函数及其频谱

解　$W(f)=\displaystyle\int_{-\infty}^{\infty}w(t)e^{-j2\pi ft}\,dt=\int_{-\frac{\tau}{2}}^{\frac{\tau}{2}}e^{-j2\pi ft}\,dt=-\frac{1}{j2\pi f}(e^{-j\pi f\tau}-e^{j\pi f\tau})=\frac{1}{\pi f}\sin\pi f\tau$

$$=\tau\frac{\sin\pi f\tau}{\pi f\tau}=\tau\,\mathrm{sinc}(\pi f\tau)$$

矩形窗函数 $w(t)$ 的频谱图如图 4-7（b）所示。在上面的计算过程中，用到了一个函数 $\mathrm{sinc}\theta=\dfrac{\sin\theta}{\theta}$，该函数称为"抽样函数"。

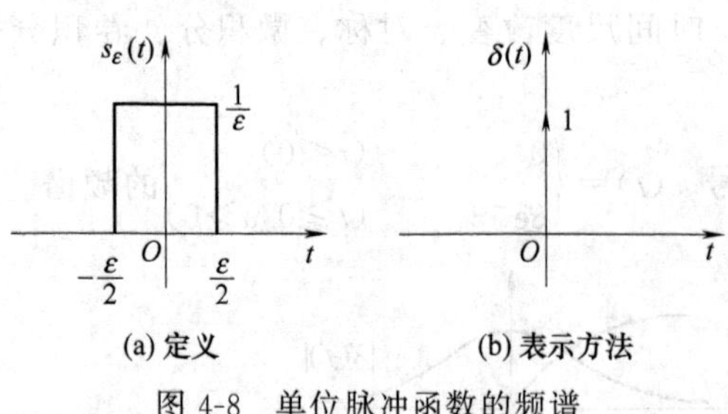

图 4-8 单位脉冲函数的频谱

例 4-4 求图 4-8 所示单位脉冲函数的频谱。

解 单位脉冲函数的定义是：在微小的时间间隔 ε 内激发一个面积为 1 的矩形脉冲 $s_\varepsilon(t)$（或三角形脉冲、矩形脉冲、双边指数脉冲等），当 $\varepsilon\to0$ 时，$s_\varepsilon(t)$ 的极限就称为单位脉冲函数（也称为 δ 函数），记为 $\delta(t)$（见图 4-8）。δ 函数有如下几个特点。

① $\delta(t)=\begin{cases}\infty & t=0\\ 0 & t\neq0\end{cases}$

② $\int_{-\infty}^{\infty}\delta(t)\mathrm{d}t=1$

③ 若脉冲是在 $t=t_0$ 时刻激发的，则称为延时 t_0 的 δ 函数，记为 $\delta(t-t_0)$；若所激发的脉冲面积为 K，则称为强度为 K 的 δ 函数，记为 $K\delta(t)$。

④ δ 函数有一个重要的性质，它可以把某一连续时间函数 $x(t)$ 在 δ 函数发生时刻的函数值抽取出来，称为 δ 函数的抽样性质或筛选性质。如下：

$$\int_{-\infty}^{\infty}x(t)\delta(t)\mathrm{d}t=\int_{-\infty}^{\infty}x(0)\delta(t)\mathrm{d}t=x(0)$$

$$\int_{-\infty}^{\infty}x(t)\delta(t-t_0)\mathrm{d}t=\int_{-\infty}^{\infty}x(t_0)\delta(t)\mathrm{d}t=x(t_0)$$

$$\int_{-\infty}^{\infty}x(t)K\delta(t)\mathrm{d}t=\int_{-\infty}^{\infty}x(0)K\delta(t)\mathrm{d}t=Kx(0)$$

⑤ δ 函数与某一信号 $x(t)$ 的卷积分：

$$x(t)*\delta(t)=\int_{-\infty}^{\infty}x(\tau)\delta(t-\tau)\mathrm{d}\tau=\int_{-\infty}^{\infty}x(\tau)\delta(\tau-t)\mathrm{d}\tau=x(t)$$

同理 $$x(t)*\delta(t-t_0)=x(t-t_0)$$

可见，δ 函数与某一信号 $x(t)$ 作卷积分的结果，就是简单地将 $x(t)$ 的图形平移到 δ 函数的发生位置上，即延时了 t_0（见图 4-9）。

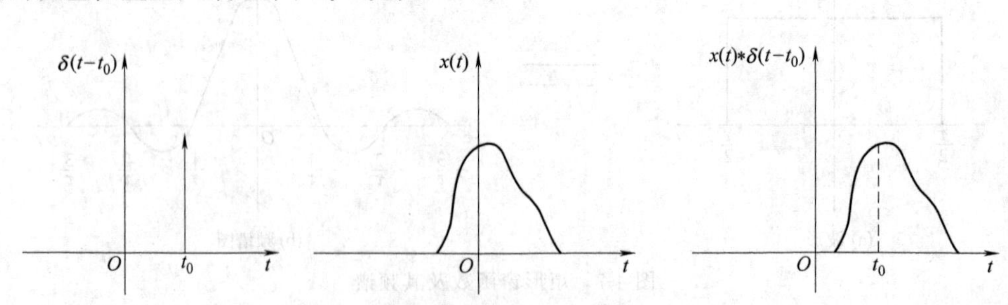

图 4-9 δ 函数与信号 $x(t)$ 的卷积分

⑥ δ 函数的频谱：

$$\Delta(f)=\int_{-\infty}^{\infty}\delta(t)\mathrm{e}^{-\mathrm{j}\pi ft}\mathrm{d}t=\mathrm{e}^0=1$$

该结果表明，δ 函数具有无限宽广的频带，且在任何频率上的谱密度都是相等的（见图 4-10）。这种信号称为理想的白噪声。

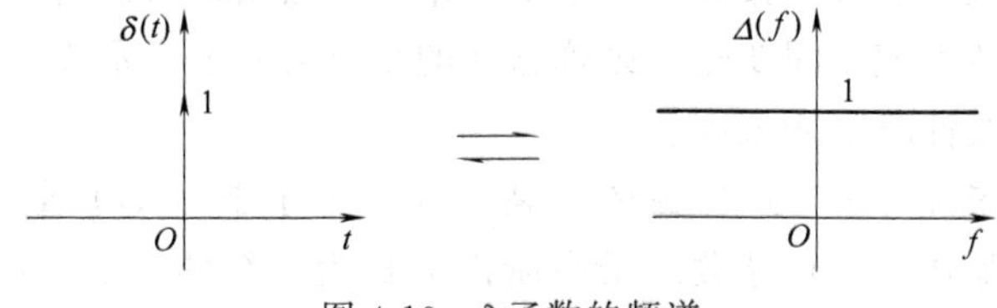

图 4-10　δ 函数的频谱

根据 δ 函数的上述性质及傅里叶变换的性质，还可以得到以下傅里叶变换对：

时　域		频　域
$\delta(t)$	$\rightleftharpoons$	1
1	$\rightleftharpoons$	$\delta(f)$
$\delta(t-t_0)$	$\rightleftharpoons$	$e^{-j2\pi f t_0}$
$e^{-j2\pi f_0 t}$	$\rightleftharpoons$	$\delta(f-f_0)$

4.2　测试装置的基本特性

测试装置是构成测试系统的“积木”，其各种特性也就决定了测试系统的特性。这里所说的测试装置是一个具有广泛意义的术语，它既可以是一个功能齐全、结构复杂的测试仪器，也可以是功能单一、结构简单的组成环节（例如一个电阻和一个电容所构成的 *RC* 滤波器），甚至可以是一根导线。本书将系统（System）、装置（Device）、环节（Linkage）视为同义语。

测试装置的基本作用是对被测对象的物理特征进行转换，或对转换后的信号进行各种信号加工处理（如放大、滤波等），也就是借助于测试装置对信号的传输实现信息的传输。因此，测试装置的特性对能否不失真地传输真实信息起着决定性的作用。对测试装置特性的研究一般是从静态特性（Static Characteristic）和动态特性（Dynamic Characteristic）两个方面进行的。静态特性指的是测试装置对不随时间变化的输入量或随时间变化极为缓慢的输入量所呈现出来的传输特性，动态特性则指的是测试装置对随时间变化较快的输入量所呈现出来的传输特性。测试装置的输入也称为激励，输出也称为响应。

4.2.1　线性系统及线性时不变系统的主要性质

（1）线性系统的概念

所谓系统，一般指的是由若干个相互作用、相互依赖的事物组合成的具有特定功能的整体。系统有线性系统和非线性系统两大类。对于绝大多数测试装置来说，都可以近似看成是线性系统。

所谓线性系统，指的是可用如下线性微分方程表示其输出信号 $y(t)$ 与输入信号 $x(t)$ 之间关系的系统：

$$a_n\frac{d^n y(t)}{dt^n}+a_{n-1}\frac{d^{n-1}y(t)}{dt^{n-1}}+\cdots+a_1\frac{dy(t)}{dt}+a_0 y(t)$$

$$=b_m\frac{d^m x(t)}{dt^m}+b_{m-1}\frac{d^{m-1}x(t)}{dt^{m-1}}+\cdots+b_1\frac{dx(t)}{dt}+b_0 x(t) \qquad (4-8)$$

线性系统微分方程中的各系数取决于系统的结构参数及输入输出的作用位置。如果系统微分方程中的各个系数不随时间变化，则称这样的系统为时不变系统。既是线性系统又是时不变系统的系统称为线性时不变系统。

对于稳定的系统来说，$y(t)$ 导数的最高阶次 n 不小于 $x(t)$ 最高导数的阶次 m，即 $n\geqslant m$。通常把微分方程中 $y(t)$ 导数的最高阶次 n 称为系统的阶次，$n=1$ 所对应的系统称为一阶系统，$n=2$ 所对应的系统称为二阶系统，$n>2$ 所对应的系统则称为高阶系统。

严格上说，一切实际的测试装置都是非线性和时变的，但为了研究方便起见，常常在一定的工作范围内，忽略那些影响较小、可为工程上允许的非线性因素和系数的微小变化，把实际的测试装置系统近似按线性时不变系统来处理。

（2）线性时不变系统的主要性质

① 比例叠加性质　比例性质指的是当系统的输入 $x(t)$ 变化一个常数倍时，其输出 $y(t)$ 也变化相同的倍数；叠加性质指的是当若干个输入同时作用于系统时，系统的输出等于这些输入单独作用于系统时所产生的输出之和。

若 $x(t)\rightarrow y(t)$，$x_1(t)\rightarrow y_1(t)$，$x_2(t)\rightarrow y_2(t)$，a、a_1、a_2均为常数，则

$$ax(t)\rightarrow ay(t) \qquad (4-9)$$

$$x_1(t)+x_2(t)\rightarrow y_1(t)+y_2(t) \qquad (4-10)$$

$$a_1x_1(t)+a_2x_2(t)\rightarrow a_1y_1(t)+a_2y_2(t) \qquad (4-11)$$

② 时不变性质　对于线性时不变系统，由于系统的物理结构参数不随时间变化，因此在同样的初始条件下，系统输出与系统输入的作用时刻无关，亦即无论输入何时作用所产生的输出都是一样的。线性时不变系统的这一性质称为时不变性质。

③ 频率保持性质　系统稳态输出信号的频谱中有且仅有与输入信号的频谱中频率相同的频率成分，称为线性时不变系统的频率保持性质。例如，给系统输入某一频率的正弦信号，则系统的稳态输出将为同频率的正弦信号，但幅值、相位可能与输入有所不同。如果输出信号中包括有其他频率成分，则可认为或是由系统的内、外部干扰所引起，或是由于系统的输入太大使系统工作在非线性区而导致，或是系统中存在明显的非线性环节。

④ 微积分性质　若 $x(t)\rightarrow y(t)$，则

$$\frac{dx(t)}{dt}\rightarrow\frac{dy(t)}{dt} \qquad (4-12)$$

如果系统的初始状态为零，那么还有

$$\int_0^t x(t)dt\rightarrow\int_0^t y(t)dt \qquad (4-13)$$

4.2.2　测试装置的动态特性

由于测试装置可能会含有一些惯性元件及储能元件（运动部件的质量、弹簧、电容、电感等），因此当输入信号随时间变化时，测试装置不可能马上加以响应，导致输出信号的波形与输入信号有一定的差异。特别地，当输入信号变化的快慢（频率）不同时，测试装置一般也会产生不同的输出。因此，有必要研究测试装置对不同快慢变化的输入所呈现出来的特性——动态特性，以便能正确地设计、选用具有合理动态特性的测试装置，在允许的限度内实现不失真测试。

（1）动态特性的时域描述——微分方程

在时域内，测试装置的动态特性可以用线性微分方程来描述，也可以用其中隐含的脉冲响应函数 $h(t)$ 来描述。系统在输入单位脉冲函数时所产生的响应 $h(t)$ 称为脉冲响应函数。对于单输入、单输出系统，系统的输入 $x(t)$、输出 $y(t)$ 及脉冲响应函数 $h(t)$ 三者之间的关系为

$$y(t)=h(t)x(t) \tag{4-14}$$

即测试装置在任意输入下所产生的响应等于系统的脉冲响应函数与输入信号的卷积分。

（2）动态特性的复频域描述——传递函数

若系统的初始状态为零，对式（4-8）两边取拉普拉斯变换，可得

$$(a_n s^n+a_{n-1}s^{n-1}+\cdots+a_1 s+a_0)Y(s)=(b_m s^m+b_{m-1}s^{m-1}+\cdots+b_1 s+b_0)X(s)$$

定义输出信号的拉氏变换 $Y(s)$ 与输入信号的拉氏变换 $X(s)$ 之比为系统的传递函数，记为 $H(s)$，得

$$H(s)=\frac{Y(s)}{X(s)}=\frac{b_m s^m+b_{m-1}s^{m-1}+\cdots+b_1 s+b_0}{a_n s^n+a_{n-1}s^{n-1}+\cdots+a_1 s+a_0} \tag{4-15}$$

关于传递函数的几点说明。

① 传递函数只取决于系统，与输出输入信号无关。$H(s)$ 的分母和分子均为关于算子 s 的多项式，分母多项式的系数取决于系统的物理结构，而分子多项式的系数则取决于输入、输出点的位置。

② 传递函数分母多项式中的 s 的幂次 n 即微分方程的阶次，称为系统的阶次。

③ 传递函数是系统动态特性的一种数学描述，它不反映被描述系统的物理属性，不同的系统可能具有形式相同的传递函数和相似的动态特性。例如，RC 无源低通滤波器与液体温度计的传递函数在形式上是一样的，它们具有相似的动态特性。

④ 由传递函数的定义可知：$Y(s)=H(s)X(s)$。因此，只要已知其中的两个要素就可确定出另一个。例如，当传递函数一定时，对于给定的输入 $x(t)$，先求出其拉氏变换 $X(s)$，然后根据上述关系计算出 $Y(s)$，最后对 $Y(s)$ 取拉氏反变换即可求得输出 $y(t)$。

⑤ 传递函数 $H(s)$ 可能有量纲，也可能没有，视系统输入、输出信号的量纲而定（参见关于静态灵敏度量纲的论述部分）。

⑥ 传递函数 $H(s)$ 可以通过理论分析计算得到，但更多的是用专用仪器（如传递函数分析仪等）通过实验确定。

（3）动态特性的频域描述——频率响应函数

在前面的论述中已经知道，任何信号都可看成是由许多频率不同、幅值及相位各异的正弦分量叠加而成的。因此，研究测试装置对不同频率的正弦信号所呈现出来的传输特性就具有非常重要的意义。在大多数情况下，一般只关心系统在输入作用一定时间后的稳态响应。下面将讨论测试装置对正弦输入的稳态正弦响应特性——频率响应函数。

以 $\mathrm{j}\omega$ 代替传递函数中的 s，则得到系统的频率响应函数（简称频响函数）$H(\mathrm{j}\omega)$ 为

$$H(\mathrm{j}\omega)=\frac{Y(\mathrm{j}\omega)}{X(\mathrm{j}\omega)}=\frac{b_m(\mathrm{j}\omega)^m+b_{m-1}(\mathrm{j}\omega)^{m-1}+\cdots+b_1(\mathrm{j}\omega)+b_0}{a_n(\mathrm{j}\omega)^n+a_{n-1}(\mathrm{j}\omega)^{n-1}+\cdots+a_1(\mathrm{j}\omega)+a_0} \tag{4-16}$$

它等于初始条件为零时输出信号的单边傅里叶变换与输入信号的傅里叶变换之比。

一般情况下 $H(\mathrm{j}\omega)$ 为复数，因此可表示成

$$H(\mathrm{j}\omega)=P(\omega)+\mathrm{j}Q(\omega) \tag{4-17}$$

及 $$H(\mathrm{j}\omega)=A(\omega)\mathrm{e}^{\mathrm{j}\varphi(\omega)} \tag{4-18}$$

$P(\omega)=\mathrm{Re}[H(\mathrm{j}\omega)]$ 称为测试装置的实频特性，$Q(\omega)=\mathrm{Im}[H(\mathrm{j}\omega)]$ 称为测试装置的虚频特性，$A(\omega)=|H(\mathrm{j}\omega)|=\sqrt{P^2(\omega)+Q^2(\omega)}$ 称为测试装置的幅频特性，$\varphi(\omega)=\angle H(\mathrm{j}\omega)=\arctan\dfrac{Q(\omega)}{P(\omega)}$ 称为测试装置的相频特性。

幅频特性 $A(\omega)$ 反映了测试装置在传输频率为 ω 的正弦信号时幅值的放大或衰减倍数，相频特性反映了测试装置在传输频率为 ω 的正弦信号时相位的移动量。$A(\omega)$-ω 曲线称为幅频特性曲线，$\varphi(\omega)$-ω 曲线称为相频特性曲线。实际绘制这两条曲线时，自变量 ω 通常按对数刻度，$A(\omega)$ 通常按分贝（dB）刻度，这样绘制出来的频率特性曲线称为伯德图。

（4）各种测试装置的动态特性

① 零阶系统——比例环节

微分方程 $$y(t)=Sx(t) \tag{4-19}$$

传递函数 $$H(s)=S \tag{4-20}$$

频响函数 $$H(\mathrm{j}\omega)=S \tag{4-21}$$

幅频特性 $$A(\omega)=S \tag{4-22}$$

相频特性 $$\varphi(\omega)=0 \tag{4-23}$$

零阶系统的特性只由一个参数表征——静态灵敏度 S。零阶系统的特性与频率无关，其输出 $y(t)$ 以常数倍 S 同步跟随输入 $x(t)$。由于静态灵敏度 S 只起对输入放大常数倍 S 的作用，因此在后面讨论各类系统的动态特性时，常取 $S=1$，这种处理称为归一化处理。

② 一阶系统——惯性环节

微分方程 $$a_1\frac{\mathrm{d}y(t)}{\mathrm{d}t}+a_0y(t)=b_0x(t) \tag{4-24}$$

传递函数 $$H(s)=S\cdot\frac{1}{\tau s+1} \tag{4-25}$$

式中 $S=b_0/a_0$——一阶系统的静态灵敏度；

$\tau=a_1/a_0$——一阶系统的时间常数。

作归一化处理（设 $S=1$）后，一阶系统的动态特性为

传递函数 $$H(s)=\frac{1}{\tau s+1} \tag{4-26}$$

频响函数 $$H(\mathrm{j}\omega)=\frac{1}{\mathrm{j}\omega\tau+1} \tag{4-27}$$

幅频特性 $$A(\omega)=\frac{1}{\sqrt{1+(\omega\tau)^2}} \tag{4-28}$$

相频特性 $$\varphi(\omega)=-\arctan(\omega\tau) \tag{4-29}$$

一阶系统的频率特性曲线如图 4-11 所示。

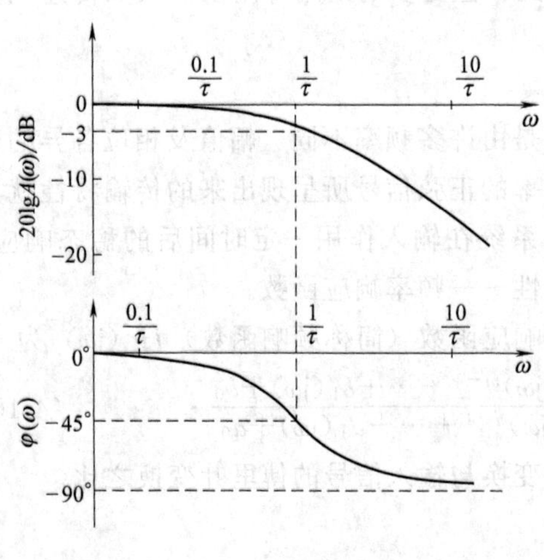

图 4-11 一阶系统的频率特性曲线

上述的一阶系统对于低频信号几乎不衰减，而对高频信号则会产生不同程度的衰减，频率越高，衰减越大，因此具有“低通”的特性。除上面的“低通”一阶系统外，还有“高通”一阶系统，其微分方程、传递函数等与“低通”一阶系

统略有差别，这里不再赘述。

常见的一阶系统有液体温度计、忽略质量的单自由度振动系统、RC 低通滤波器等。

③ 二阶系统——振荡环节

微分方程
$$a_2\frac{d^2y(t)}{dt^2}+a_1\frac{dy(t)}{dt}+a_0y(t)=b_0x(t) \tag{4-30}$$

传递函数
$$H(s)=S\cdot\frac{\omega_n^2}{s^2+2\xi\omega_n s+\omega_n^2} \tag{4-31}$$

式中　$S=b_0/a_0$——二阶系统的静态灵敏度；

$\omega_n=\sqrt{a_0/a_2}$——二阶系统的固有频率；

$\xi=\frac{a_1}{2\sqrt{a_0a_2}}$——二阶系统的阻尼比。

归一化处理后的二阶系统的动态特性为

传递函数
$$H(s)=\frac{\omega_n^2}{s^2+2\xi\omega_n s+\omega_n^2} \tag{4-32}$$

频响函数
$$H(j\omega)=\frac{1}{1-\left(\frac{\omega}{\omega_n}\right)^2+j\cdot 2\xi\left(\frac{\omega}{\omega_n}\right)}=\frac{1}{1-r^2+j\cdot 2\xi r} \tag{4-33}$$

幅频特性
$$A(\omega)=\frac{1}{\sqrt{\left[1-\left(\frac{\omega}{\omega_n}\right)^2\right]^2+\left[2\xi\left(\frac{\omega}{\omega_n}\right)\right]^2}}=\frac{1}{\sqrt{(1-r^2)^2+(2\xi r)^2}} \tag{4-34}$$

相频特性
$$\varphi(\omega)=-\arctan\frac{2\xi\left(\frac{\omega}{\omega_n}\right)}{1-\left(\frac{\omega}{\omega_n}\right)^2}=-\arctan\frac{2\xi r}{1-r^2} \tag{4-35}$$

式中，$r=\frac{\omega}{\omega_n}$为频率比，即输入信号的频率与系统固有频率之比值。

图 4-12 为二阶系统的频率特性曲线。二阶系统的动态特性有以下几个特点。

a. 二阶系统的动态特性受固有频率 ω_n 和阻尼比 ξ 的共同影响。

b. 阻尼比 ξ 的大小影响系统的工作状态。二阶系统的工作状态有无阻尼（$\xi=0$）、过阻尼（$\xi>1$）、欠阻尼（$0<\xi<1$）、临界阻尼（$\xi=1$）等几种。

c. 当 $0<\xi<0.707$ 时，幅频特性曲线有一个峰，该峰所对应的频率 $\omega_r=\omega_n\sqrt{1-2\xi^2}$，当阻尼比 ξ 较小时，该频率大约等于系统的固有频率 ω_n。若输入信号的频率接近此频率，会使输出信号的幅值很大，这种现象称为共振，对应的频率称为共振频率。

d. 当 $\xi>0$ 时，若输入信号的频率 $\omega=\omega_n$，则不论 ξ 为何值，必有 $\varphi(\omega=\omega_n)=-90°$，此时称为相位共振。据此可测试二阶系统的固有频率。

e. 从二阶系统的幅频特性曲线上可以看到，当 $\xi=0.707$ 且 $\omega\leqslant 0.4\omega_n$ 时，$A(\omega)\approx 0$，基本保持一恒定的值，$\varphi(\omega)$ 也基本上与输入信号的频率成正比。

典型的二阶系统有磁电式速度计、应变式切削测力仪、光线示波器振子、笔式记录仪的记录头、膜片式压力传感器、质量-弹簧-阻尼系统等。

④ 高阶系统动态特性简介　高阶系统可以看成是由若干个零阶、一阶、二阶系统经过串联、并联或反馈组成的。在这些情况下，可以按以下关系根据各组成环节的传递函数确定系统总的传递函数 $H(s)$，然后分析其动态特性。

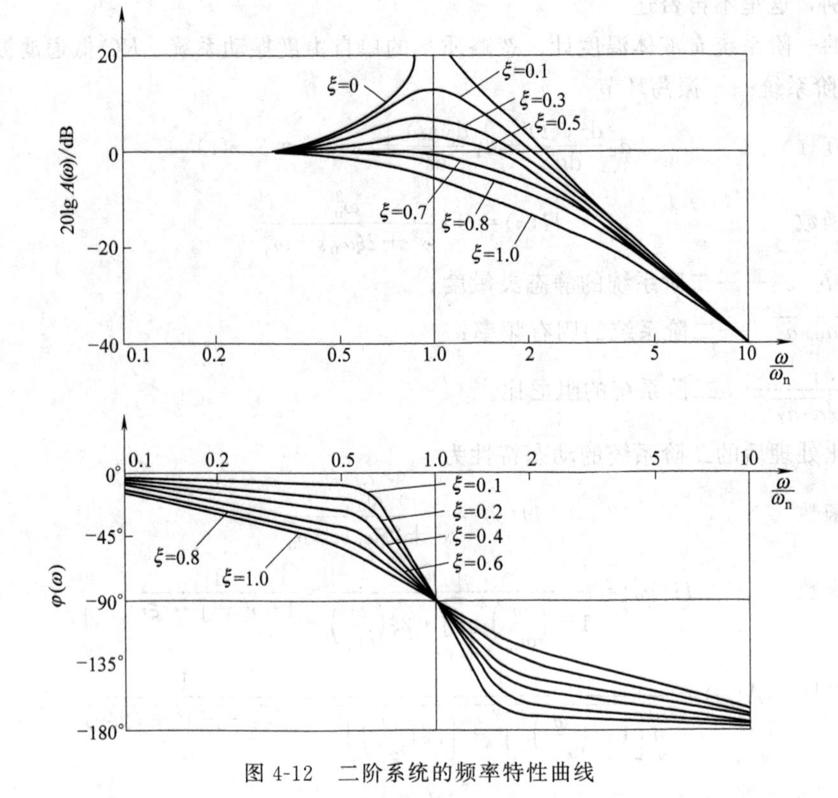

图 4-12　二阶系统的频率特性曲线

a. 多个环节串联［图 4-13（a)］ $H(s)=\prod_{i=1}^{n}H_{\rm i}(s)$ (4-36)

b. 多个环节并联［图 4-13（b)］ $H(s)=\sum_{i=1}^{n}H_{\rm i}(s)$ (4-37)

c. 存在反馈［图 4-13（c)］ $H(s)=\frac{H_{\rm o}(s)}{1\pm H_{\rm f}(s)}$ (4-38)

在式（4-38）中，正反馈时分母中的符号取负，负反馈时取正。

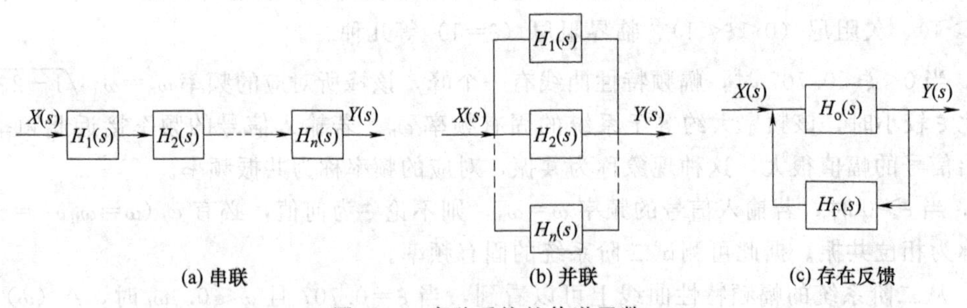

图 4-13　高阶系统的传递函数

例 4-5　计算图 4-14（a）所示 RC 低通滤波电路的传递函数。

解电路传递函数的理论分析计算有两种方法：微分方程法及算子阻抗法。

① 微分方程法　首先按系统的工作原理建立起时域内联系输入 $x(t)$ 与输出 $y(t)$ 的系统微分方程，然后借助于拉普拉斯变换求出 $Y(s)$ 与 $X(s)$ 的比值即为系统的传递函数。

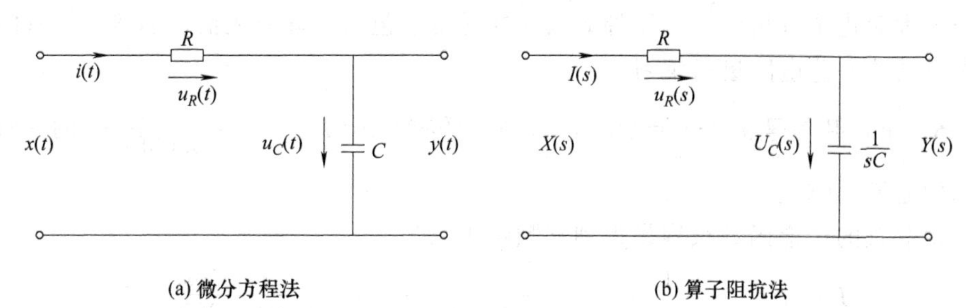

图 4-14　RC 低通滤波电路传递函数的求解

解　在图 4-14（a）中，若电容上的电压为 u_C（t），则回路中的电流 i（t）$=C\frac{du_C(t)}{dt}$，从而

$$x(t)=RC\frac{du_C(t)}{dt}+u_C(t)$$

考虑到 y（t）$=u_C$（t），故

$$RC\frac{dy(t)}{dt}+y(t)=x(t)$$

对其两边取拉氏变换，得

$$(RCs+1)Y(s)=X(s)$$

即

$$H(s)=\frac{Y(s)}{X(s)}=\frac{1}{RCs+1}$$

② 算子阻抗法　对于比较复杂的电路来说，用上面的方法求传递函数会导致计算极为烦琐，而使用算子阻抗法则较为简单。算子阻抗法的出发点是将时域计算转换成复频域计算。

解　如图 4-14（b）所示。

• 将电路中的基本电抗元件（R、C、L）转换成算子阻抗。转换的法是：

$$R\Rightarrow R,C\Rightarrow\frac{1}{sC},L\Rightarrow sL$$

• 将电路中的电压、电流等转换成复频域内的象函数，例如电压 x（t）、y（t）分别转换成 X（s）、Y（s），电流 i（t）转换成 I（s）。

• 在复频域利用电工电子学的基本关系、定律（如欧姆定律、分压关系、基尔霍夫定律等）进行分析计算。例如，电流 $I(s)=Y(s)/\frac{1}{sC}$；$X(s)=I(s)R+Y(s)=RCsY(s)+Y(s)$。

• 按照传递函数的定义 $H(s)=Y(s)/X(s)$ 求出传递函数。

在本例中，可以直接用分压关系（算子阻抗 R 与 $\frac{1}{sC}$ 是串联关系，Y（s）由 $\frac{1}{sC}$ 上取出）计算传递函数：

$$Y(s)=\frac{\frac{1}{sC}}{R+\frac{1}{sC}}X(s)=\frac{1}{RCs+1}X(s)$$

整理后得

$$H(s)=\frac{Y(s)}{X(s)}=\frac{1}{RCs+1}$$

用算子阻抗法求解电路的传递函数可以省去许多用微分方程法所要涉及的复杂微积分关

系，从而大大简化了分析计算。该种方法同样适用于包括运算放大器、晶体三极管的有源电路，读者不妨选一些电路进行练习。

例 4-6 求正弦信号 $x(t)=20\sin 100t$ 通过传递函数 $H(s)=\frac{1}{0.005s+1}$ 的一阶装置后所得到的稳态输出响应。

解 由装置的传递函数很容易得到其频响函数为

$$H(j\omega)=\frac{1}{0.005j\omega+1}=\frac{1}{1+(0.005\omega)^2}+j\left(-\frac{0.005\omega}{1+(0.005\omega)^2}\right)$$

故测试装置的实频特性 $P(\omega)$、虚频特性 $Q(\omega)$、幅频特性 $A(\omega)$ 及相频特性 $\varphi(\omega)$ 分别为

$$P(\omega)=\frac{1}{1+(0.005\omega)^2},Q(\omega)=\frac{-0.005\omega}{1+(0.005\omega)^2}$$

$$A(\omega)=\sqrt{P^2(\omega)+Q^2(\omega)}=\frac{1}{\sqrt{1+(0.005\omega)^2}}$$

$$\varphi(\omega)=\arctan\frac{Q(\omega)}{P(\omega)}=\arctan(-0.005\omega)$$

现所传输的信号的频率 $\omega=100\text{rad/s}$，将其代入上述表达式中得

$$A(\omega=100)=0.8944\quad \varphi(\omega=100)=-26.6°$$

根据线性系统的频率保持性质，测试装置的稳态输出 $y(t)$ 也是频率 $\omega=100\text{rad/s}$ 的正弦信号，但幅值变化了 $A(\omega=100)$ 倍，相位变化了 $\varphi(\omega=100)$。因此装置的稳态输出为

$$\begin{aligned}y(t)&=20\cdot A(\omega=100)\cdot\sin[100t+\varphi(\omega=100)]\\&=20\times 0.8944\times\sin[100t+(-26.6°)]\\&=17.888\sin(100t-26.6°)\end{aligned}$$

例 4-7 求图 4-15 (a) 所示周期方波信号 $x(t)=\begin{cases}1 & (0\leqslant t<0.01\text{s})\\-1 & (0.01\text{s}\leqslant t<0.02\text{s})\end{cases}$ 通过传递函数 $H(s)=\frac{1}{0.003s+1}$ 的一阶装置后所得到的稳态输出响应，示意画出稳态输出响应的波形。

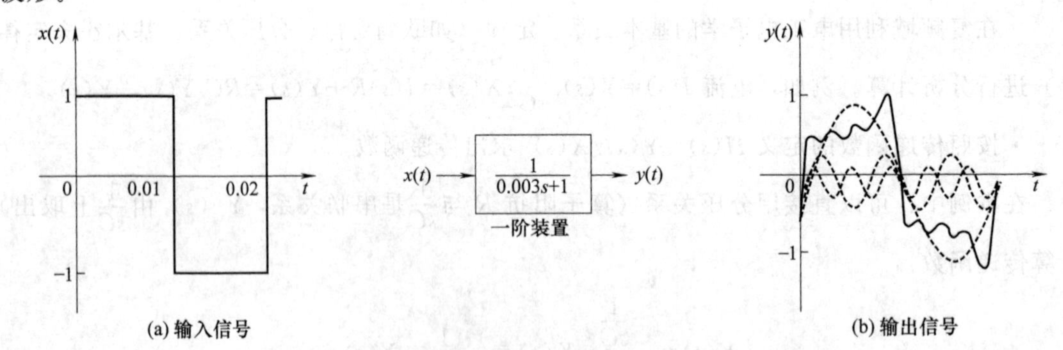

图 4-15 周期方波及其通过一阶装置后的稳态输出响应

解 任何满足狄氏条件的周期信号都是由多个频率为基频整数倍的正弦谐波分量叠加而成的。对于本例之类的问题，可先求出信号 $x(t)$ 的直流分量及各次正弦谐波分量 $x_1(t)$，$x_2(t)$，$x_3(t)$，…然后按例 4-6 所述方法分别求出这些正弦谐波分量通过测试装置后所对应的稳态输出响应 $y_1(t)$，$y_2(t)$，$y_3(t)$，…根据线性系统的比例叠加性质，系统的稳态

输出响应就等于直流分量及各正弦谐波分量分别作用于测试装置时的稳态输出响应之和。

本题中方波信号的周期 $T=0.02\text{s}$，故其基频 $f_0=50\text{Hz}$（$\omega_0=2\pi f_0\approx 314\text{rad/s}$）。

由例 4-1 所得结果可知，方波信号的直流分量为 0，偶数次谐波分量的幅值也全部为 0，因此它们所对应的稳态输出响应也为 0。各奇数次谐波分量的幅值分别为 4/（$n\pi$），初相位全部为 0。据此，可以得到各谐波分量的代数表达式分别为（这里只给到第 5 次谐波）：

1 次谐波　　$x_1(t)=1.273\sin 314t$

3 次谐波　　$x_3(t)=0.424\sin 942t$

5 次谐波　　$x_5(t)=0.255\sin 1570t$

故方波信号可表示为

$$x(t)=x_1(t)+x_3(t)+x_5(t)+\cdots$$
$$=1.273\sin 314t+0.424\sin 942t+0.255\sin 1570t+\cdots$$

按例 4-6 所述方法，可求出各谐波分量分别作用于测试装置后的稳态输出响应为

1 次谐波的稳态输出响应　　$y_1(t)=0.927\sin(314t-43.3°)$

3 次谐波的稳态输出响应　　$y_3(t)=0.141\sin(942t-70.5°)$

5 次谐波的稳态输出响应　　$y_5(t)=0.053\sin(1570t-78.0°)$

方波信号作用于装置后的稳态输出响应为

$$y(t)=y_1(t)+y_3(t)+y_5(t)+\cdots$$
$$=0.927\sin(314t-43.3°)+0.141\sin(942t-70.5°)+0.053\sin(1570t-78.0°)+\cdots$$

图 4-15（b）为最后的输出波形（到 5 次谐波）。请读者自行分析：为什么方波经过该一阶装置后波形产生了失真？怎样才能减小失真？

4.3　实现不失真测试的条件

4.3.1　不失真的涵义

测试装置的输出应真实地反映输入的变化，只有这样的测试结果才是可信赖、有用的。由于测试装置静态、动态特性的影响，实际的输出可能与输入不一致，这种情况称为失真。在实际测试工作中，如何尽可能地实现不失真测试或把失真减小到允许的范围内，是测试工作者必须考虑的问题。

不同的场合下不失真的涵义是不同的。如果经过系统传输过来的信号是用于实时控制的，那么只有当输出信号 y（t）与输入信号 x（t）严格同步时才是不失真的，但允许幅值相差一个常数 A_0 倍［见图 4-16（a）］，即满足

$$y(t)=A_0x(t) \tag{4-39}$$

如果信号的传输只是用于精确地反映输入的变化、确定被测量的量值的一般测试目的，那么在满足式（4-39）的条件前提下，即使输出信号 y（t）相对于输入信号 x（t）滞后一恒定的时间 t_0，仍可反映输入信号的变化而实现不失真测试［见图 4-16（b）］。因此，对于一般的测试目的，若输出信号 y（t）与输入信号 x（t）之间满足：

$$y(t)=A_0x(t-t_0) \tag{4-40}$$

就称信号的传输是不失真的。

4.3.2　实现不失真测试的条件

不失真测试的实现取决于测试装置的特性及所传输信号的频带（频率范围）两个因素。

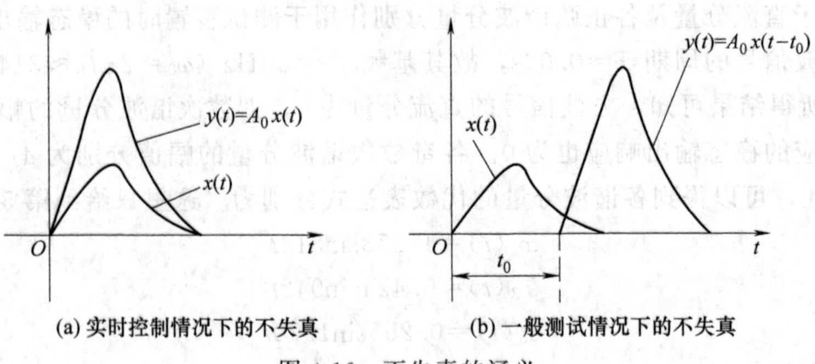

图 4-16 不失真的涵义

在所传输信号一定的情况下，为满足式（4-40）而实现不失真测试，测试装置应具有如下的频率特性：

$$H(\mathrm{j}\omega)=\frac{Y(\mathrm{j}\omega)}{X(\mathrm{j}\omega)}=A_0\mathrm{e}^{-\mathrm{j}\omega t_0} \tag{4-41}$$

即

$$\begin{cases}A(\omega)=A_0 & (\text{常数})\\ \varphi(\omega)=-t_0\omega & (t_0\text{为常数})\end{cases} \tag{4-42}$$

具体地讲，就是要求测试装置在输入信号频带内对所有频率的成分都应保证幅频特性值为一常数，相频特性值与信号频率成正比（见图 4-17），即实现不失真测试的条件。

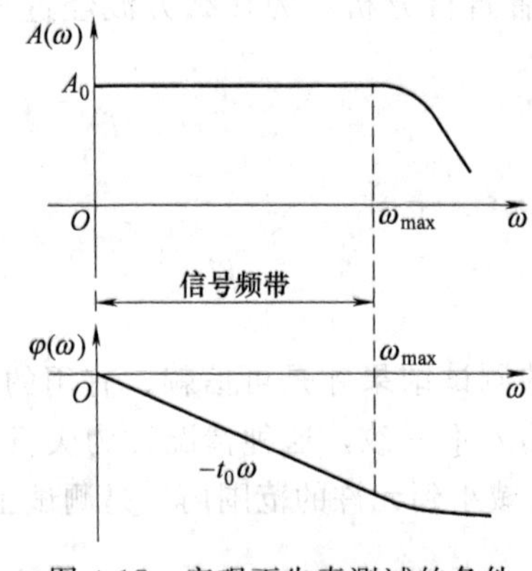

图 4-17 实现不失真测试的条件

实际的测试装置不可能绝对满足上述条件，通常是要根据所传输信号的频谱合理地选用或设计测试装置，把失真的程度控制在允许的范围内。由于 $A(\omega)$ 不等于常数而引起的失真称为幅值失真，由于 $\varphi(\omega)$ 与 ω 不为精确的线性关系而引起的失真称为相位失真。

选用或设计测试装置时，应首先确定所传输信号的频带，综合考虑实现不失真测试的条件及其他性能要求来确定测试装置的特性参数。对于一阶系统，原则上时间常数 τ 越小越好，一般认为当 $\tau\leqslant 0.2/\omega_{max}$（$\omega_{max}$ 为信号频带中的最高频率）时能基本上满足式（4-42）的要求。对于二阶系统，由于系统的频率特性受固有频率 ω_n 和阻尼比 ξ 的共同影响，必须对它们加以综合考虑。理论分析表明，当 ξ 为 0.707 且 $\omega_n/\omega_{max}\geqslant 2.5$ 时，幅频特性 $A(\omega)$ 的变化不超过 1.3%，相频特性 $\varphi(\omega)$ 与 ω 的线性关系也比较精确，故一般把 $\xi=0.6\sim0.8$ 及 $\omega_n\geqslant 2.5\omega_{max}$ 作为二阶系统实现不失真测试的条件。

思考题与习题

4-1 什么是信息、信号、干扰？它们之间的关系如何？

4-2 什么是信号的频谱？为什么要对信号进行频谱分析？周期信号和非周期信号频谱分析的数学工具是什么？周期信号和非周期信号的频谱各有何特点？

4-3 线性系统有三个重要的性质——比例叠加性质、时不变性质和频率保持性质。解释它们的涵义，并说明它们在测试工作中的作用。

4-4 测试装置的静态特性指标主要有哪几个？

4-5　微分方程、传递函数和频响函数三者之间的关系是怎样的？

4-6　影响一阶、二阶系统动态特性的参数各为什么？如何影响？

4-7　频响函数、幅频特性及相频特性的实质是什么？

4-8　试述实现不失真测试的条件，并说明如何根据所传输信号的频带正确选用或设计一阶、二阶装置的动态特性参数。

4-9　试确定下列信号哪些是周期信号，哪些是非周期信号？周期信号的周期是多少？

① $x(t)=\sin 3\omega t$　　② $x(t)=\sin 0.2t+\cos 5t$

③ $x(t)=\sin\sqrt{3}t$　　④ $x(t)=\sin 4t+\sin\sqrt{2}t$

⑤ $x(t)=e^{-t}$　　⑥ $x(t)=e^{-\sin t}$

第 5 章　信号调理电路

学习目标：本章主要学习测量电桥、信号放大电路、调制解调电路、滤波器等信号调理电路的工作原理、基本特性等内容。掌握一些常用信号调理电路（如应变电桥、基本运算电路、精密整流电路、调幅及其解调电路、滤波器等）的工作原理、特性分析计算，初步具备分析、设计常用信号调理电路的能力。

信号调理电路的作用是对传感器输出的电信号作进一步的处理，如信号放大、信号变换、信号分离、非线性误差修正等，使处理后的信号能更好地适应后续环节（显示记录装置、计算机等）的要求，最有效地提取信号中的有用信息，消除或抑制干扰的影响。本章将主要介绍常见的测量电桥、调制与解调电路、放大电路、滤波器等。

5.1　测量电桥

测量电桥（简称电桥，Electric Bridge）是将电阻、电感、电容等参数的变化转换成电压或电流变化的一种电子装置。电桥的结构简单，对其本身参数的变化反应敏感，具有较高的精度，容易实现对温度等因素所带来的测量误差的补偿，因此为各种测量装置所广泛采用。

测试装置中广泛使用的是惠斯登电桥。惠斯登电桥由四个元件串接成环路，自一对对角点 a、c 输入电源，从另一对对角点 b、d 上取输出，相邻两角点之间的部分称为桥臂（见图 5-1）。当电桥参数使输出为零时，称电桥处于平衡状态。

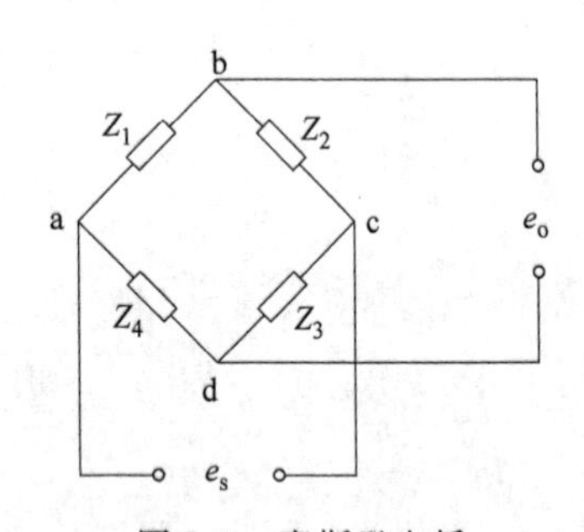

图 5-1　惠斯登电桥

根据电工电子学原理不难得到惠斯登电桥的输出为

$$e_o=\frac{Z_1Z_3-Z_2Z_4}{(Z_1+Z_2)(Z_3+Z_4)}e_s \tag{5-1}$$

电桥可以从不同角度进行分类：按电桥供电电源的性质分为直流电桥（采用直流电源供电）和交流电桥（采用高频稳幅交流电源供电）；按电桥输出的测量方式分为平衡电桥（使电桥处于平衡状态后读数）和不平衡电桥（读数时电桥一般处于不平衡状态）；按桥臂元件的阻抗性质分为纯电阻电桥、纯电容电桥、纯电感电桥、容性电桥、感性电桥等。

5.1.1　直流电桥

直流电桥采用直流电源供电，四个桥臂均为纯电阻（见图 5-2）。根据电工电子学原理，当电桥处于开路状态时，其输出直流电压为

$$U=\frac{R_1R_3-R_2R_4}{(R_1+R_2)(R_3+R_4)}E \tag{5-2}$$

由式（5-2）可知，直流电桥的平衡条件为

$$R_1R_3=R_2R_4 \tag{5-3}$$

为简化设计和分析，通常将电桥的四臂电阻设计成相等，即 $R_1=R_2=R_3=R_4=R$，这种电桥称为全等臂电桥。

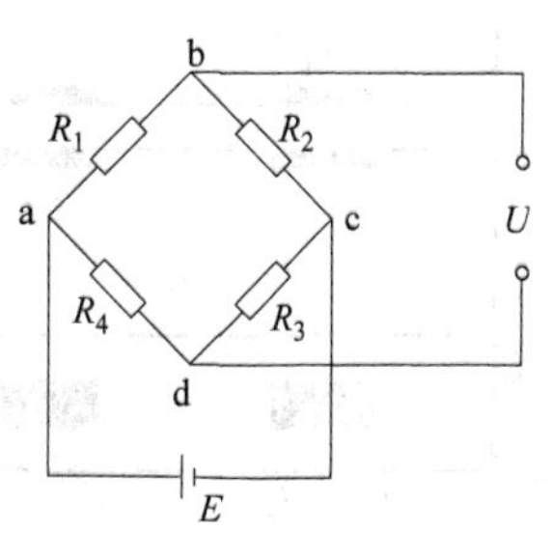

图 5-2 直流电桥

若电桥某一桥臂的电阻发生变化，将引起输出电压发生变化。据此，可以将传感器的敏感元件（如电阻应变片）接入电桥的某些桥臂上，则电桥的输出就与传感器敏感元件所感受的被测量的变化有一一对应关系。

根据电桥工作时的工作桥臂（有敏感元件的桥臂）数量，电桥有半桥单臂、半桥双臂、全桥三种接法，如图 5-3 所示。

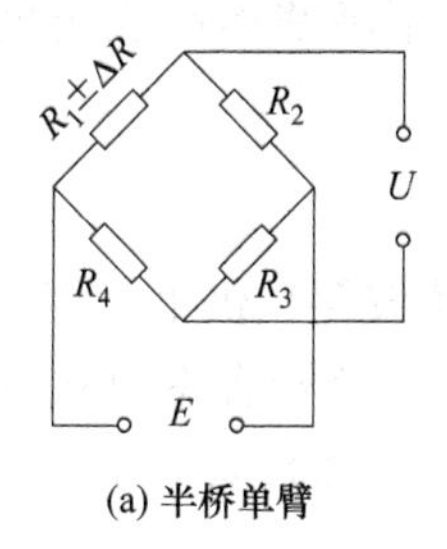

(a) 半桥单臂

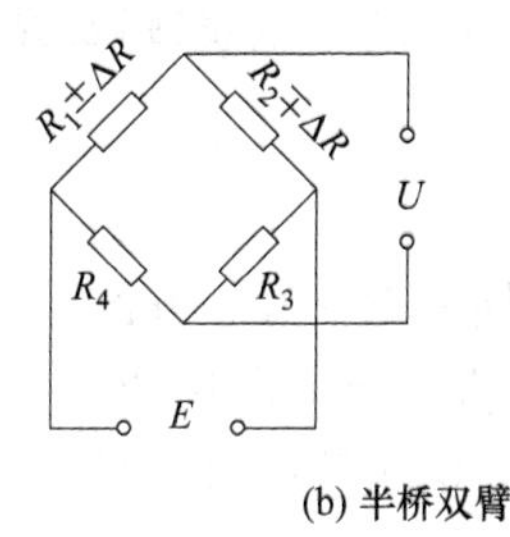

(b) 半桥双臂

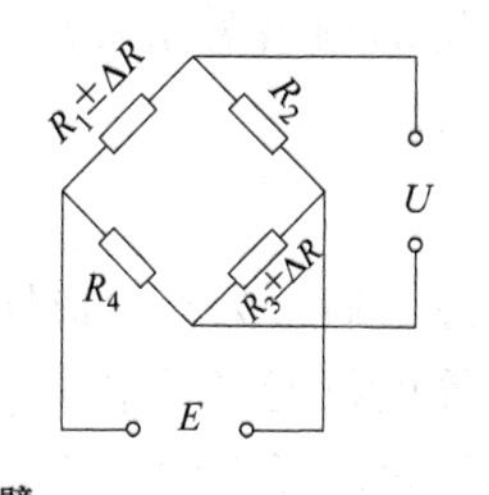

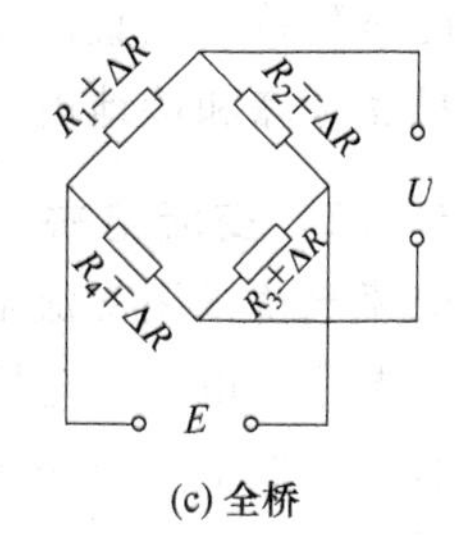

(c) 全桥

图 5-3 电桥的接法

图 5-3（a）为半桥单臂连接，电桥的一个桥臂 R_1 随被测量变化，其余桥臂为固定电阻。当 R_1 变化 ΔR 时（$\Delta R \ll R$），由式（5-2）可得到电桥的输出电压近似为

$$U \approx \frac{\Delta R}{4R} E \tag{5-4}$$

图 5-3（b）为半桥双臂连接，具体可以有两种连接方式：工作桥臂相邻连接和相对连接。若工作桥臂相邻连接，则两工作桥臂上电阻变化的极性应相反；工作桥臂相对连接时极性则应相同。如果电阻变化的绝对值相等（均为 ΔR），则电桥的输出电压近似为

$$U \approx \frac{\Delta R}{2R} E \tag{5-5}$$

图 5-3（c）为全桥连接，四个桥臂的电阻均随被测量变化，相对桥臂的电阻按相同极性变化，相邻桥臂的电阻按相反极性变化。全桥的输出电压近似为

$$U \approx \frac{\Delta R}{R} E \tag{5-6}$$

由此可见，不同接法的电桥输出不同，灵敏度也不同。半桥双臂接法的灵敏度比半桥单臂接法高一倍，全桥接法又比半桥双臂接法高一倍。

半桥双臂接法和全桥接法也称为电桥的差动连接，因为这两种接法对某些变化具有和差特性。相对桥臂的同极性变化使输出加强（叠加），相邻桥臂的同极性变化则使输出减弱或抵消。半桥双臂接法和全桥接法利用了这一特性，通过适当安排工作桥臂的极性关系实现了差动连接。采用差动连接，不仅提高了电桥的灵敏度，极大地改善了电桥所固有的非线性，而且对由温度等因素变化所造成的同极性影响实现了补偿。

为实现电桥的差动连接，应使相应桥臂电阻的变化大小相等、极性相同或相反。为此，可按图 5-4 所示方法进行贴片。悬臂梁上面的两个应变片感受同一极性的应变，下面的两个应变片感受与上面两个应变片极性相反的应变。实际应用中应变片的贴法还有许多，这里不再赘述。

对于环境温度变化引起的应变片电阻变化所造成的影响，还可以使用补偿片进行补偿。

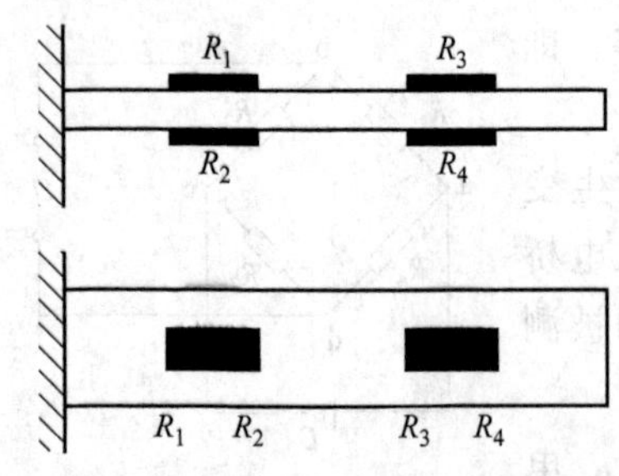

图 5-4 差动连接应变片的贴法

例如，对于半桥单臂，将补偿片接入工作桥臂的相邻桥臂上即可达到此目的。补偿片的温度特性应与工作应变片一致，即具有相同的电阻温度系数。补偿片贴在与被测构件相同、且感受相同温度的材料上，不感受应变，而只产生由于温度变化而引起的电阻变化。

直流电桥的特点是：所需的高稳定度直流电源容易获得；电桥的输出为直流信号，可以用直流仪表进行测量显示；对从传感器至测量仪表的连接导线要求较低；电桥的平衡电路简单。但直流电桥的输出需接直流放大器，其线路复杂，不易获得高稳定度的特性，易受零漂和接地电位的影响。

5.1.2 交流电桥

交流电桥采用交流电源（通常为高频稳幅的正弦波、方波、三角波等）供电，四个桥臂可以是电感、电容或电阻等电抗元件或它们的复合（参见图 5-1）。在分析含有电抗元件的电路时，习惯上用复数阻抗表示元件的电抗，电压及电流信号也都用复数形式表示。复数阻抗 Z 可以表示为

$$Z=\mathrm{Re}Z+\mathrm{j}\mathrm{Im}Z \tag{5-7}$$

或

$$Z=Z_0\mathrm{e}^{\mathrm{j}\varphi} \tag{5-8}$$

或

$$Z=Z_0\angle\varphi \tag{5-9}$$

式中，$Z_0=\sqrt{\mathrm{Re}^2 Z+\mathrm{Im}^2 Z}$称为阻抗的模，表示阻抗的大小；$\varphi=\arctan$（$\mathrm{Im}Z/\mathrm{Re}Z$）称为阻抗角，表示作用在电抗元件上的交流电压与通过电抗元件的交流电流之间的相位差。各种电抗元件的复数阻抗见表 5-1。

表 5-1 电抗元件的复数阻抗

电抗元件	复数阻抗 Z	阻抗的模 Z_0	阻抗角 φ
纯电阻 R	R	R	0°
纯电感 L	$\mathrm{j}\omega L$	ωL	90°
纯电容 C	$\dfrac{1}{\mathrm{j}\omega C}$	$\dfrac{1}{\omega C}$	−90°

交流电桥的桥臂既可以是纯电阻、纯电感或纯电容，也可以是它们串、并联所构成的复合阻抗。复合阻抗的阻抗角 $0°<\varphi<90°$时称为感性阻抗，$-90°<\varphi<0°$时则称为容性阻抗。实际传感器的敏感元件接入电桥后，由于传感器本身的固有电抗性质以及电路分布电容、电感等诸多因素的影响，所构成的桥臂一般都不是纯电阻、纯电感或纯电容，而是上述的感性阻抗或容性阻抗。

交流电桥的平衡条件为

$$Z_1Z_3=Z_2Z_4 \tag{5-10}$$

由于各复数阻抗 Z_i可以表示成 $Z_i=Z_{0i}\mathrm{e}^{\mathrm{j}\varphi_i}$，故可得到具体的平衡条件为

$$\begin{cases}Z_{01}Z_{03}=Z_{02}Z_{04}\\ \varphi_1+\varphi_3=\varphi_2+\varphi_4\end{cases} \tag{5-11}$$

上式表明，交流电桥的平衡必须同时满足两个条件：相对桥臂阻抗的模的乘积相等，称为模平衡条件；相对桥臂阻抗的阻抗角之和相等，称为相位平衡条件。

电桥一般都设有预调平衡装置，以防止电桥在非工作状态时就失去平衡，工作时因输出过大而无法实现正常测量。由于交流电桥的平衡要同时满足式（5-11）中的两个条件，因此其平衡的调节要比直流电桥复杂，一般是通过特定的电路实现对电阻、电容及电感的共同调节。

采用交流电桥的主要原因是：某些传感器的阻抗特性为容性或感性（如电容传感器、电感传感器等），此时不能使用直流电桥；即使是纯电阻电桥（如应变电桥），若被测量是动态变化的，采用直流电桥时输出将与被测量同频，信号频率的变化相对较大，而且由于桥臂阻抗的相对变化较小，势必要求电桥后接的直流放大器应具有较高的放大倍数、较宽的工作频带、较小的漂移等比较苛刻的特性，而采用交流电桥则可把被测量的相对低频变化转换成高频的调幅信号输出，易于实现不失真测试。

交流电桥的特点是：输出为调幅波，不易受外界工频干扰；后接的交流放大器结构简单、零漂小；整个系统的转换精度较高。但交流电桥输出的调幅波经放大后需用线路复杂的相敏检波器进行解调；供桥电源（一般为几十千赫兹的交流信号）除应有足够的功率外，还应具有较高的幅值、频率稳定性和良好的波形质量，才能保证系统的转换精度。

5.1.3　带感应耦合臂的电桥

带感应耦合臂的电桥实际上是一类特殊的交流电桥，其中有两个桥臂由传感器或变压器的两个感应耦合线圈所构成，另两个桥臂则可能是固定的电抗元件或差动传感器的电感、电容。图 5-5 示出了几种常见的带感应耦合臂的电桥。

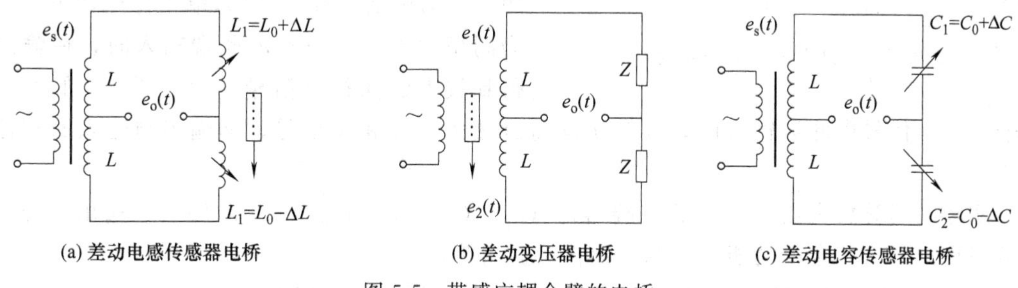

图 5-5　带感应耦合臂的电桥

图 5-5（a）为差动电感传感器电桥。变压器的两个完全对称、参数一致的次级线圈构成电桥的一对相邻桥臂，另一对相邻桥臂则由差动电感传感器的两个线圈构成，供桥交流电源通过变压器耦合到电桥上。工作时若被测量使传感器的磁芯偏离平衡位置，那么传感器的两个次级线圈的电感量 L_1、L_2 一个增大、一个减小，电桥失衡，其输出 $e_o(t)$ 为受被测量变化调制的调幅波，通过后续的解调、滤波等处理，即可得到与被测量变化相一致的输出信号。图 5-5（c）所示差动电容传感器电桥的工作原理与之相似。

在图 5-5（b）所示的差动变压器电桥中，工作时四个桥臂的参数值是固定不变的。由电工学可知，这种电路的输出取决于差动变压器式的两个次级线圈上的感应电势之差，即 $e_o(t)=e_1(t)-e_2(t)$。若被测量的变化使磁芯的位置发生变化，则 $e_1(t)$ 和 $e_2(t)$ 反向变化（一个增大时另一个减小），$e_o(t)$ 的幅值也随之变化。

带感应耦合臂的电桥克服了一般交流电桥桥臂存在的寄生参数（主要是寄生电容）的影响，由于使用了变压器，还可以隔离直流干扰，且具有较宽的频率范围，因此性能稳定、灵敏度及转换精度都比较高，近年来得到了广泛的应用。

5.2　信号放大电路

大多数传感器所产生的电信号，无论是电压、电流还是功率，一般都是很微弱的，某些转换电路（如电桥）的输出也是如此。微弱的信号难以直接去驱动显示记录装置以及各种控制、执行装置，也不易从中提取出有用的信息。因此，一般需要通过各种测量放大电路（放大器，Amplifier）作放大处理。

常用的放大电路有通用放大电路、测量放大器、功率放大器、隔离放大器、增益调整电路、线性化电路等。在各种放大电路中，目前广泛使用各种集成放大器，在测量电路中以通用运算放大器和专用测量放大器应用得最广。另一方面，随着人们对测试系统性能要求的提高，在放大电路中还广泛采用各种负反馈技术来改善放大电路的性能，如扩展频带、稳定幅频特性、补偿相频特性、提高输入阻抗、降低输出阻抗等。

5.2.1　通用集成运算放大电路

通用集成运算放大电路的核心是通用集成运算放大器（以下简称运算放大器）。

（1）理想运算放大器与实际运算放大器

理想的运算放大器是人们设想出来的一种完美无缺的电子放大器。这种放大器是一种具有两个输入端和一个输出端的“三端”器件，用图 5-6 所示的图形符号表示（两种符号均可用，本书用前一种）。输入端中标以“＋”的称为同相输入端，信号由此端输入时，在输出端得到放大的同相位信号；标以“－”的称为反相输入端，信号由此端输入时，在输出端得到放大的反相位信号，即输出与输入的相位相差 180°。

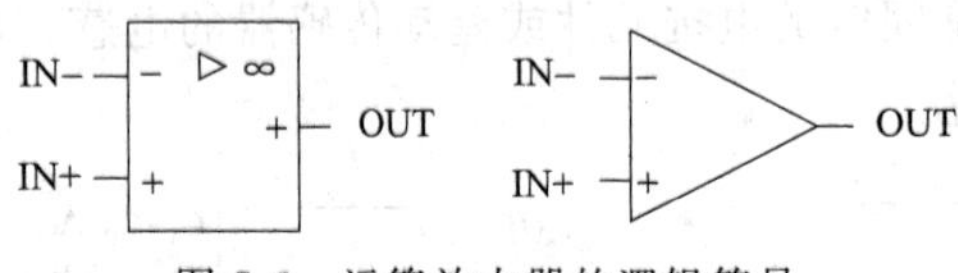

图 5-6　运算放大器的逻辑符号

实际的运算放大器为集成的多端器件（8、10、12、16 端等），除输入、输出端外，其他端口也都具有特定的功能（电源、消自激振荡等）。

表 5-2 列出了理想运算放大器和实际运算放大器所具备的特性。

表 5-2　运算放大器的特性

特性	理想运算放大器	实际运算放大器	特性	理想运算放大器	实际运算放大器
开环放大倍数 A	∞	10^4～10^5或更高	输入阻抗 Z_i	∞	10^5～10^{11}Ω 或更高
失调电压 U_{OS}	0	±1mV(25℃)	输出阻抗 Z_o	0	1～10Ω
偏流 i_A，i_B	0	10^{-6}～10^{-14}A			

运算放大器具有以下特点。

① 由于运算放大器的开环放大倍数很高，所以一般不能开环工作，否则稍有输入就会产生极大的输出而使运算放大器饱和。大多数运算放大器都工作在闭环负反馈状态下。

② 当运算放大器工作在闭环状态下时，由于其输入阻抗极高，故几乎没有电流流入或流出运算放大器，因此两输入端的电位近似相等。特别地，当一个输入端接地时，另一输入端的电位 $V_\Sigma \approx 0$，这种现象称为“虚地”。

③ 对于理想运算放大器，由于 $Z_i \to \infty$，故它不从前级吸取电流；由于 $Z_o \to 0$，故后级也不从它吸取电流。实际运算放大器的特性与理想运算放大器有一定的偏离，因此存在一定

程度的负载效应。

(2) 运算放大器的基本放大电路

由运算放大器组成的基本放大电路可以实现对信号的许多算术运算，因此也把这些放大电路称为运算电路。

① 反相比例运算电路　如图 5-7 所示，运算放大器通过反馈电阻 R_f 接成负反馈形式，并将输入信号 e_i 输入到放大器的反相输入端上。由于运算放大器的输入阻抗极高，从而 $i_1 \approx i_f$，$V_\Sigma \approx 0$。故有

$$e_o = -\frac{R_f}{R_1} e_i \tag{5-12}$$

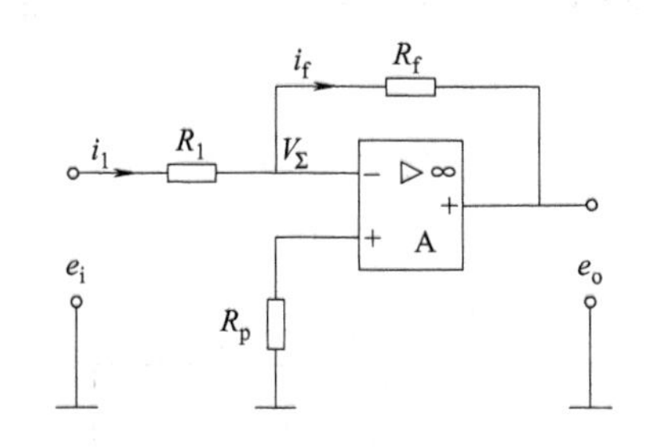

图 5-7　反相比例运算电路

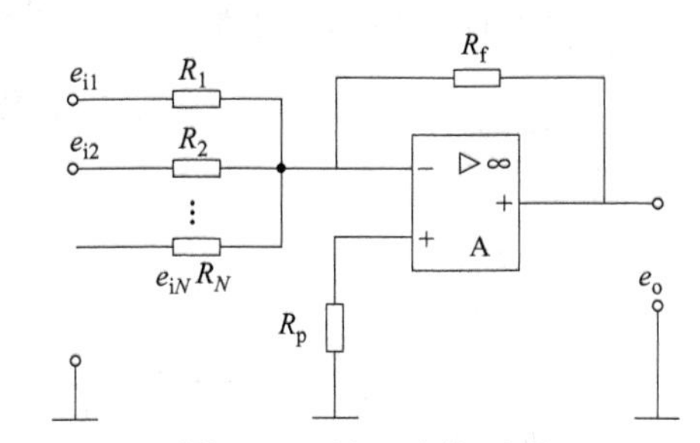

图 5-8　反相比例加法器

上式表明，放大器的闭环放大倍数 $-(R_f/R_1)$ 只与外接电阻 R_f、R_1 有关，而与运算放大器本身的参数无关。若外接电阻的阻值很稳定，那么闭环放大倍数也就很稳定。

还可以把反相比例运算电路接成图 5-8 所示的加法器形式，其输出为

$$e_o = \sum_{k=1}^{N} \left(-\frac{R_f}{R_1}\right) e_{ik} \tag{5-13}$$

特别地，当 $R_1 = R_2 = \cdots = R_N = R$ 时，则有

$$e_o = -\frac{R_f}{R} \sum_{k=1}^{N} e_{ik} \tag{5-14}$$

② 同相比例运算电路　如图 5-9 所示，把信号输入到放大器的同相输入端上，则有

$$e_o = \left(1 + \frac{R_f}{R_1}\right) e_i \tag{5-15}$$

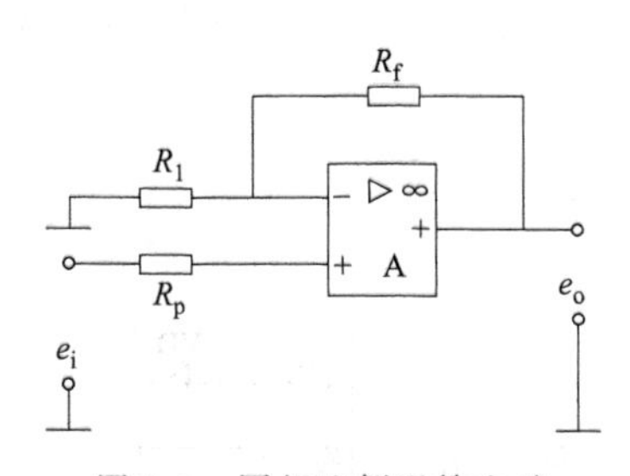

图 5-9　同相比例运算电路

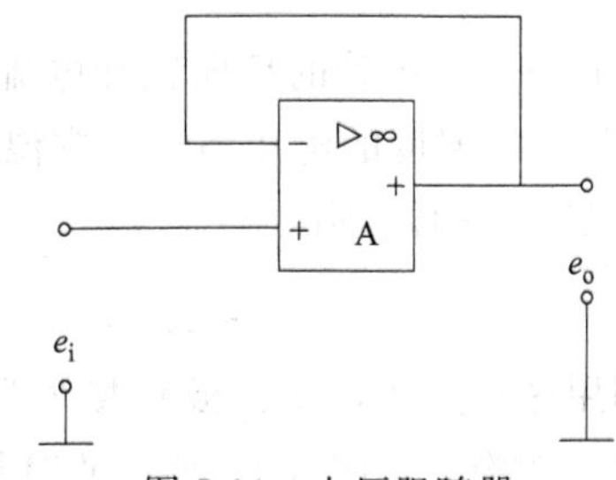

图 5-10　电压跟随器

同相比例运算电路的闭环放大倍数为正且恒大于 1。与反相比例运算电路类似，同相比例运算电路也可接成同相比例加法器。

若将同相比例运算电路中的 R_f 短接、R_1 断开，就构成了图 5-10 所示的电压跟随器。电压跟随器是一种应用十分广泛的放大电路，其输入阻抗极高、输出阻抗极低，是理想的阻抗

变换器。

③ 求差运算电路　这种电路也称为差动放大电路。将两个信号 e_{i1}、e_{i2} 分别输入到运算放大器的反相、同相输入端上（见图 5-11），就构成了差动放大电路，可以实现信号的求差运算。若电路参数能保证 $R_2/R_p=R_f/R_1=k$，那么电路的输出就与两输入信号之差成比例，即

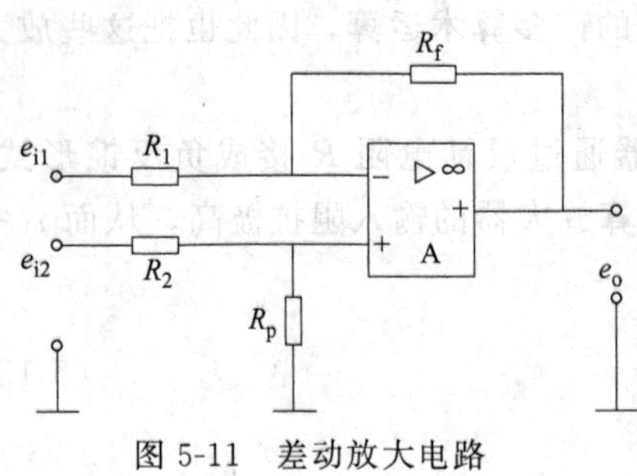

图 5-11　差动放大电路

$$e_o=k(e_{i2}-e_{i1}) \tag{5-16}$$

④ 微分运算电路　图 5-12 为运算放大器和 C、R 组成的微分运算电路。由于 $i_C=i_R=C\dfrac{\mathrm{d}(e_i-V_\Sigma)}{\mathrm{d}t}\approx C\dfrac{\mathrm{d}e_i}{\mathrm{d}t}$，故有

$$e_o=-RC\frac{\mathrm{d}e_i}{\mathrm{d}t} \tag{5-17}$$

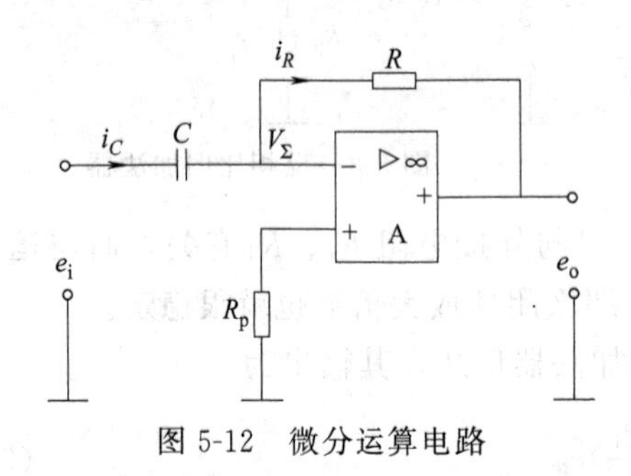

图 5-12　微分运算电路

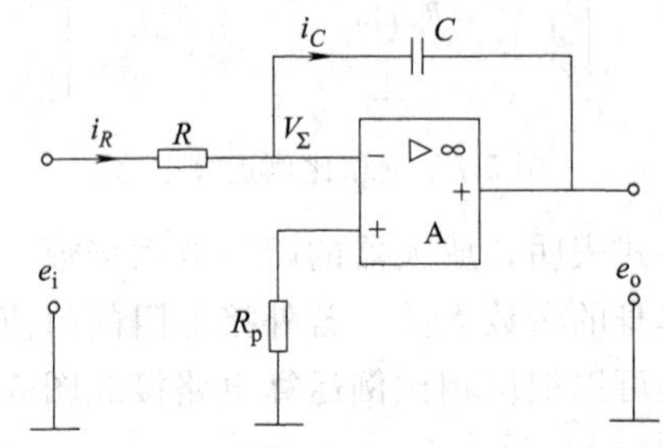

图 5-13　积分运算电路

⑤ 积分运算电路　将图 5-12 所示微分运算电路中的 R、C 位置对换，就构成了图 5-13 所示的积分运算电路。利用电容上的电压与电流之间的关系，不难得到

$$e_o=-\frac{1}{RC}\int_0^t e_i\,\mathrm{d}t \tag{5-18}$$

在微分和积分运算电路中，$\tau=RC$ 被分别称为微分、积分运算电路的时间常数。

⑥ 对数运算电路　流过二极管的电流与其上的电压有如下关系：

$$i_D=I_s(e^{\frac{U}{U_T}}-1) \tag{5-19}$$

式中　I_s——二极管的反向饱和电流；

U_T——温度的电压当量，常温时 $U_T=26\text{mV}$。

当 $U\gg U_T$ 时，则

$$i_D\approx I_s e^{\frac{U}{U_T}} \tag{5-20}$$

利用这一关系，将二极管接入运算放大器的反馈网络中，就构成了图 5-14 所示的对数运算电路，其输出为

$$e_o=U_T[\ln(I_sR)-\ln e_i] \tag{5-21}$$

若将该电路与信号的和、差运算电路结合起来，还可进一步构成信号的乘、除运算电路。需要指出的是，由于二极管的特性受温度的影响较大，因此这类

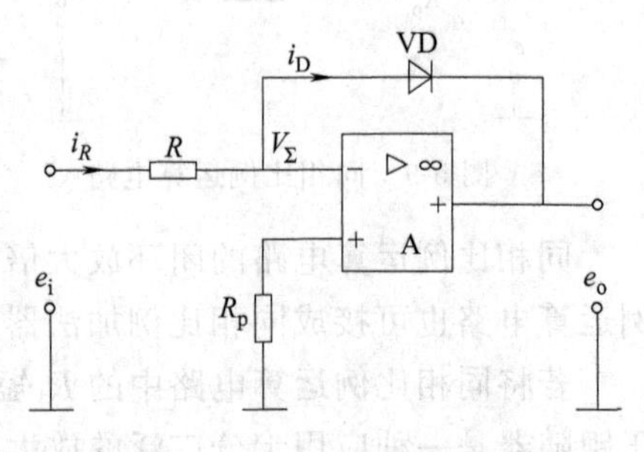

图 5-14　对数运算电路

运算电路的精度是比较低的。

（3）运算放大器构成的其他电路

运算放大器在信号幅值比较、幅值选择、有源滤波、信号发生、整流等方面也有着广泛的应用。限于篇幅，这里仅介绍其中的幅值比较和整流两种应用。

① 电压比较电路　图 5-15 为用运算放大器构成的电压比较电路——电压比较器。运算放大器处于开环反相输入工作状态，其反相输入端同时接有输入信号 e_i (t) 和直流基准电压 E_{ref}。由于没有电流流入运算放大器的反相输入端，因此相加点 Σ 处的电压 e_Σ 为

$$e_\Sigma=\frac{1}{2}[e_i(t)+E_{ref}] \tag{5-22}$$

由于运算放大器的开环工作放大倍数很大，同相输入端又接地，因此只要 $e_\Sigma\neq0$，运算放大器就处于饱和状态。当 $e_\Sigma<0$ 即 e_i $(t)<-E_{ref}$ 时，放大器正向饱和；当 $e_\Sigma>0$ 即 $e_i(t)>-E_{ref}$ 时，放大器反向饱和。由于 e_Σ 很难保持准确的零电压，因此输出为零的时间极短。电路中的两个稳压管的稳压值为 E_W，在电路中起限幅作用。

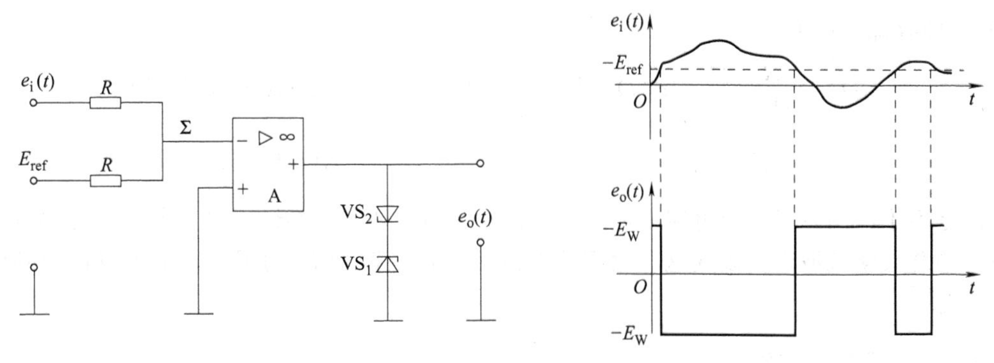

图 5-15　电压比较电路及其工作波形

特殊地，当 $E_{ref}=0$ 时，图 5-15 所示的电压比较电路就变成了过零比较电路。这种电路在测试电路中有着极为广泛的应用。

② 精密整流电路　信号的整流是信号处理工作的主要内容之一，在许多场合下都需要对信号进行整流，例如对信号进行绝对值运算、包络检波等。用普通的二极管电桥虽然可以实现信号的整流，但由于二极管死区电压的存在（硅管 0.5V，锗管 0.1V），因此整流的精度较低。运算放大器在采用负反馈时反相输入端具有“虚地”这一特点，由它组成的精密整流电路可以将二极管死区电压的影响减小到普通二极管电桥整流时的 $1/A$（A 为运算放大器的开环放大倍数），从而可以大大提高整流的精度。

图 5-16 为测试电路中常用的一种精密全波整流电路，两个运算放大器分别用来进行半波整流和比例加法运算。为简化分析，下面仅介绍该电路在正弦信号输入情况下的全波整流原理。

运算放大器 A_1 与电阻 R_1、R_2 及二极管 VD_1、VD_2 构成半波整流电路。当输入正弦信号 e_i (t) 处于正半周时，由于 V_Σ 的瞬时值为正，所以 A_1 的输出处于反向饱和状态，二极管 VD_1 导通而 VD_2 截止，运算放大器 A_1 工作在跟随状态，e_a $(t)\approx V_\Sigma\approx0$。根据运算放大器的特点，此时 e_a $(t)\approx V_\Sigma$ 的大小为普通二极管死区电压的 $1/A$。当 e_i (t) 处于负半周，V_Σ 的瞬时值为负，A_1 的输出处于正向饱和状态，VD_1 截止而 VD_2 导通，A_1 工作在反相比例运算状态。此时 e_a (t) $=-(R_2/R_1)$ e_i (t)。

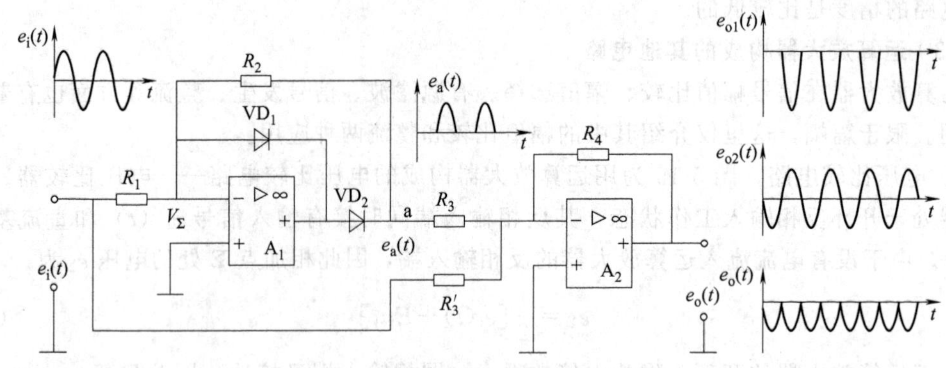

图 5-16 精密整流电路及其工作波形

A_2与电阻R_3、R_3'及R_4构成反相比例加法器，对e_a（t）及e_i（t）两路信号进行比例叠加，以实现全波整流。若e_{o1}（t）$=-$（R_4/R_3）e_a（t）、e_{o2}（t）$=-$（R_4/R_3'）e_i（t）分别为e_a（t）及e_i（t）单独作用在A_2上时所对应的输出，总的输出e_o（t）等于e_{o1}（t）与e_{o2}（t）的叠加，则有

$$e_o(t)=\left(\frac{R_2}{R_1}\right)\left(\frac{R_4}{R_3}\right)e_i(t)+\left(-\frac{R_4}{R_3'}\right)e_i(t) \qquad [e_i(t)\text{处于负半周时}]$$

$$e_o(t)=-\left(\frac{R_4}{R_3'}\right)e_i(t) \qquad [e_i(t)\text{处于正半周时}]$$

由上不难看出，只要使电路中电阻的阻值满足$R_2/R_1=2$（R_4/R_3'），电路就能够输出非常精确的全波整流波形。改变这一比例关系的比值以及改变R_4的阻值，都可以调节整流电路的增益。

5.2.2 测量放大器

在测试系统中，用来放大传感器输出的微弱电压、电流或电荷的放大电路称为测量放大器，亦称为仪用放大器。由于传感器特性的多样性，因此对测量放大器也就有不同的要求。总体上来说，测量放大器除应具有对微弱信号进行放大的能力外，根据不同情况还需要具有高输入阻抗、高精度、高共模抑制比、低失调、低漂移、低噪声、较稳定的闭环增益、较大的动态范围、良好的线性等品质。

（1）高输入阻抗放大器

有些传感器的输出阻抗很高（如压电传感器、电容传感器等），此时要求后接测量放大电路具有极高的输入阻抗。为满足这一要求，可以先用电压跟随器作为前置缓冲级，然后再进行一般的放大。在要求较高的场合，常采用高阻型集成运算放大器组成的放大电路，或采用由通用运算放大器组成的自举式高输入阻抗放大电路。

图 5-17 示出了常用的三种自举电路。图 5-17（a）为交流放大电路，图 5-17（b）为交流跟随电路，由于它们的同相输入端接有隔直电容C_1的放电电阻R（$R=R_1+R_2$），因此电路的输入电阻在没有接入电容C_2时将减小为R。为了使同相交流放大电路仍具有高的输入阻抗，电路中用负反馈的形式通过电容C_2将运算放大器两输入端之间的交流电压作用于电阻R_1的两端。由于运算放大器的两输入端近似等电位，故R_1两端也近似等电位，几乎没有信号电流流过R_1。因此对交流而言，R_1可看作极大，整个电路的输入阻抗得到了极大的提高。这种利用反馈使R_1两端近似等电位，电路基本不从输入信号索取电流，使输入阻抗得到明显提高的电路称为自举电路。为了减小失调电压，应保证这两种电路中的$R_3=R_1+$

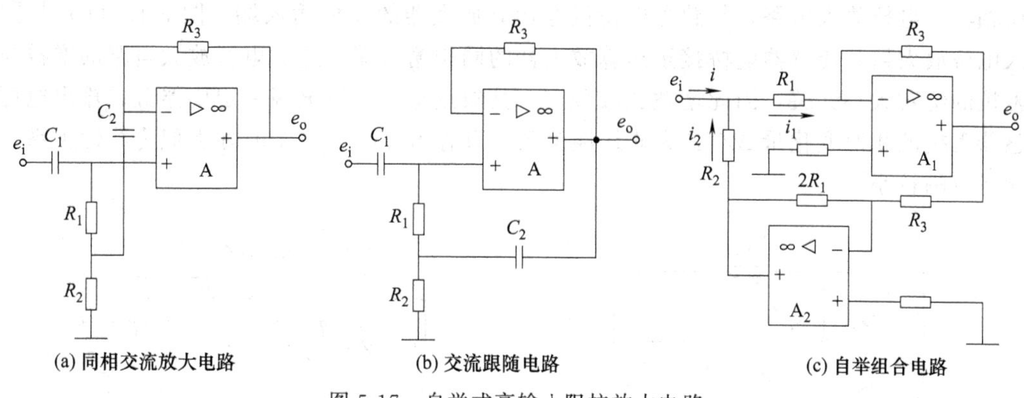

(a) 同相交流放大电路　(b) 交流跟随电路　(c) 自举组合电路

图 5-17　自举式高输入阻抗放大电路

R_2。图 5-17（c）是由两个通用集成运算放大器构成的自举组合电路。该电路可以使 $i_1=i_2$，也就是说，A_1 的输入电流全部由 A_2 提供，输入回路无电流，即 $i=0$，所以输入阻抗为无穷大。这种自举需要保证 $R_2=R_1$，但只要二者的偏差不大，就可以使电路获得极高的输入阻抗。

（2）高共模抑制比放大器

来自传感器的信号通常都伴随着很大的共模电压（包括干扰电压），在测量放大电路中必须加以抑制，否则将严重影响测量精度。一般运算放大器的共模抑制比通常在 80dB 左右，而采用由几个集成运算放大器构成的高共模抑制比放大电路，可以使共模抑制比达到 120dB。

图 5-18 所示电路是目前应用最广泛的三运放高共模抑制比放大电路。A_1、A_2 为两个性能（输入阻抗、共模抑制比、增益等）一致的同相输入通用集成运算放大器，构成平衡对称的差动放大输入级；A_3 构成双端输入单端输出的输出级。

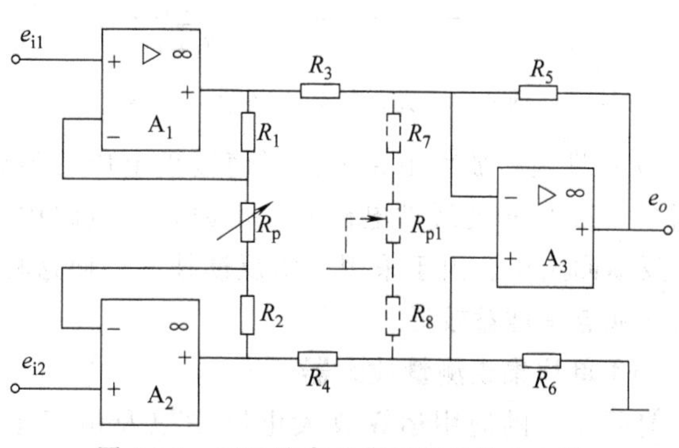

图 5-18　三运放高共模抑制比放大电路

当 A_1、A_2 的性能一致时，输入级的差模增益、差动输出只与差模输入电压有关，而其共模输出、失调电压及漂移均在 R_p 两端相互抵消，因此输入级具有良好的共模抑制能力。A_3 构成的输出级可以进一步抑制输入级输出的差模信号，应保证 A_3 具有较高的共模抑制比，同时还要精确地保证 $R_3=R_4$、$R_5=R_6$。由于整个电路的失调电压主要是由 A_3 所引起，因此输出级的增益应设计得小一些。如果增加由 R_7、R_{p1} 和 R_8 组成的共模补偿电路，通过调节 R_{p1}，可获得更高的共模抑制比。

（3）电桥放大器

电阻应变式、电感式、电容式传感器等，大多是通过测量电桥将被测量转换成电压或电流信号，然后进行放大。由测量电桥和其后的放大电路所组成的电路称为电桥放大电路，主要有以下三类。

① 单端输入电桥放大电路　图 5-19 所示为两种单端输入电桥放大电路。图 5-19（a）

是反相输入电桥放大电路，传感器电桥接至运算放大器的反相输入端；图 5-19（b）是同相输入电桥放大器，传感器电桥接至运算放大器的同相输入端。这类电桥放大电路的增益与桥臂阻抗的绝对大小无关，因此增益比较稳定。其缺点是：电桥电源一定要浮置；输出电压与传感器阻抗的相对变化量 $\Delta Z/Z$ 为非线性关系，只有当 $\Delta Z/Z \ll 1$ 时才近似为线性关系，因此测量范围较小。

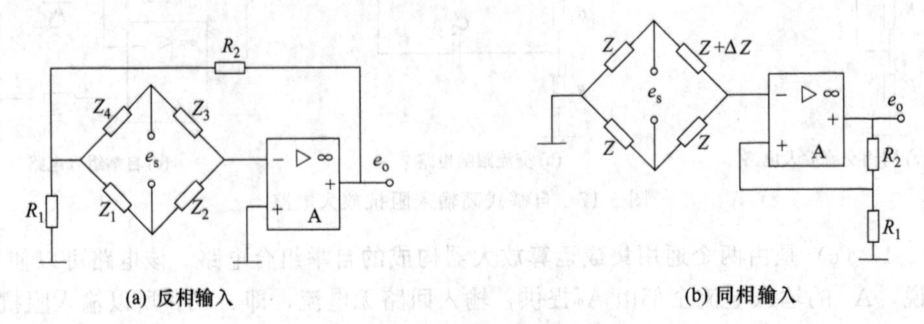

图 5-19 单端输入电桥放大电路

② 差动输入电桥放大电路　把传感器电桥的两个输出端分别接在运算放大器的两个输入端上，就构成了图 5-20 所示的差动电桥放大电路。该电路只有当 $R_1=R_2$ 且 $R_1 \gg R$、$\Delta R/R \ll 1$ 时输出才与 $\Delta R/R$ 近似保持线性关系，测量范围比较小，只适用于精度要求不高的低阻传感器。

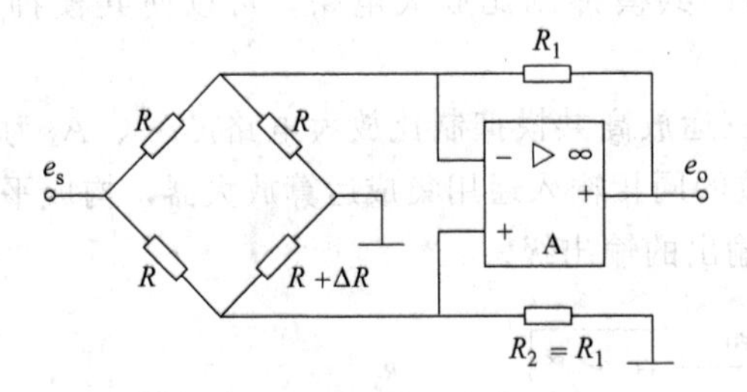

图 5-20 差动输入电桥放大电路

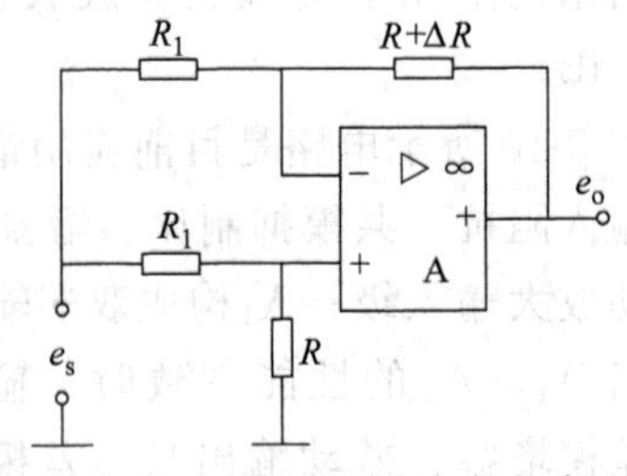

图 5-21 线性电桥放大电路

③ 线性电桥放大电路　为了使输出电压与传感器阻抗的相对变化量成线性关系，可以使用图 5-21 所示的线性电桥放大电路。在电路中，将传感器作为可变桥臂接在了运算放大器的反馈回路中。由于采用了负反馈技术，使这种电桥放大电路具有比较大的线性范围。该电路的缺点是增益较低。

（4）单片集成测量放大器

前面介绍的通用运算放大电路中以及由若干个运算放大器构成的测量放大器中都包括许多分立元件。大部分测量放大器对其中分立元件的精度及匹配程度都有不同程度的要求，以保证较高的共模抑制比、稳定的增益、良好的线性以及与传感器的阻抗匹配等特性。近年来，随着集成电路制造工艺的不断发展，人们采用厚膜工艺制成了各种单片集成测量放大器，将测量放大器的主要部分集成在一个芯片内，使其外接元件大大减少，无需精密匹配电阻，放大器的各项性能指标、可靠性、成本等都较普通测量放大器有了很大的改善。

单片集成测量放大器有以下几个显著特点。

① 共模抑制比高，一般可达 100～120dB。

② 输入阻抗高，一般高于 $10^9\Omega$。

③ 平衡的差动输入，单端输出，输入端可承受较高的输入电压，有较强的过载能力。

④ 增益可由用户的需要通过选择不同的增益电阻来确定。

⑤ 动态特性好，工作频带宽。

⑥ 低失调，低漂移。

常用的单片集成测量放大器有 AD521、AD522、AD612、AD605、LH0038、LM363、INA101、INA118 等。这里仅介绍 AD612 单片集成测量放大器。

AD612 是典型的三运放结构单片集成测量放大器，其内部结构如图 5-22 所示。

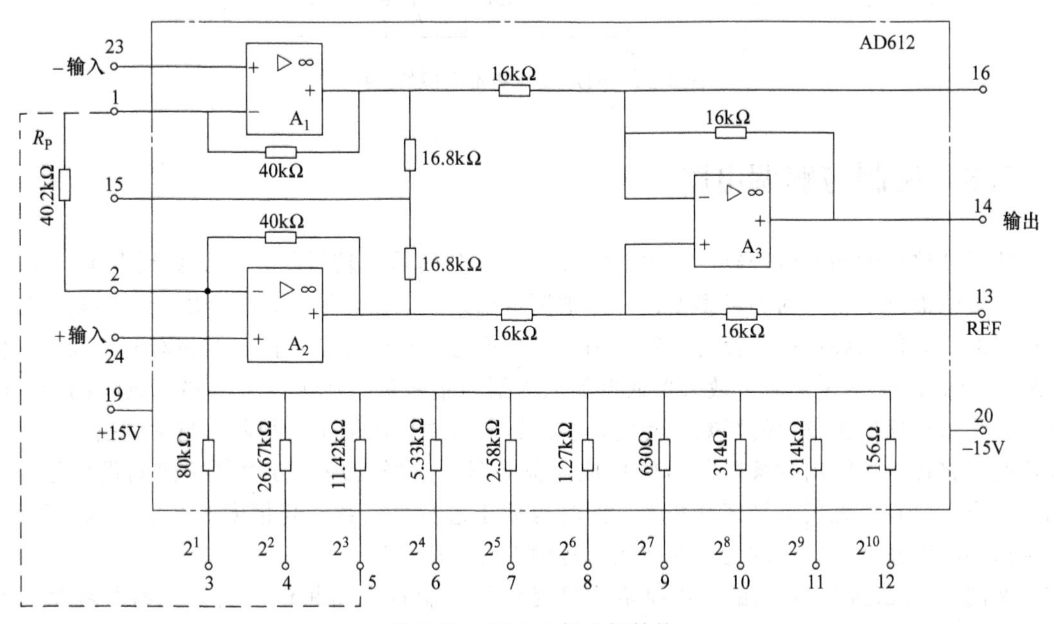

图 5-22 AD612 的内部结构

AD612 有两种增益状态，即二进制增益状态和通常增益状态。二进制增益状态是利用内部精密薄膜电阻网络实现的，增益温漂范围为 $\pm10^{-6}$℃$^{-1}$。当 A_2 的反相端（引脚 2）和精密电阻网络的各引出脚（引脚 3～12）与 A_1 的反相端（引脚 1）彼此互不相连时，相当于 R_P 为无穷大，电路总增益 $K_f=1$。当精密电阻网络引出脚 3～10 分别与引脚 1 相连时，增益从 $2^1\sim2^8$ 按二进制改变；引脚 10、11、1 互联时，增益为 2^9；引脚 10、11、12、1 互联时，增益为 2^{10}。如果在引脚 1、2 与引脚 3～12 间加上多路模拟开关，就成为可编程增益放大器。通常增益状态和一般三运放测量放大器是一样的，只要在引脚 1 和引脚 2 之间外接电阻 R_P，则其增益为 $K_f=1+(80/R_P)$（R_P 的单位为 kΩ）。R_P 的温度系数应小于 10^{-6}℃$^{-1}$，以保证增益精度。

AD612 是高精度、高速的测量放大器，能在恶劣的环境条件下工作，具有很好的交、直流特性。其引脚 15 通过跟随器接传感器电缆的屏蔽层，即在屏蔽层上加共模电压，可提高共模抑制比，降低输入噪声。

图 5-23 是 AD612 与测量电桥连接的接线图。信号地需和电源地相连接，使放大器的偏置电流形成通路。引脚 1、3 短接时，电路增益为 2。引脚 21 和 22 外接 100kΩ 电位器，用来调整失调。电容 C 用来防止电路产生自激振荡。

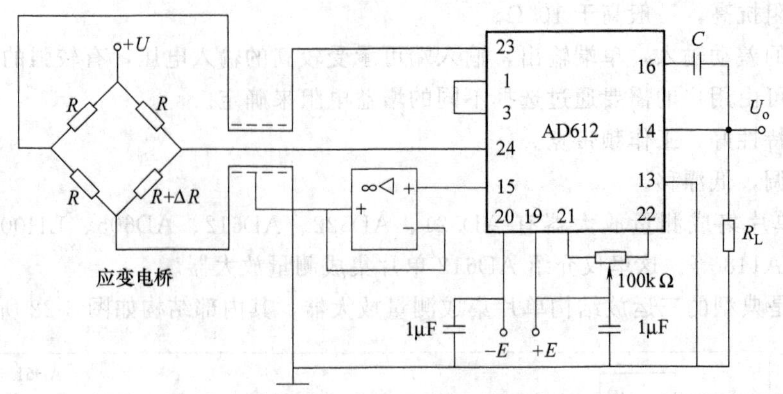

图 5-23　AD612 与测量电桥的连接

5.3　调制与解调电路

传感器输出的测量信号有两个主要特征：大部分信号比较微弱，容易受到干扰、噪声、漂移的影响而产生较大的测量误差；许多被测量都是动态量，因此传感器输出的测量信号也是动态的，它们的频谱中包含有一定范围的频率成分，尽管频率较低，但相对变化较大（例如从 0～1kHz）。若采用直流放大器或低频放大器对信号进行放大，则漂移、级间耦合等因素会对测量精度产生较大的影响。为此，在测试装置中广泛采用各种调制与解调技术，用各种调制器将传感器输出的缓变信号转换成高频信号。这样处理一方面易于使测量信号与干扰、噪声、漂移等无用信号区分开来，同时也便于进行高倍数、高精度的交流放大。随后，再利用相应的解调装置从放大后的高频信号中恢复出原信号。

调制（Modulation）指的是用原始的缓变信号控制特定高频信号的某个特征参数（幅值、频率或相位），使这些参数随被测量的变化而变化。用来控制高频信号的缓变信号称为调制信号，被控的高频信号称为载波，经过调制后所得到的高频信号称为已调波。从已调波中恢复原始缓变信号的过程称为解调（Demodulation）。在信号调制中常用稳幅或稳频的正弦波、方波作为载波信号。

信号的调制方法主要有幅值调制（简称调幅，AM）、频率调制（简称调频，FM）和相位调制（简称调相，PM）。

5.3.1　调幅及其解调电路

（1）调幅原理

调幅就是用调制信号与高频载波信号相乘，所得到的高频调幅波（调幅的已调波称为调幅波或调幅信号）的幅值随调制信号的变化而变化。图 5-24 示意画出了调幅过程中有关信号的时域波形及频域频谱的情况，其中 $x(t)$ 为调制信号，$x_c(t)$ 为载波，$x_m(t)$ 为已调波；$X(f)$ 为调制信号的频谱，$X_c(f)$ 为载波的频谱，$X_m(f)$ 为调幅波的频谱。

调幅过程是调制信号 $x(t)$ 与载波 $x_c(t)$ 相乘的过程，因此有

$$x_m(t)=x(t)x_c(t) \tag{5-23}$$

由傅里叶变换的卷积性质可知，调幅波 $x_m(t)$ 的频谱 $X_m(f)$ 等于调制信号的频谱 $X(f)$ 与载波的频谱 $X_c(f)$ 的卷积分，即

$$X_m(f)=X(f)*X_c(f) \tag{5-24}$$

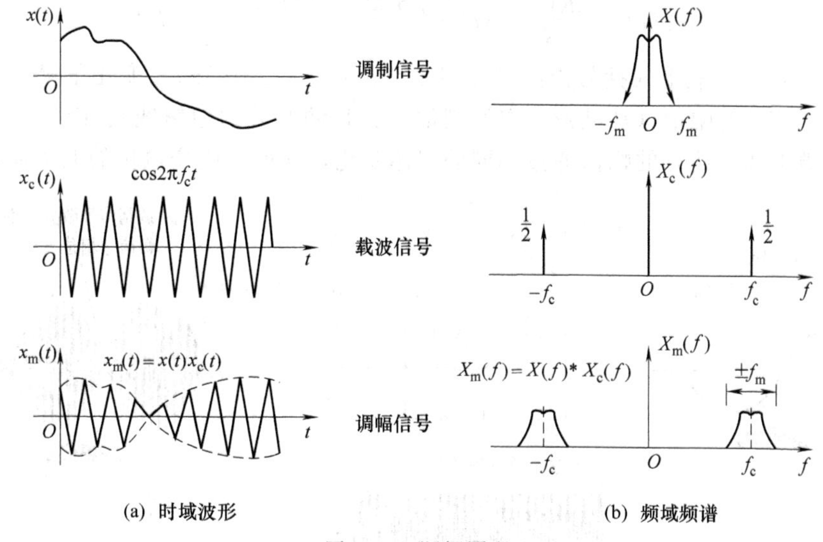

图 5-24　调幅原理

当载波是频率为 f_c的正弦信号时（余弦信号可以看成是相位相差 π/2 的正弦信号），其频谱是两条强度为 1/2 的 δ 函数$\frac{1}{2}\delta(f-f_c)+\frac{1}{2}\delta(f+f_c)$，故调幅信号的频谱为

$$\begin{aligned}X_m(f)&=X(f)^*X_c(f)\\&=\frac{1}{2}X(f)\delta(f-f_c)+\frac{1}{2}X(f)\delta(f+f_c)\\&=\frac{1}{2}X(f-f_c)+\frac{1}{2}X(f+f_c)\end{aligned} \tag{5-25}$$

这一结果说明，调幅过程是一个“频谱搬移”过程。若调制信号的频谱分布在$-f_m$～f_m之间，那么调幅波的频谱将分布在$-(f_c+f_m)$～$-(f_c-f_m)$ 和 (f_c-f_m)～(f_c+f_m)之间［参见图 5-24（b）］。由于 f_c通常为 f_m的几十倍，因此调幅波的频谱分布在相对变化很窄的一个范围内，这为信号的交流放大、有用信号与无用信号的鉴别创造了条件。

调幅过程中的载波不仅要保证幅值的高度稳定，其频率也要足够高。从图 5-24（b）中可以看出，如果载波频率 f_c低于调制信号的最高频率 f_m，则搬移后的两部分频谱将会有一部分混叠在一起，这种混叠相当于改变了调制信号的频谱，使后面的解调无法精确地还原出调制信号的原始波形而造成较大的失真。为此，在调幅过程中一般要保证 $f_c\geqslant 10f_m$。

（2）调幅装置

调幅装置有交流电桥（应变电桥、电感传感器电桥、差动变压器传感器电桥及电容传感器电桥等）、霍尔传感器、开关电路以及其他可以实现乘法运算的装置。下面介绍一下交流应变电桥调幅的工作原理。

对于图 5-25 所示的交流半桥单臂应变电桥，若高频稳幅交流电源（载波）为正弦信号 $x_c(t)=X\sin 2\pi f_c t$，电阻应变片上所感受到的缓变应变（调制信号）为 $\varepsilon(t)=E\sin 2\pi f_m t$ $(f_c\gg f_m)$，则工作桥臂的电阻变化 $\Delta R(t)$ 为

$$\Delta R(t)=RS\varepsilon(t)=RSE\sin 2\pi f_m t \tag{5-26}$$

式中，S 为应变片的灵敏度；R 为应变片的标称电阻。因此电桥输出的调幅信号 $x_m(t)$ 为

$$x_{\mathrm{m}}(t)=\frac{\Delta R(t)}{4R}x_{\mathrm{c}}(t)=\left(\frac{SEX\sin2\pi f_{\mathrm{m}}t}{4}\right)\sin2\pi f_{\mathrm{c}}t \tag{5-27}$$

由于 $f_{\mathrm{c}}\gg f_{\mathrm{m}}$，故上式括号内的部分相对于 $x_{\mathrm{c}}(t)=X\sin2\pi f_{\mathrm{c}}t$ 变化很慢，实际上就是所输出的调幅信号的幅值（从波形上看调制信号就是调幅波的包络线）。因此，当应变随时间变化时，输出调幅信号的幅值亦按相同的规律变化，这就是应变电桥的调幅原理。

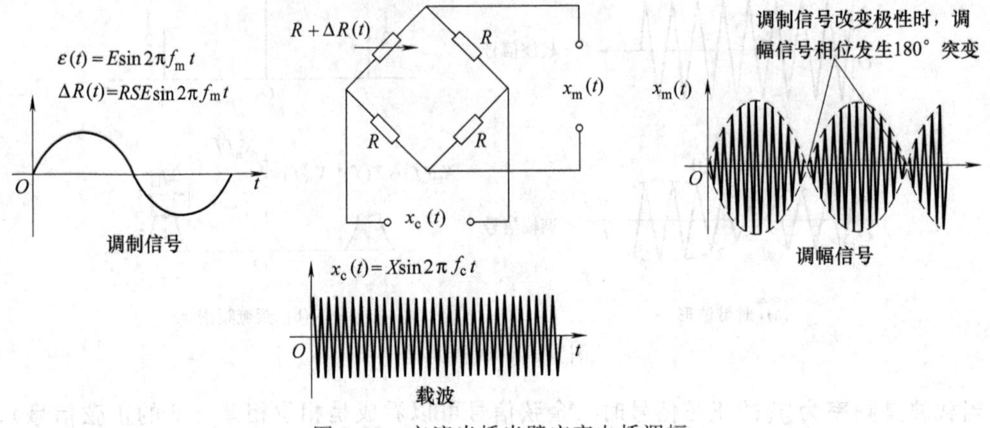

图 5-25　交流半桥半臂应变电桥调幅

（3）调幅的解调

调幅信号经放大等处理后，需要进行解调。调幅的解调称为鉴幅或检波，即将调幅信号的幅值变化鉴别出来，还原出被测量的变化。实现调幅信号解调的方法及装置主要有以下几种。

① 同步解调　同步解调是将经放大等处理后的调幅信号再与载波相乘一次，其原理见图 5-26。由前可知，调幅过程是一个“频谱搬移”过程，它将以原点为中心的调制信号的频谱搬移到以载波频率为中心的两处，但频谱形状未发生变化，调制信号的信息被完整地保留下来。经与载波信号的再次相乘，又对调幅信号的频谱进行了“频谱搬移”，其中的一部

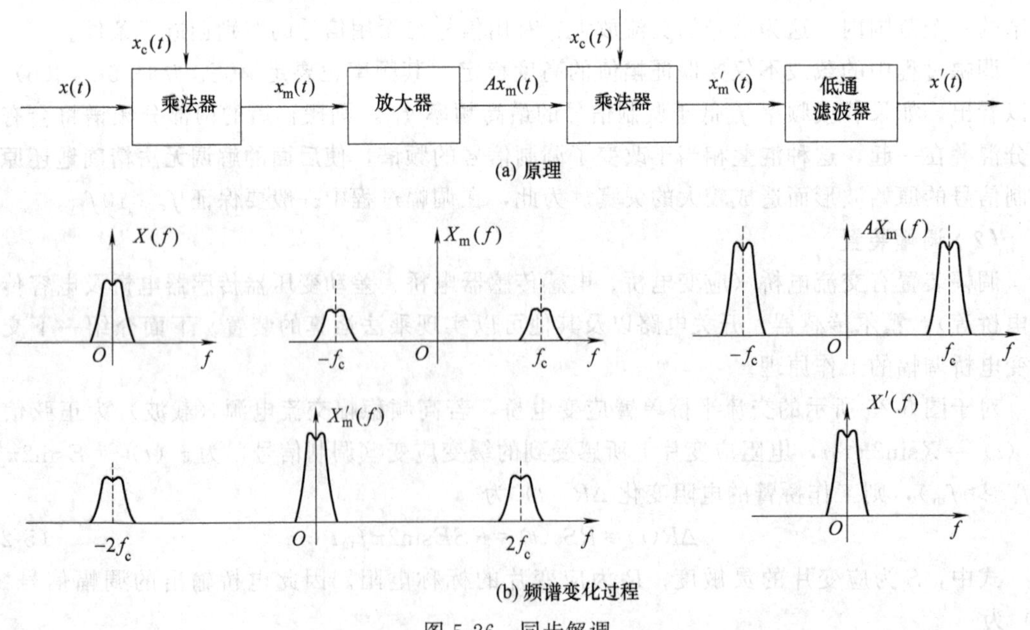

图 5-26　同步解调

分被搬移到以原点为中心的地方，另一部分则被搬移到二倍载波频率的地方。对该信号进行低通滤波处理后，后一部分高频成分被滤掉，而前一部分则被保留下来，它与原调制信号的频谱形状相同，即恢复了原始信号的信息。同步解调在鉴别调制信号的幅值和极性方面是比较可靠的，但解调过程中存在幅值（功率）上的损失。

② 包络检波　通过前面的分析知道，调幅信号波形的包络线与原信号的波形是一致的，将此包络线从放大后的调幅信号中还原出来，就是还原原始信号的波形，这种解调方法称为包络检波。包络检波一般包括整流、滤波两个环节，前者将双边变化的调幅信号整理成单边变化的调幅信号，后者则将单边变化的调幅信号中的高频成分滤除，最终得到反映调制信号变化的低频成分。一般的二极管环形检波电路、运算放大器构成的精密整流电路等配上适当的滤波电路都属于包络检波装置。

包络检波主要适用于调制信号为单边（单极性）变化的调幅信号的解调，如果调制信号是双边变化的（有极性变化，可正可负），则应使用同步解调以及下面的相敏检波。

③ 相敏检波　相敏检波是一种既可以检测出调制信号幅值的变化，同时又可以检测出调制信号极性变化的调幅解调方法。图 5-27 所示就是一种相敏检波电路——二极管环形相敏检波电路。

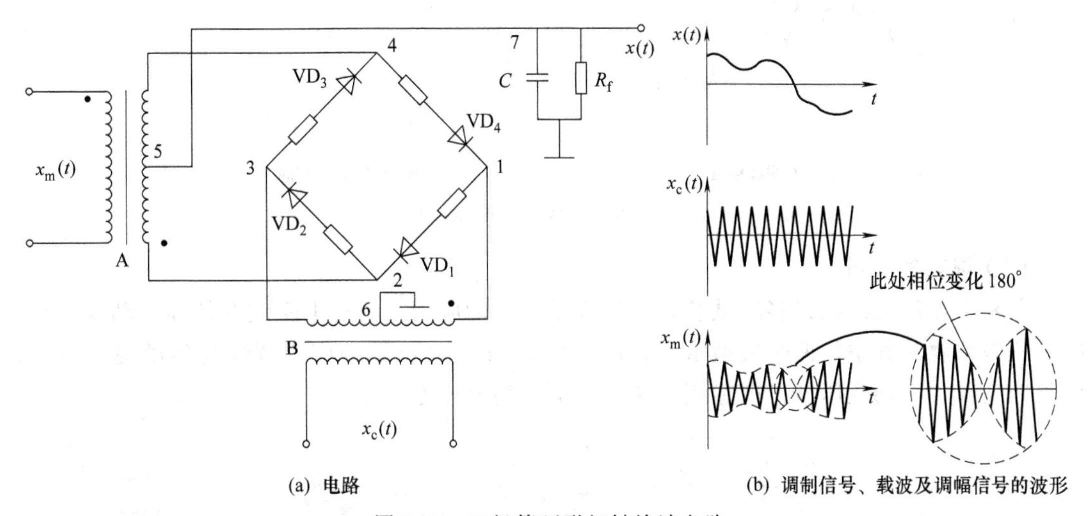

图 5-27　二极管环形相敏检波电路

该电路将调幅信号 x_m（t）通过变压器 A 耦合到环形二极管电桥的一对对角点上，另一方面通过变压器 B 将参考信号 x_c（t）引到二极管电桥的另一对对角点上。参考信号 x_c（t）取自于载波，其频率一般等于载波的频率，且与载波同相位，幅值恒定且大于调幅信号的幅值。x_c（t）在系统的工作中起开关作用，二极管电桥中的四个小电阻起限流作用。

系统的工作可以分为以下四种情况。

a. 调制信号 x（t）的极性为正，参考信号 x_c（t）处于正半周。根据调幅原理可知，此时调幅信号 x_m（t）与参考信号 x_c（t）同相位。由于 x_c（t）的瞬时幅值大于 x_m（t）的瞬时幅值，因此 VD_1 导通，其余二极管截止，电流的流动方向为“6→1→VD_1→2→5→7→6”，在负载 R_f 上生成与调幅信号频率相同的正极性输出电压。

b. 调制信号 x（t）的极性为正，参考信号 x_c（t）处于负半周，此时调幅信号 x_m（t）与参考信号 x_c（t）仍处于同相位。虽然 x_c（t）的瞬时幅值大于 x_m（t）的瞬时幅值，但由

于 x_c（t）的极性为负，故 VD_3 导通，其余二极管截止，电流的流动方向为“6→3→VD_3→4→5→7→6”，在负载 R_f 上也生成与调幅信号频率相同的正极性输出电压。

c. 调制信号 x（t）的极性为负，参考信号 x_c（t）处于正半周，调幅信号 x_m（t）与参考信号 x_c（t）的相位相差 180°。此时变压器 A 的瞬时极性与图中所标出的极性相反，VD_2 导通，其余二极管截止，电流的流动方向为“6→7→5→2→VD_2→3→6”，在负载 R_f 上生成与调幅信号频率相同的负极性输出电压。

d. 调制信号 x（t）的极性为负，参考信号 x_c（t）处于负半周，调幅信号 x_m（t）与参考信号 x_c（t）的相位相差 180°。此时 VD_4 导通，其余二极管截止，电流的流动方向为“6→7→5→4→VD_4→1→6”，在负载 R_f 上也生成与调幅信号频率相同的负极性输出电压。

综上所述，如果没有滤波电容 C，负载上所生成的电压信号将如图 5-28（a）所示，其包络线的形状与被测信号完全一致。加上滤波电容 C 以后，通过 C 与负载 R_f 所形成的低通滤波电路，将图 5-28（a）所示波形中的高频载波成分滤掉，就得到了图 5-28（b）所示的输出信号。该输出信号完全地反映了调制信号的幅值、极性。

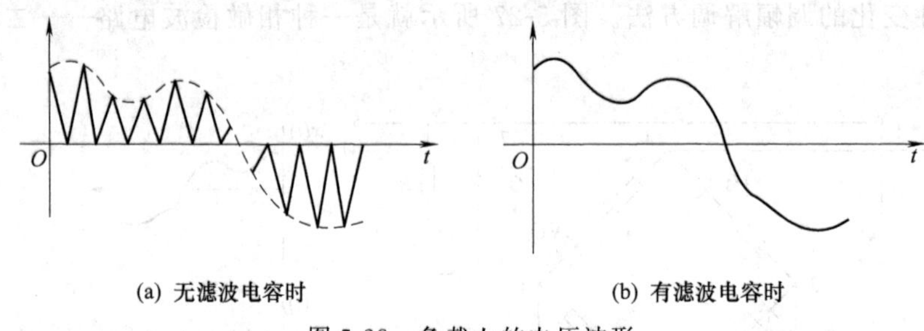

图 5-28　负载上的电压波形

（4）调幅的应用

调幅与相敏检波在许多测试装置上得到了广泛的应用，动态电阻应变仪和差动变压器式电感测微仪就是其中的两个典型示例。图 5-29、图 5-30 分别为应用调幅与相敏检波的动态电阻应变仪、差动变压器式电感测微仪测量电路的原理方框图。

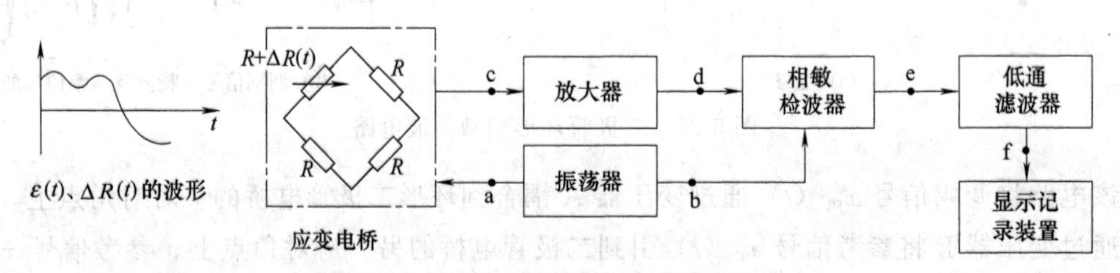

图 5-29　动态电阻应变仪测量电路原理

动态电阻应变仪的输入信号为工作应变片上所感受的应变 ε（t），它是应变电桥调幅装置的调制信号。该应变通过接在应变电桥中的电阻应变片转换成电阻的变化 ΔR（t）。振荡器产生高频稳幅交流信号，作为应变电桥调幅装置的载波（即供桥电源）。电桥的输出经放大器作交流放大后送入相敏检波器进行解调，再经低通滤波器滤除信号中的高频载波成分，还原出应变变化的波形送显示记录装置。

差动变压器式电感测微仪的输入信号是测头所感受的位移信号 x（t），测头使差动变压器中的磁芯位置发生变化，从而使差动变压器输出的高频电压信号的幅值随 x（t）变化，即用 x（t）作为调制信号进行调幅。仪器其余部分的工作原理与动态电阻应变仪相似。

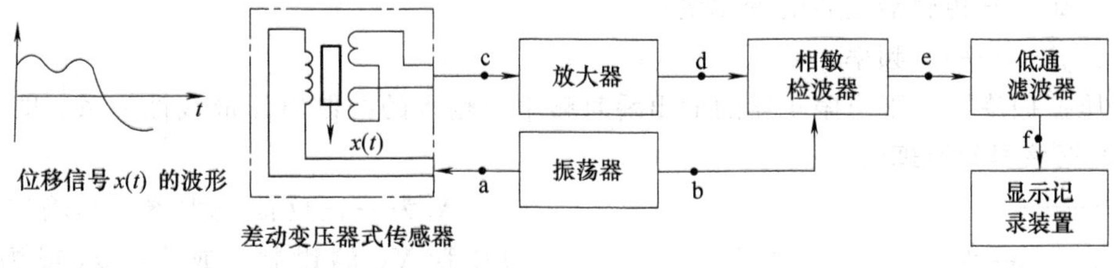

图 5-30　差动变压器式电感测微仪测量电路原理

请读者自行分析两种仪器中 a、b、c、d、e、f 各点处的波形并示意画出。

5.3.2　调频及其解调电路

(1) 调频原理

调频是将调制信号的变化转换成已调波（调频的已调波称为调频波）频率的变化。具体地讲，就是用调制信号控制一个振荡器，使振荡器的振荡频率随调制信号的变化而变化，如图 5-31 所示。当调制信号为零时，振荡器输出的调频波的频率 f_0 称为中心频率（或载波频率）；在其他情况下，调频波的频率将随调制信号的变化在中心频率附近变化。因此，调频波是随调制信号幅值、极性变化的疏密（频率）不等的高频波。与调幅类似，为保证调制及解调过程中不丢失有用信息，中心频率应远高于调制信号中的最高频率成分的频率。

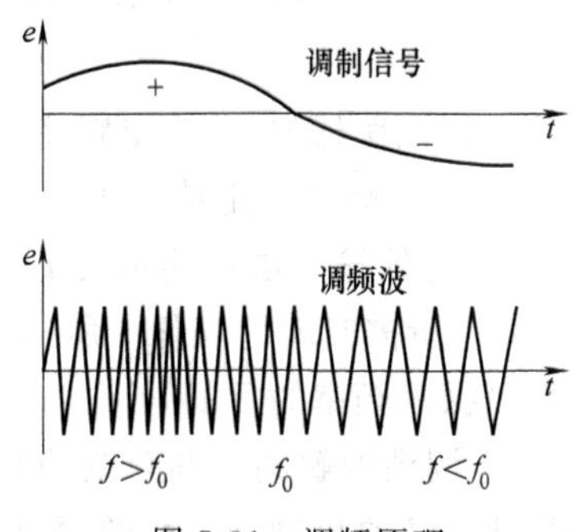

图 5-31　调频原理

调频信号具有抗干扰能力强，便于远距离传输，不易错乱、跌落和失真等优点，同时也便于实现与计算机等设备的接口以实现信号的数字分析、处理等。

(2) 调频装置

① 直接调频电路　直接调频电路是将电容传感器、电感传感器等元件接入到谐振式调频电路中，这些传感器结构参数（L、C）作为调制信号，它们的变化将使谐振回路的振荡频率随之变化，从而实现了调频。

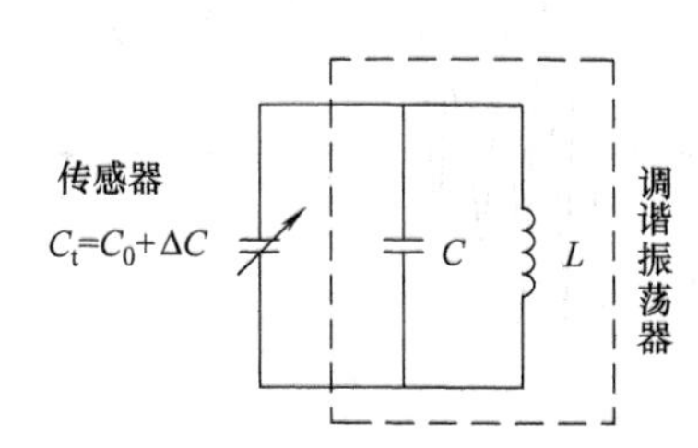

图 5-32　并联谐振调频电路

图 5-32 为电容传感器的一种并联谐振调频电路。把传感器电容并联到振荡器的 LC 谐振回路上，则当被测量使传感器的电容发生变化时，振荡器的振荡频率亦随之而变。由电子学可知，对于图 5-32 所示的电容传感器的直接调频电路，当 $\Delta C \ll C_0$ 时，振荡器的振荡频率为

$$f=\frac{1}{2\pi\sqrt{L(C+C_0+\Delta C)}} \tag{5-28}$$

设

$$f_0=\frac{1}{2\pi\sqrt{L(C+C_0)}} \tag{5-29}$$

则

$$f\approx f_0\left[1-\frac{\Delta C}{2(C+C_0)}\right]=f_0[1-Kx(t)] \tag{5-30}$$

式中　$x(t)$ ——被测量；

C_0——传感器的初始电容；

ΔC——传感器电容的变化量；

f_0——中心频率。

② 压控振荡器　压控振荡器的输出瞬时频率与输入的控制电压成线性关系，图 5-33 为一种压控振荡器的原理图。

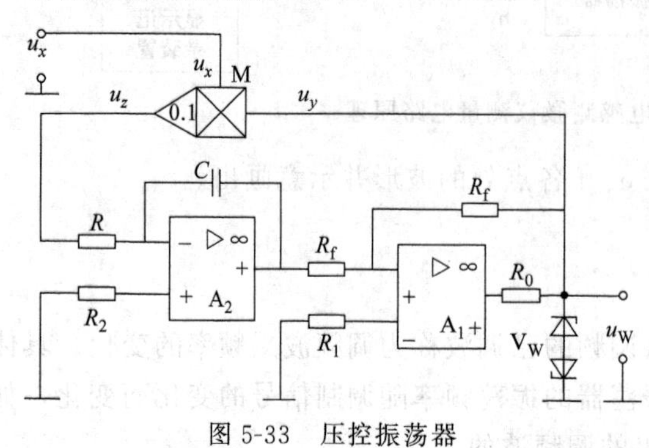

图 5-33　压控振荡器

A_1为一正反馈放大器，其输出电压受稳压管 V_W的钳制，或为$+u_W$或为$-u_W$。M 是乘法器，A_2是积分器，u_x是常值正电压。假设开始时A_1输出$+u_W$，乘法器 M 输出u_z是正电压，A_2的输出电压将线性下降。当降到比$-u_W$更低时，A_1翻转，其输出为$-u_W$。同时，乘法器的输出（即A_2的输入）也随之变为负电压，其结果是使A_2的输出线性上升。当A_2的输出达到$+u_W$，A_1又将翻转，输出$+u_W$。所以在常值正电压u_x下，该振荡器的A_2输出频率一定的三角波，A_1则输出同一频率的方波u_y。乘法器 M 的一个输入u_y幅度为定值（$\pm u_W$），改变另一个输入u_x，就可以线性地改变其输出u_z，因此积分器A_2的输入电压也随之改变。这将导致积分器由$-u_W$充电至$+u_W$（或由$+u_W$放电至$-u_W$）所需时间的变化。所以振荡器的振荡频率将和电压u_x成正比，改变u_x值就达到线性控制振荡频率的目的。

③ 调频的解调　调频波的解调过程称为鉴频，即把调频波频率的变化转换成电压幅值的变化，还原出调制信号的原始波形。实现鉴频的装置称为鉴频器。图 5-34（a）为一种采用变压器耦合的鉴频器——谐振式振幅鉴频器。

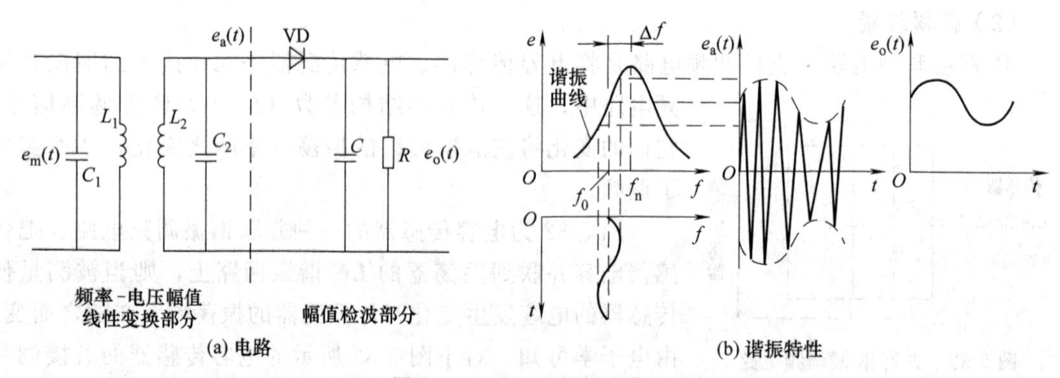

图 5-34　谐振式振幅鉴频器

谐振式振幅鉴频器由频率-电压幅值线性变换电路和幅值检波电路两部分组成。线性变换电路的作用是把等幅的调频波转换成调幅调频波。图中，L_1、L_2分别为变压器初级线圈和次级线圈的电感，它们与电容C_1、C_2组成了并联谐振回路。当输入等幅调频波e_m（t）的频率等于谐振回路的谐振频率f_n时，线圈L_1、L_2中的耦合电流最大，次级线圈上输出电压e_a（t）的幅值也就最大；当输入等幅调频波e_m（t）的频率偏离谐振回路的谐振频率f_n时（称为失谐），次级线圈上输出电压e_a（t）的幅值要相应减小。因此，e_a（t）是幅值、频率都随被测量变化的调幅调频波。次级线圈上输出电压e_a（t）的幅值与输入等幅调频波e_m（t）的频率之间的关系称为谐振回路的谐振特性［参见图 5-34（b）］。为使电压幅值-频率之间的关系近似为线性，可适当调整鉴频器及调频中心频率，使鉴频器工作在亚谐振区（靠近谐振峰的两侧）近似为直线的一段。被测量变化到中值时的调频波频率应与直线段的中点对应。综上所述，经后面的幅值检波电路检波、滤波，即可还原出与被测量变化相对应的信号 $e_o(t)$。

5.4 滤波器

在测试工作中，经常需要把信号中的有用频率成分提取出来，同时也需要使信号中所包含的无用频率成分（如调幅信号中的高频载波、各种噪声、干扰等）极大地衰减，以正确地获得关于被测量的有用信息。实现上述功能的装置称为滤波器（Filter），它可以使信号中某些特定的频率成分通过，其他频率成分则被极大地衰减。

5.4.1 滤波器的基本知识

（1）滤波器的分类

滤波器可以从不同的角度加以分类，表5-3示出了滤波器的分类情况。

表5-3　滤波器的分类

分类依据	类别
按工作原理分	电子滤波器、机械滤波器、光学滤波器等
按所处理的信号形式分	模拟滤波器、数字滤波器
按是否含有有源器件分	有源滤波器、无源滤波器
按起滤波作用的元件分	RC滤波器、LC滤波器等
按选频范围分	低通滤波器、高通滤波器、带通滤波器、带阻滤波器

图5-35示意画出了按选频范围划分的四类滤波器的理想幅频特性曲线（虚线）及实际幅频特性曲线（实线）。对应于幅频特性有值的频率范围称为滤波器的通带，对应于幅频特性值为零的频率范围称为阻带；通带与阻带的转折点所对应的频率称为滤波器的截止频率，其中频率较高的一个称为上截止频率（f_{c2}），频率较低的一个称为下截止频率（f_{c1}）；两截止频率之间的频率范围 $B=f_{c2}-f_{c1}$ 称为滤波器的带宽。

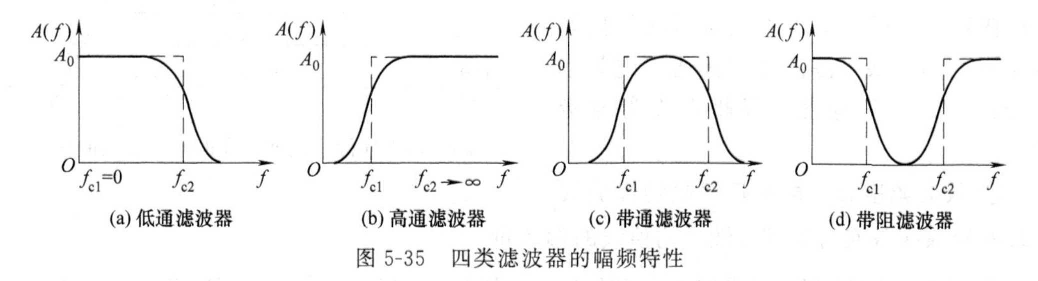

图5-35　四类滤波器的幅频特性

本节主要介绍常用的模拟电子滤波器。

（2）理想滤波器

理想的滤波器在其通频带内应满足不失真测试条件，即幅频特性为常数，相频特性与频率保持线性关系，阻带内的幅频特性应等于零。所以，理想的滤波器应具有如下的频率响应特性：

$$H(f)=\begin{cases}A_0 e^{-j2\pi f t_0} & （通带内）\\ 0 & （阻带内）\end{cases}\quad （A_0、t_0为常数）\tag{5-31}$$

理想滤波器有两个重要特性如下。

① 理想滤波器是非因果系统，在物理上是不可能实现的。

理论分析表明，如果滤波器具有式（5-31）的特性，那么在输入没有作用到滤波器之前，滤波器就有了与输入对应的输出了。这样的系统自然不是因果系统，因此是不可能实现的。

② 理想滤波器的建立时间 T_e 与滤波器的带宽 B 成反比，它们的乘积为常数，即

$$BT_e = \text{const.}（常数） \tag{5-32}$$

所谓建立时间 T_e，指的是滤波器在单位阶跃输入作用下，其输出达到 $0.9A_0$（A_0 为滤波器输出的稳态值）所需时间 t_b 与达到 $0.1A_0$ 所需时间 t_a 之差（见图 5-36），即 $T_e = t_b - t_a$。

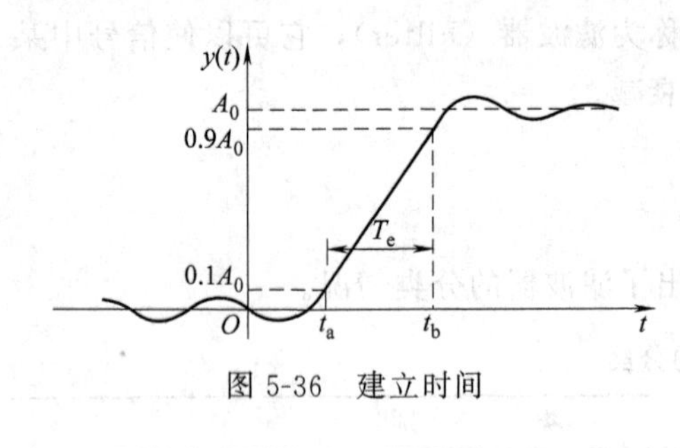

图 5-36 建立时间

滤波器的建立时间 T_e 反映了滤波器对输入的响应速度（滤波时间）。T_e 越小，响应速度越快。滤波器的带宽 B 则反映了滤波器的频率分辨力，B 越小，频率分辨力越高。但由式（5-32）可以看出，这两个特性参数是相互矛盾的。要想在较短的时间内完成滤波，就不能实现较高的频率分辨力；反之，若想用滤波器从某一信号中筛选出频带很窄的成分，所需要的时间就较长。

滤波器建立时间与带宽的乘积取决于滤波器的设计，一般取 5～10 就足够了。

（3）实际滤波器的特性指标

由于带通滤波器具有典型的意义（低通、高通滤波器可视为它的特例，带阻滤波器亦可由带通滤波器转化而来），所以下面将以实际带通滤波器为例介绍一下滤波器主要性能指标的含义。图 5-37 为实际带通滤波器的典型幅频特性曲线，其特性指标可以通过该曲线得到解释。

① 幅频特性平均值 A_0　一般滤波器通带内的幅频特性是呈波纹状变化的。滤波器的幅频特性平均值 A_0 指的是：一条穿过实际幅频特性曲线峰顶、且使纹波的波动量在其上下相等的水平线所对应的幅频特性值。A_0 反映了滤波器对其通带内频率成分的“放大”程度，因此也称为通带增益。

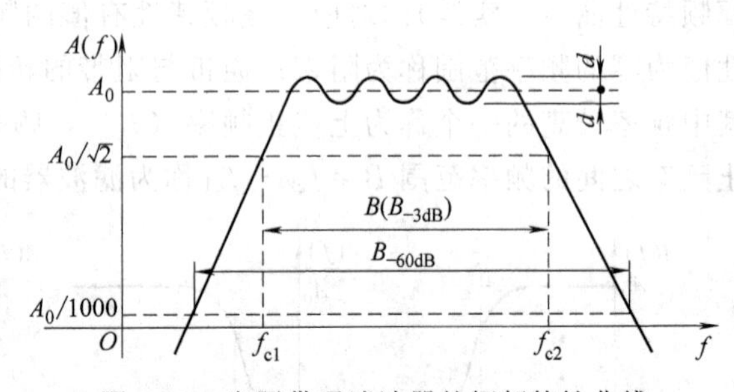

图 5-37 实际带通滤波器的幅频特性曲线

② 纹波幅度 d　指实际幅频特性曲线的纹波峰顶或谷底对幅频特性平均值线的偏离量。

纹波幅度 d 与幅频特性平均值 A_0 的比值越小越好，一般应远小于 −3dB，即 $d/A_0 \ll 1/\sqrt{2}$。

③ 截止频率　实际幅频特性曲线上幅频特性值等于 $A_0/\sqrt{2}$ 的两点所对应的频率称为截止频率。用一条高度为 $A_0/\sqrt{2}$ 的水平线穿过实际幅频特性曲线，得到两交点，这两点所对应的频率 f_{c1} 和 f_{c2} 就是滤波器的截止频率。较低的 f_{c1} 称为下截止频率，较高的 f_{c2} 称为上截止频率。由于 $A_0/\sqrt{2}$ 对应于 A_0 的 $1/\sqrt{2}$ 倍，即比 A_0 低 −3dB，故也称 f_{c1}、f_{c2} 为 −3dB 频率。当用信号的平方表示信号的功率时，两截止频率所对应的点正好是半功率点。

④ 带宽 B　上、下截止频率之间的频率范围称为滤波器的带宽或－3dB 带宽（记为 B 或 B_{-3dB}），即

$$B=f_{c2}-f_{c1} \tag{5-33}$$

带宽反映了滤波器分离信号中相邻频率成分的能力——频率分辨力。带宽越小，频率分辨力越高。

⑤ 中心频率 f_0　对带通及带阻滤波器，定义两截止频率的几何平均值为滤波器的中心频率，即

$$f_0=\sqrt{f_{c1}f_{c2}} \tag{5-34}$$

⑥ 品质因数 Q　对带通和带阻滤波器，定义中心频率与带宽的比值为滤波器的品质因数，即

$$Q=\frac{f_0}{B} \tag{5-35}$$

与用相对误差比绝对误差表示精度更合理相类似，用相对带宽比用绝对带宽 B 反映频率分辨力也更合理。品质因数 Q 为相对带宽的倒数，其值越大相对带宽越小，频率分辨力越高。

⑦ 频率选择性　理想滤波器的通带与阻带之间是一条陡直的直线，而实际滤波器则在通带与阻带之间存在一个过渡带。过渡带内幅频特性曲线的陡直程度反映了滤波器的频率选择性，即滤波器对带宽以外的频率成分的衰阻能力（对带阻滤波器来说是通过能力）。通常用倍频程选择性或滤波器因数来表征这种特性。

a. 倍频程选择性 W。倍频程选择性定义为：从两截止频率向外、频率变化一倍时幅频特性值的变化程度，通常以 dB/oct（分贝/倍频程）为单位表示。即

$$W=-20\lg\frac{A(2f_{c2})}{A(f_{c2})}\quad（右过渡带） \tag{5-36}$$

或

$$W=-20\lg\frac{A(f_{c1}/2)}{A(f_{c1})}\quad（左过渡带） \tag{5-37}$$

实际滤波器的 W 值越大，过渡带的幅频特性曲线越陡，频率选择性越好。有时人们还习惯使用十倍频程选择性（单位是 dB/dec，分贝/十倍频程），其含义与倍频程选择性类似。

b. 滤波器因数（矩形系数）λ。用一条高度为 $A_0/1000$ 的水平线穿过实际幅频特性曲线，所得两交点之间的频率范围称为－60dB 带宽，记为 $B_{-60\text{dB}}$。滤波器因数指的是－60dB 带宽与－3dB 带宽的比值，即

$$\lambda=\frac{B_{-60\text{dB}}}{B_{-3\text{dB}}} \tag{5-38}$$

理想滤波器的 $\lambda=1$，实际滤波器的 λ 值一般在（1～5）之间。实际滤波器的 λ 值越接近与 1，过渡带的幅频特性曲线越陡，频率选择性越好。

5.4.2　无源 *RC* 滤波器

在测试系统中，广泛使用由电阻、电容组成的 *RC* 滤波器。*RC* 滤波器的特点是：*RC* 滤波器的制造要比 *LC* 滤波器相对简单一些，且 *RC* 滤波器具有较好的低频性能（*LC* 滤波器的高频性能较好），几乎没有负载效应，选用标准阻容元件也比较容易实现。这里介绍几种

无源 RC 滤波器。

（1）一阶无源 RC 低通滤波器

图 5-38 为一阶无源 RC 低通滤波器的电路及幅频、相频特性曲线。

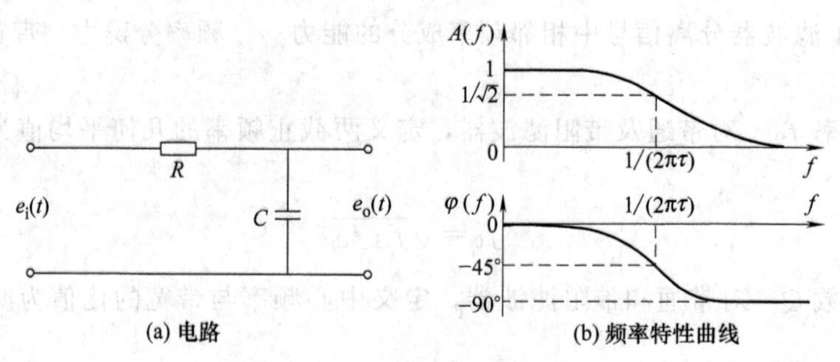

图 5-38 一阶无源 RC 低通滤波器

由电工电子学原理不难求出该滤波器的传递函数为

$$H(s)=\frac{1}{\tau s+1} \tag{5-39}$$

式中，$\tau=RC$ 为滤波器的时间常数。该滤波器具有如下特性。

① 当通过滤波器的信号的频率 $f \ll 1/(2\pi\tau)$ 时，$A(f)\approx 1$，$\varphi(f)\approx -2\pi\tau f$。幅频特性基本不随频率变化，相频特性 $\varphi(f)$ -f 近似为线性关系，信号几乎不受衰减地通过滤波器，可以认为此时滤波器是一个不失真的系统。

② 当通过滤波器的信号的频率 $f=1/(2\pi\tau)$ 时，$A(f)=1/\sqrt{2}$，$\varphi(f)=-45°$，所以此频率就是滤波器的上截止频率 f_{c2}。

③ 当通过滤波器的信号的频率 $f \gg 1/(2\pi\tau)$ 时，$A(f)\approx 0$，$\varphi(f)\to -90°$。从时域看，此时的输出信号为输入信号的积分，故一阶 RC 低通滤波器也称为积分器。

④ 频率选择性为－20dB/dec 或－6dB/oct。

（2）一阶无源 RC 高通滤波器

图 5-39 为一阶无源 RC 高通滤波器的电路及幅频、相频特性曲线。

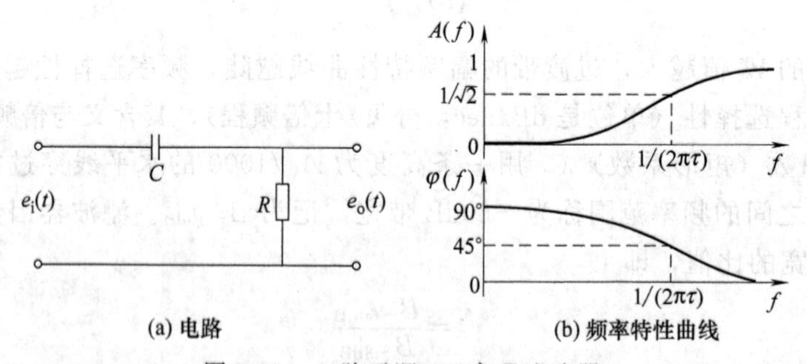

图 5-39 一阶无源 RC 高通滤波器

滤波器的传递函数为

$$H(s)=\frac{\tau s}{\tau s+1} \tag{5-40}$$

式中，$\tau=RC$ 为滤波器的时间常数。该滤波器的特性如下。

① 当通过滤波器的信号的频率 $f \gg 1/(2\pi\tau)$ 时，$A(f)\approx 1$，$\varphi(f)\approx -2\pi\tau f$。幅频特

性基本不随频率变化，相频特性 $\varphi(f)$ -f 近似为线性关系，信号几乎不受衰减地通过滤波器，可以认为此时滤波器是一个不失真的系统。

② 当通过滤波器的信号的频率 $f=1/(2\pi\tau)$ 时，$A(f)=1/\sqrt{2}$，$\varphi(f)=45°$，所以此频率就是滤波器的下截止频率 f_{c1}。

③ 当通过滤波器的信号的频率 $f\ll 1/(2\pi\tau)$ 时，$A(f)\approx 0$，$\varphi(f)\to 90°$。从时域看，此时的输出信号为输入信号的微分，故一阶 *RC* 高通滤波器也称为微分器。

④ 频率选择性为−20dB/dec 或−6dB/oct。

（3）二阶无源 *RC* 带通滤波器

将前述的一阶无源 *RC* 低通滤波器及一阶无源 *RC* 高通滤波器串联起来，就构成二阶无源 *RC* 带通滤波器，如图 5-40（a）所示。

该滤波器的传递函数为

$$H(s)=\frac{E_o(s)}{E_i(s)}=\frac{\tau_1 s}{\tau_1\tau_2 s^2+(\tau_1+\tau_2+\tau_3)s+1} \tag{5-41}$$

式中，$\tau_1=R_1C_1$，$\tau_2=R_2C_2$，$\tau_3=R_1C_2$。

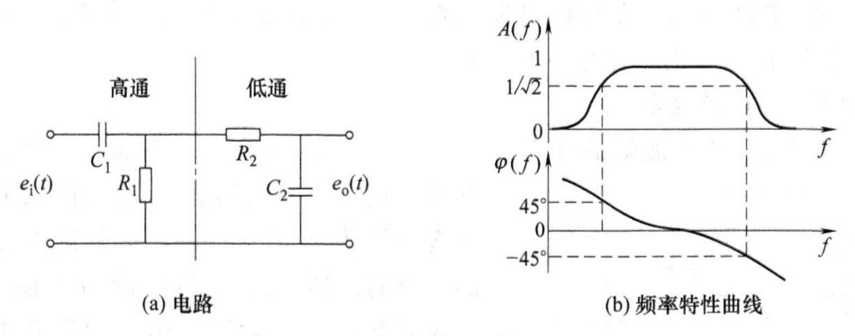

(a) 电路　(b) 频率特性曲线

图 5-40　二阶无源 *RC* 带通滤波器

图 5-40（b）为这种带通滤波器的幅频、相频特性曲线。从理论上说，该滤波器的传递函数应等于高通滤波器与低通滤波器传递函数的乘积，但实际并非如此，原因是这两个一阶滤波器之间存在着负载效应。为消除这一影响，通常要在这两个一阶滤波器之间用射极跟随器或运算放大器等进行隔离，所以实际的带通滤波器都是有源的。

通过上面的分析还可以知道：当两级之间的影响可以忽略时，串联后所实现的带通滤波器的下截止频率就是高通滤波器的下截止频率 $f_{c1}=1/(2\pi\tau_1)$；上截止频率就是低通滤波器的上截止频率 $f_{c2}=1/(2\pi\tau_2)$。其余特性请读者自行分析。

5.4.3 有源 *RC* 滤波器

无源 *RC* 滤波器有两个缺点。一是滤波器的阶次不高，故频率选择性较差。采用多级串联虽然可以提高滤波器的阶次，改善选择性，但存在级间的相互影响，负载效应严重。二是滤波器无增益。由运算放大器及 *RC* 电路所构成有源滤波器可以较好地解决这两个问题，同时由于有源器件可以不断地补充由电阻 *R* 所带来的损耗，使滤波器的品质因数得到了很大提高。有源滤波器的结构简单，调整方便，在现代测试装置中得到了广泛的应用。

（1）一阶有源*RC* 滤波器

一阶有源 *RC* 滤波器是将前述的无源 *RC* 滤波网络接入到运算放大器的输入端或反馈回路上而构成。

图 5-41 是将无源 *RC* 低通滤波网络接到了运算放大器的同相输入端上而构成一阶有源

RC 低通滤波器，电路中运算放大器起隔离、放大以及提高负载能力的作用。该滤波器的传递函数 $H(s)=K/(1+RCs)$，上截止频率 $f_{c2}=1/(2\pi RC)$，通带增益 $K=1+R_f/R_1$。

图 5-42 是将无源 RC 低通滤波网络接到了运算放大器的反馈回路中，信号由运算放大器的反相端输入。理论分析表明，这样的连接所获得的也是一阶有源 RC 低通滤波器，其传递函数 $H(s)=K/(1+R_fCs)$，上截止频率 $f_{c2}=1/(2\pi R_fC)$，通带增益 $K=-R_f/R_1$。

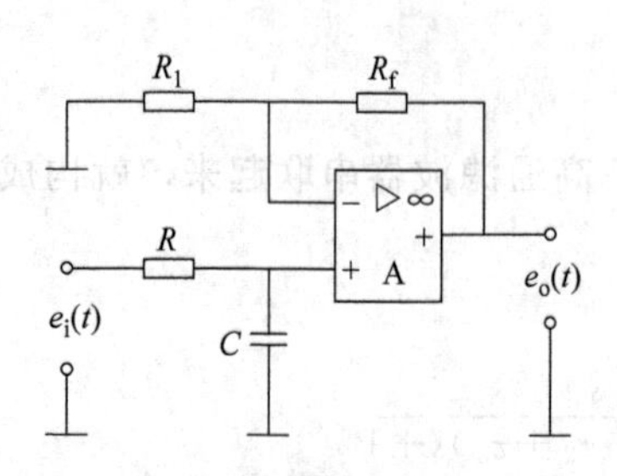

图 5-41 一阶有源低通滤波器（同相输入）

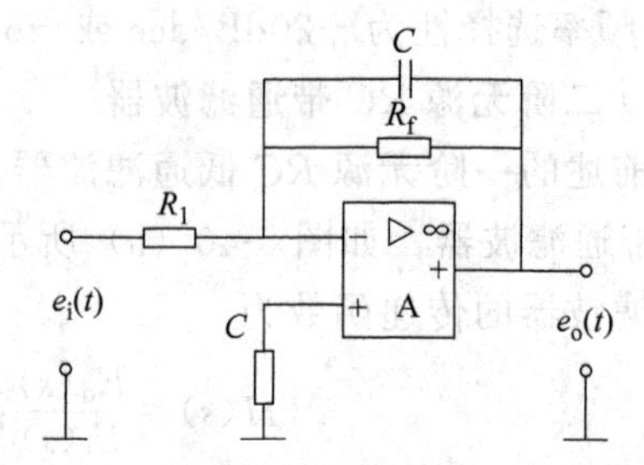

图 5-42 一阶有源低通滤波器（反相输入）

一阶有源 RC 滤波器虽然在负载效应、增益等方面优于无源 RC 滤波器，但仍存在着频率选择性差、幅频特性及相频特性不好等弱点。

（2）二阶有源 RC 滤波器

理论分析表明，n 阶滤波器的频率选择性为 $-(20n)$ dB/dec，因此高阶滤波器的频率选择性要比低阶滤波器好。二阶有源 RC 滤波器的频率选择性为 -40dB/dec，是测试电路中使用最多的一类滤波器。由于二阶有源 RC 滤波器的特性分析较复杂，因此下面仅给出两种基本类型的二阶有源 RC 滤波器的电路结构及主要特性参数的结果，详细情况请参阅其他文献。

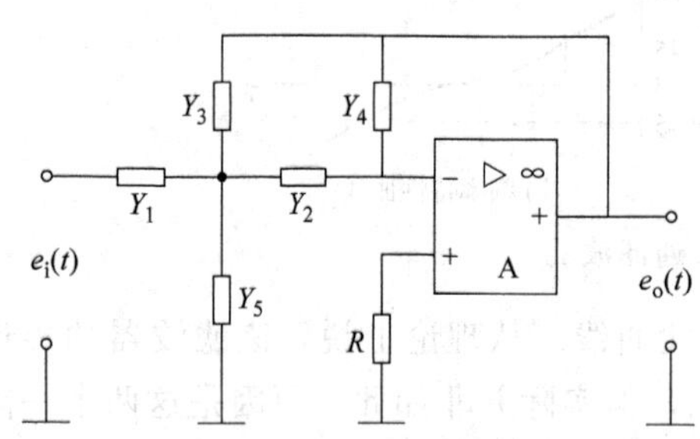

图 5-43 无限增益多路负反馈型二阶有源 RC 滤波器的电路基本结构

① 无限增益多路负反馈型　图 5-43 是由单一运算放大器构成的无限增益多路负反馈型二阶有源 RC 滤波器的电路基本结构，其传递函数为

$$H(s)=-\frac{Y_1Y_2}{(Y_1+Y_2+Y_3+Y_5)Y_4+Y_2Y_3} \tag{5-42}$$

式中，$Y_1 \sim Y_5$ 为所在位置元件的复数导纳。将 $Y_1 \sim Y_5$ 选为适当的 RC 元件，即可构成低通、高通、带通三种二阶 RC 滤波器，分别如图 5-44、图 5-45、图 5-46 所示。它们的主要特性参数也列于图中。

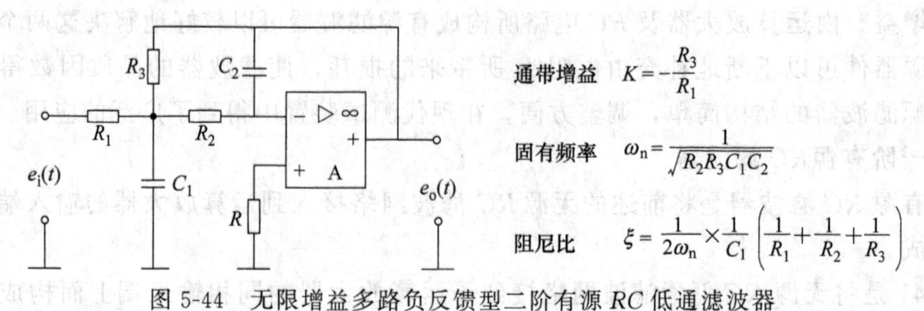

图 5-44 无限增益多路负反馈型二阶有源 RC 低通滤波器

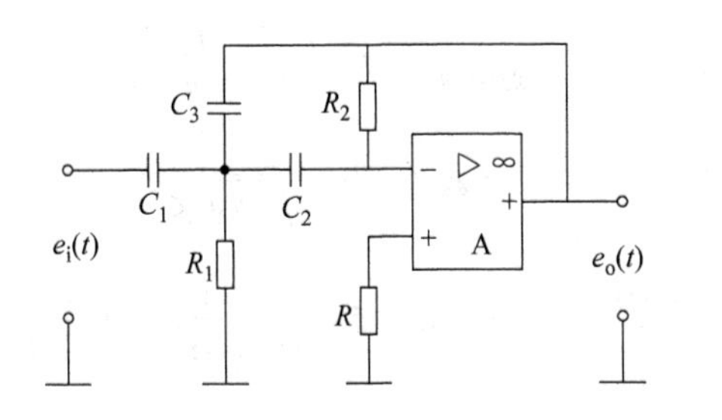

通带增益　$K=-\dfrac{C_1}{C_3}$

固有频率　$\omega_n=\dfrac{1}{\sqrt{R_1R_2C_2C_3}}$

阻尼比　$\xi=\dfrac{1}{2\omega_n}\times\dfrac{C_1+C_2+C_3}{R_2C_2C_3}$

图 5-45　无限增益多路负反馈型二阶有源 RC 高通滤波器

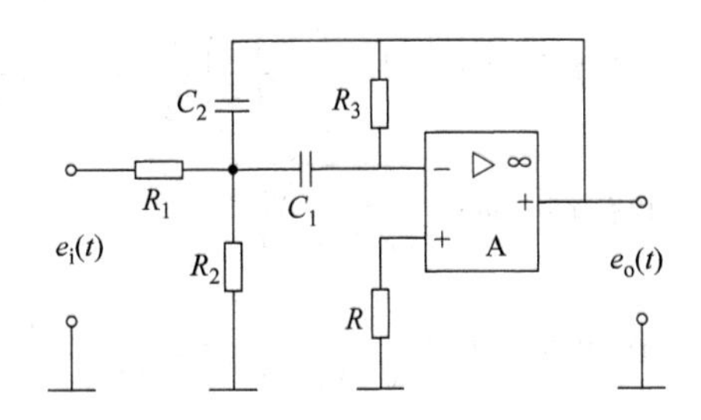

通带增益　$K=-\dfrac{R_3C_1}{R_1(C_1+C_2)}$

固有频率　$\omega_n=\sqrt{\dfrac{R_1+R_2}{R_1R_2R_3C_1C_2}}$

品质因数　$Q=\omega_n R_3\left(\dfrac{1}{C_1}+\dfrac{1}{C_2}\right)^{-1}$

图 5-46　无限增益多路负反馈型二阶有源 RC 带通滤波器

② 压控电压源型　压控电压源型也称为有限电压型，它是把滤波网络接在运算放大器的同相输入端上，因此可以获得较高的输入阻抗。图 5-47 为这种类型的二阶有源 RC 滤波器的电路基本结构。点画线框内由电阻 R、R_0 及运算放大器构成的同相放大器称为压控电压源，$K_f=1+R_0/R$ 称为压控增益。滤波器的传递函数为

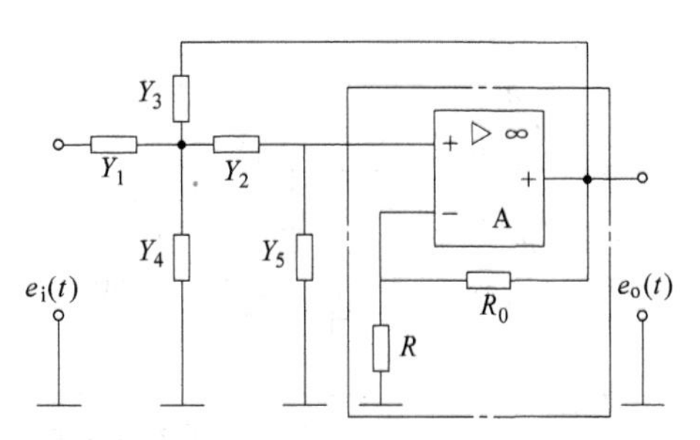

图 5-47　压控电压源型二阶有源 RC 滤波器的基本结构

$$H(s)=\frac{K_fY_1Y_2}{(Y_1+Y_2+Y_3+Y_4)Y_5+[Y_1+(1-K_f)Y_3+Y_4]Y_2} \tag{5-43}$$

以此为基础，通过适当选取 RC 元件，就可构成图 5-48～图 5-51 分别示出的低通、高通、带通、带阻滤波器。

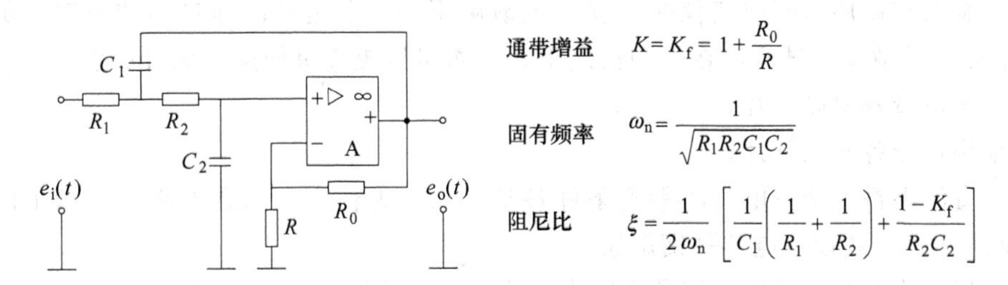

图 5-48　压控电压源型二阶有源 RC 低通滤波器

对于带阻滤波器，为使双 T 网络具有平衡式结构，实用时常取电容 $C_1=C_2=C_3/2=C$ 及 $R_3=R_1//R_2$。图 5-51 中的特性参数就是在此条件下的结果。

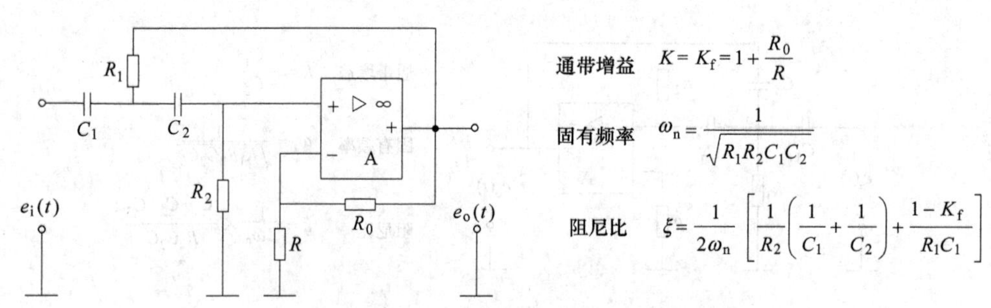

图 5-49 压控电压源型二阶有源 RC 高通滤波器

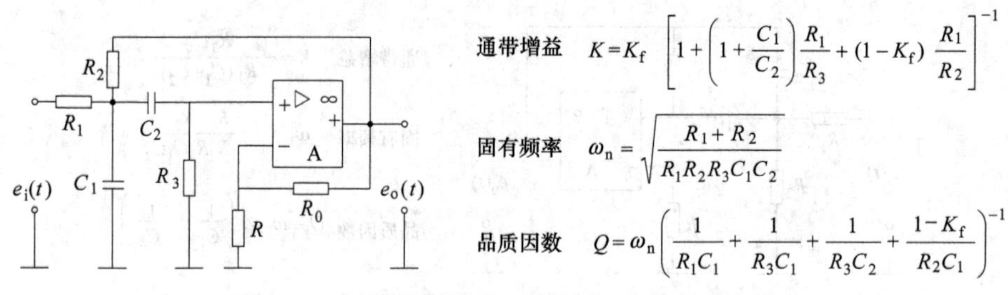

图 5-50 压控电压源型二阶有源 RC 带通滤波器

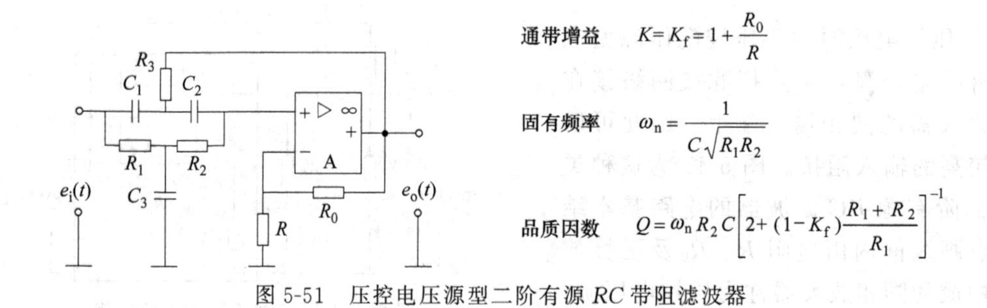

图 5-51 压控电压源型二阶有源 RC 带阻滤波器

思考题与习题

5-1 以阻值 $R=120\Omega$、灵敏度 $S=2$ 的电阻应变片与阻值为 100Ω 的固定电阻组成纯电阻电桥，供桥电压为 $e_s=3\text{V}$，并假设电桥的负载阻抗为无穷大。当工作应变片所感受到的应变为 $2\mu\varepsilon$ 和 $2000\mu\varepsilon$ 时，分别求出半桥单臂、半桥双臂接法的输出电压，并比较这两种接法的灵敏度（注：$\mu\varepsilon$—微应变，$1\mu\varepsilon=10^{-6}$）。

5-2 有人在使用电阻应变仪时，发现灵敏度不够，于是试图通过增加桥臂上的工作应变片数来提高灵敏度。试问，在下列情况下，是否可以提高灵敏度？为什么？

① 半桥双臂各串联一片；

② 半桥双臂各并联一片。

5-3 直流电桥、交流电桥的平衡条件各是什么？为什么在动态电阻应变仪上除了设有电阻平衡旋钮外，还设有电容平衡旋钮？

5-4 带感应耦合臂的电桥有什么特点？举例说明这种电桥的应用。

5-5 为什么在测试装置中广泛使用运算放大器？运算放大器有几个显著特点？

5-6 测量放大器的作用是什么？对测量放大器有哪些基本要求？

5-7 什么是自举电路？简要说明自举电路的工作原理及其应用场合。

5-8　试分析调幅过程中载波频率要比调制信号的频率高许多的原因。若调制信号是一个限带信号（最高频率 f_m 为有限值），载波频率为 f_c，那么 f_m 与 f_c 应满足什么关系？

5-9　在测试装置中为什么经常采用相敏检波器来实现调幅的解调而不是采用普通的二极管包络检波解调？

5-10　为何要对缓变信号进行调制？常用的调制方法有几种？从信号运算角度看，调幅是将调制信号与载波进行什么运算？设调制信号如图 5-52 所示，试分别绘出经电桥调幅及相敏检波器解调后的输出波形，并定性说明幅值及频率的变化。

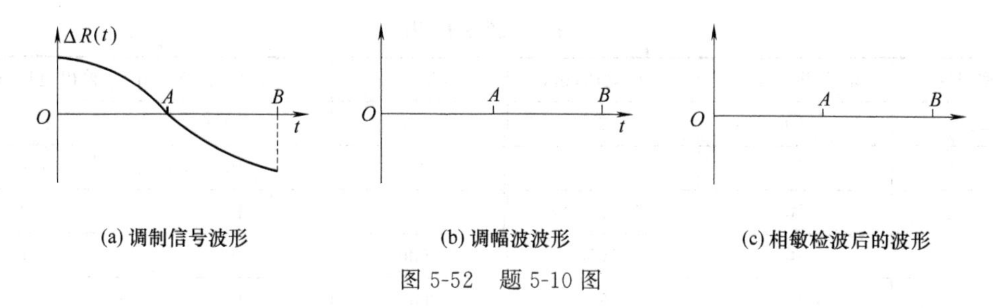

图 5-52　题 5-10 图

5-11　在图 5-53 所示装置中，$x_c(t)$ 为载波，$x_m(t)$ 为调幅波。问该装置能否实现相敏解调，并用波形图作出解释。

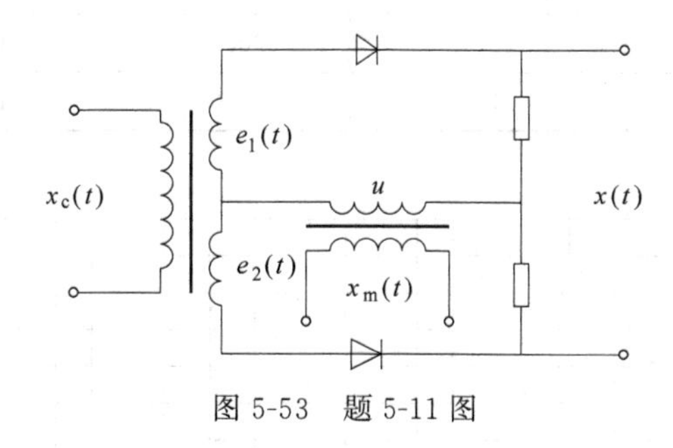

图 5-53　题 5-11 图

5-12　什么是滤波器的频率分辨力？它取决于滤波器的哪个特性参数？

5-13　图 5-54 所示的一阶低通滤波器，$R=1\text{k}\Omega$，$C=4.7\mu\text{F}$。试求该滤波器的截止频率，并求当输入信号 $e_i(t)=100\sin100t+200\sin200t$ 时滤波器的输出信号 $e_o(t)$。

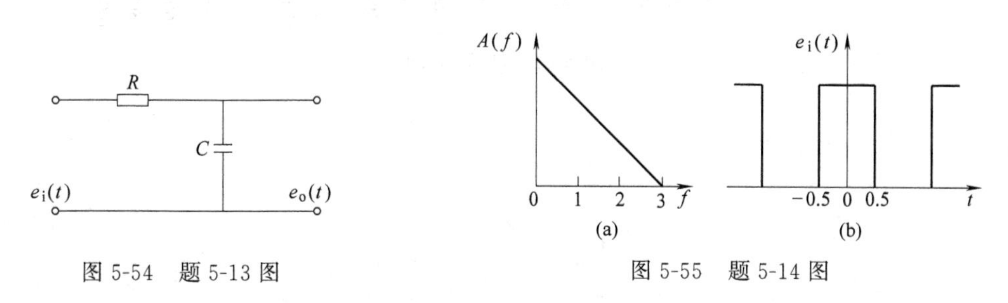

图 5-54　题 5-13 图　　图 5-55　题 5-14 图

5-14　低通滤波器的幅频特性如图 5-55（a）所示，其相频特性 $\varphi(f)=0$。若输入信号为图 5-55（b）所示的方波信号，试求滤波器的输出，并示意绘出输出的波形，注意信号的失真情况。

5-15　在图 5-56 中，$e_i(t)$ 为被测信号，x_n 为工频（50Hz）干扰信号。如果 $e_i(t)$ 为较高频率的正弦信号，为了滤掉干扰信号，在测量装置之后应设置何种滤波器？试说明理由。

5-16　实验测得某带通滤波器在各种频率下的输入、输出电压如表 5-4 所示。

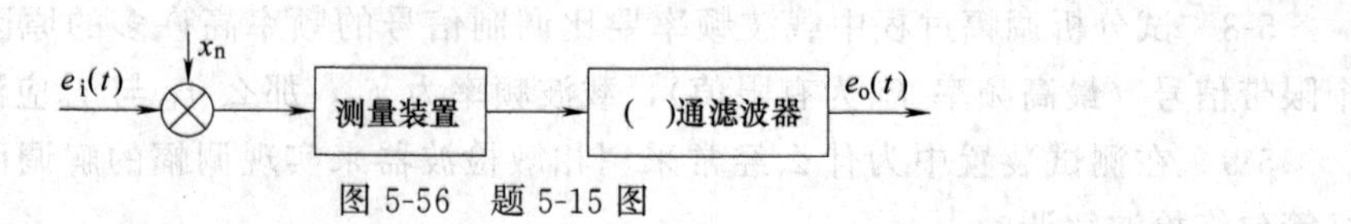

图 5-56　题 5-15 图

① 在图 5-57 上画出 $A(f)$-f 曲线；

② 用作图法估算该滤波器 f_{c1}、f_{c2} 的值；

③ 计算带宽 B 和中心频率 f_0。

表 5-4　题 5-16 表

频率/Hz	输入电压/mV	输出电压/mV	频率/Hz	输入电压/mV	输出电压/mV
20	10	2	600	10	9.5
40	10	3	800	10	9.2
60	10	4.5	1000	10	8.9
80	10	5.5	1500	10	8.1
100	10	7	2000	10	7
150	10	8.1	3000	10	4
200	10	8.6	4000	10	3
300	10	9.2	6000	10	2.8
400	10	9.5	8000	10	2

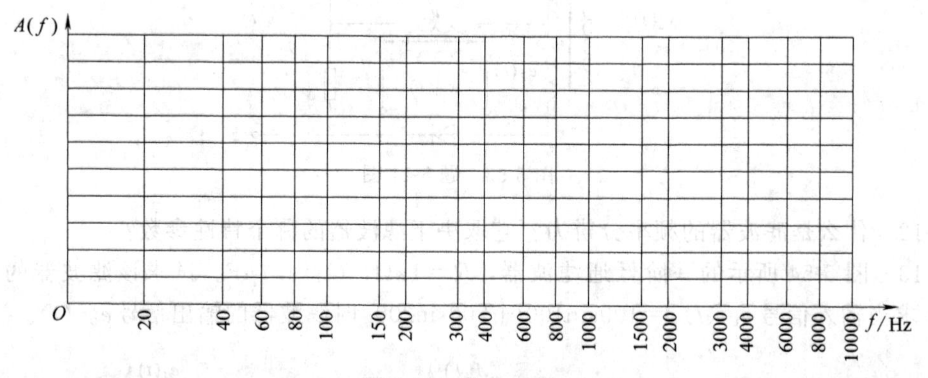

图 5-57　题 5-16 图

第6章　计算机在感测系统中的应用

学习目标：在前面几章的基础之上，本章从宏观上介绍测试系统的构成，突出传感器和计算机的接口。重点掌握传感器和计算机的接口类型，以及常用的接口芯片。

6.1　感测系统的组成

6.1.1　一般感测系统的组成

人类很早就开始进行测试工作了，但迄今为止也很难给测试规定一个明确的定义和工作范围。测试是为了获取有用信息，信息是以信号的形式表现出来的。从一个研究对象上如何估计它的模型结构，如何设计试验方法以最大限度突出所需的信息，并以比较明显的信号形式表现出来，无疑也是测试工作的一部分。测试工作非常复杂，需要多种学科知识的综合运用。从广义上来讲，测试工作涉及试验设计、模型理论、传感器、信号加工与处理、误差理论、控制工程、系统辨识和参数估计等内容。当然根据系统的繁简和要求的不同，很多工作是可以大大简化的。例如，用天平和砝码就可以称重，用一根尺子就可以量布。但是在某些工作中，例如研究大型汽轮发电机组的振动或研究机床的动态特性和合理结构，所进行的测试就相当复杂。

从狭义上来讲，测试工作指在选定激励方式下，信号的检测、变换、处理乃至显示记录或以电量输出测量数据的工作。与之相对应的感测系统的组成如图6-1所示。感测系统是要测出被测对象中人们所需要的某些特性参数信号，不管中间经过多少环节的变换，在这些过程中必须忠实地从信源点把所需信息通过其载体信号传输到输出端。整个过程要求既不失真，也不受干扰。这就要求系统本身既具有不失真传输信号的能力，还需具有在外界各种干扰情况下能够提取和辨识信号中所包含的有用信息的能力。

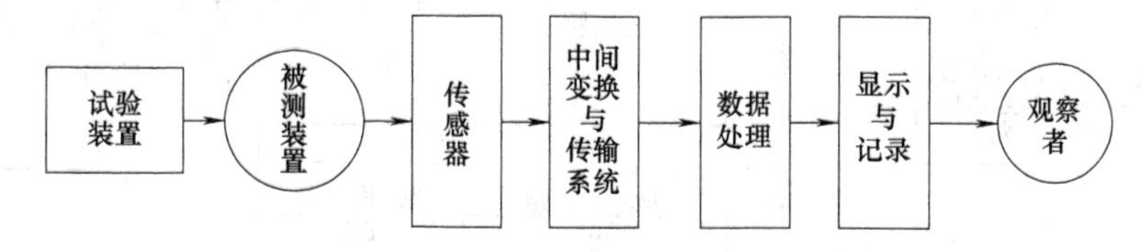

图6-1　感测系统的组成

传感器是感测系统的信号获取部分，它将被测物理量，如力、压力、位移、速度、加速度、温度等非电量转换成以电量为主要形式的信号。简单的传感器可能只由一个敏感元件构成。复杂的传感器不仅包括敏感元件，还包括与传感器相匹配的信号转换电路。有些智能传感器还包括微处理器。传感器是信息的直接采集者，它位于整个测量系统的最前沿，与被测对象直接相连。传感器既要能准确地感受被测物理量，并在转换成电量后不失真地传输给下一级，又不能给被测对象以过大影响。

中间变换电路对传感器所输出的信号进行加工，如阻抗变换、信号放大、调制与解调，以及将模拟信号转换成数字编码信号等。经过这些信号变换使传感器输出的信号变为合乎需要的，且便于输送、显示或记录，以及可作进一步处理的信号。中间变换装置依测量任务的不同而有很大的伸缩性，如在简单的测量中可能完全省略，将传感器的输出直接进行显示或记录。在一般的测量任务中，信号的放大、调制与解调、滤波等转换环节是不可缺少的，可能包括多台仪器。复杂的测量往往借助于计算机进行数据处理。如果是远距离测量，则数据传输系统是不可少的。

显示与记录部分是将被测信号变为一种能为人们的感觉所理解的形式，以便于观测和分析。可供使用的输出装置有各种类型，常见的有各种指示仪表、记录仪器、显示器及阴极射线管等。对于输出方式也要根据具体任务不同而进行选择，输出方式应该便于观察和对数据的取用。如果整个系统是闭环的，则测量结果需要通过逆变换再和输入进行比较。

6.1.2 计算机控制的感测系统

由于信号分析与处理理论及信号处理技术的迅速发展，特别是计算机技术在信号处理中的广泛应用，近年来已将信号的后续处理部分引入到感测系统中，成为感测系统的有机组成部分，形成较为复杂的计算机控制感测系统。这些信号处理部分无论是对模拟信号处理，还是对基于数字计算机技术的数字信号处理，都是将所测信号作进一步变换、运算，从原始的测试信号中提取表征被测对象某一方面本质信息的特征量，以利于人们对客观事物动态过程的更深入认识。

(1) 典型的计算机数据采集/控制系统

早期的数据采集系统是由相对独立的分立元件组成的，结构庞大，可靠性差，无数据处理能力，精度低，而且几乎都是专用系统。随着微型计算机的普及，数据采集系统的面貌也焕然一新，计算机对数据具有计算、分析和判断的能力，因此又称为自动数据分析系统或智能感测系统。这种系统是由包括微型计算机在内的一些模块组成的，由于集成度很高，模块不至于很多，因此结构紧凑，可靠性高。采用硬件和软件相结合的技术，系统具有相当的通用性，性能指标也可达到令人满意的程度。这种系统的基本结构形式如图 6-2 所示。

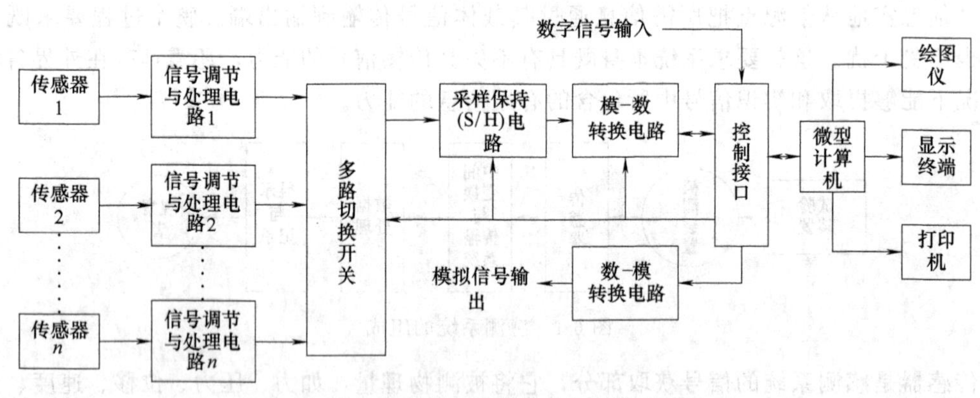

图 6-2 典型计算机数据采集/控制系统

图 6-2 中被测信号经传感器转换成相应的电信号，这是任何非电检测所必不可少的环节。不同的被测物理量采用不同的传感器。例如，若第 1 路被测量是温度，其传感器可以是热电偶；第 2 路是力，其传感器可以是应变片等。

传感器输出的信号不能直接送到输出设备进行显示或记录，需要进一步处理。信号的处理由两部分完成，即模拟信号处理和数字信号处理。后者由计算机承担。计算机以前的信号处理往往是模拟信号处理。其中，模-数（A/D）转换是关键环节，它的作用是将模拟量转换为数字量以适应计算机工作，在此以后的全部信号都是数字信号。

模拟信号调节与处理的内容是相当丰富的。信号调节的主要作用是使传感器的输出信号与A/D转换器相适配，例如A/D转换的电平是0～5V，而传感器输出电平仅几毫伏，这时必须采取放大措施以减小量化误差。放大器输出电平愈接近A/D输入的满标，相对误差也就愈小，这时的信号调节器是放大器。当然，若传感器输出电平过高，则信号调节器应是衰减器。如果在传感器输出信号中或在传输过程中混入了虚假成分，就需要进行滤波、压缩频带，用以降低采样率。另外，阻抗变换、屏蔽接地、调制与解调及信号线性化等，皆属处理范畴。

注意到被测信号有n个，相应的n个通道共享一个A/D转换器，这样做的目的是为了降低成本、减小体积。为了使各路信号互不混叠，系统中必须采用模拟多路切换开关。切换开关相当于一个单刀多掷（这里为n掷）开关，它的作用是把各路信号按预定时序分时地与采样保持电路接通。采样保持电路的引入是因为A/D转换需要一定的时间，在转换期间模拟信号应保持不变。

带计算机的感测系统的性能是很高的。计算机引入感测系统后具有以下优点。

① 使测试自动化。由于计算机具有信号存储、判断和处理能力，所以能控制开关通断、量程自动切换、系统自动校准、自动诊断故障、结果自动输出等。总之，计算机是感测系统的神经中枢，它使整个系统成为一个有机的整体，使测试实现了自动化，从而大大提高了测试速度。

② 提高测试精度。外界的干扰、内部的噪声、电源的波动、温度的变化及器件的非线性等，必然会降低测试精度。引入微型计算机后，系统可以进行数字滤波，对器件的非线性进行校正，系统可以进行自动校准以消除系统误差，多次重复测量可削弱随机误差，从而可将测试精度提高很多。

③ 通过数据变换实现对多种参数的测试。测频率后，通过倒数变换可得周期；测正弦信号的峰值可求得有效值；时域数据通过快速傅里叶变换（FFT）可得到相应的频域数据；可求得信号的最大值、最小值及平均值等。

④ 降低了感测系统成本。由于用软件代替了部分硬件的功能，各种运算器、比较器、滤波器、线性化器、定时器等都可由计算机承担，省去一大批硬件，从而降低了系统的成本。随着计算机的性能不断提高，价格逐年下降，这一优点今后将更加突出。

⑤ 提高了系统的可靠性。由于计算机有分析、判断的能力，因此它作为过程控制的核心——决策机构是毋庸置疑的。

测量结果由计算机通过接口电路送给输出设备。输出设备可采用数字显示、打印机或绘图仪。如果需要观察或记录被测信号的波形，可用数-模（D/A）转换器把计算机输出的数字量恢复成模拟量，然后用示波器或X-Y记录仪显示或记录，也可将数字量直接送到显示终端绘制波形。D/A转换器输出的模拟信号也可作为控制信号。

（2）分散型数据采集系统

图6-2所示的典型系统中，各通道共享一个A/D转换器，其优点是以较低的成本来采集多路信号，但这是以牺牲精度为代价的。这是因为模拟多路切换开关并非是理想开关，易受失调电压、开关噪声、非线性和信号之间窜扰的影响。因此，各路信号及其干扰都会或多或少地窜到A/D转换器端。采用图6-3所示的分散型数据采集系统可以克服上述缺点。其特点是各通道独自备有一个A/D转换器，因此进入数字多路开关的信号都是位串行的数字

信号，其电平只有高电平与低电平（即“1”与“0”）之分，任何干扰信号要使高、低电平翻转，必须具有相当强的幅度，这种干扰出现的概率是很小的。因此可以说，这种系统各通道互不影响，各自独立。

必须指出，图6-2所示的方案中，由于各通道互相影响，要使各通道测量指标都能达到要求，不仅公共通道部分需要有高的速度、高的精度和不易受干扰的影响，而且各通道器件都需要严格精选。相比之下，图6-3所示的方案对各路器件的技术要求就不必那么严格了。

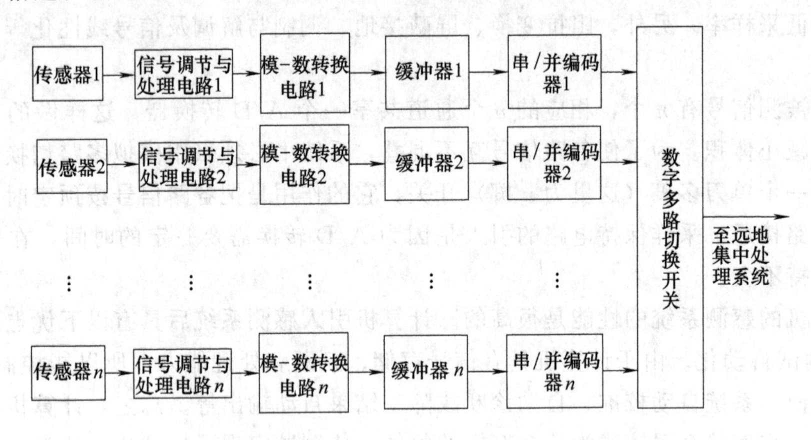

图6-3 分散型数据采集系统

6.2 传感器与计算机的接口

在感测系统中，传感器与计算机的接口是指将模拟式传感器输出的位移、速度、加速度、角位移、角速度、角加速度、压力、流量、温度、扭力、振动等模拟被测物理量，经过放大器、采样保持器、A/D转换器后输入到微型计算机；或将数字式传感器输出的开关式或数字式被测物理量，经过输入调理和缓冲电路后输入到微型计算机。

如果感测系统中所用的微型计算机为嵌入式结构（如单片或多片微处理器芯片），则可以将计算机与系统其他部分有机结合在一起，形成单一式结构。当计算机为扩展式结构时，可以将计算机的I/O总线作为感测系统的接口。

典型的微型计算机数据采集系统方框图如图6-4所示。它的输入信号可分为开关信号、数字信号和模拟信号三类。相应地，传感器与微型计算机的接口有以下三种基本方式。

① 开关量接口方式　开关型传感器输出的是二值信号（逻辑“1”或逻辑“0”），通过三态缓冲器即可传送给计算机。

② 数字量接口方式　数字型传感器输出的是数字量（二进制代码、BCD代码、脉冲序列等），可直接（或通过三态缓冲器）传送给计算机。

③ 模拟量接口方式　计算机处理的是数字信号，而模拟型传感器输出的信号为模拟信号，需要通过A/D转换才能被计算机接收和处理。

6.2.1 开关量输入接口

感测系统中常应用各种按键、继电器和无触点开关（晶体管、晶闸管等）来处理大量的开关量信号，这种信号只有开和关，或者高电平和低电平两种状态，相当于二进制代码的

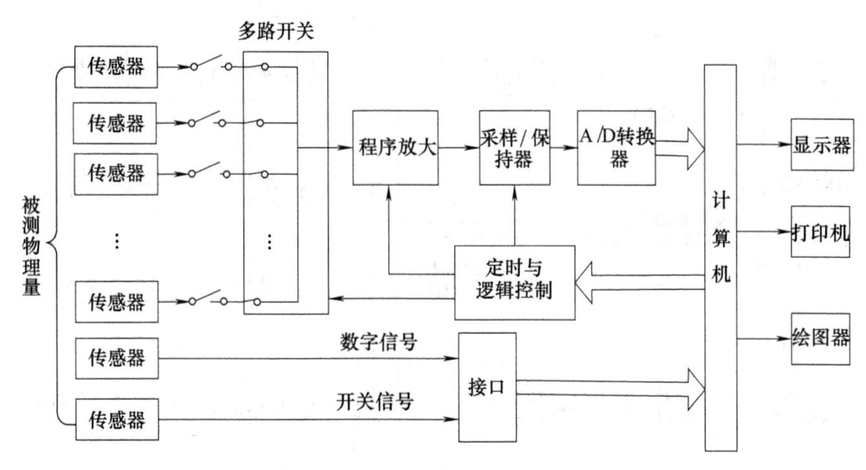

图 6-4　微型计算机数据采集系统方框图

"1"和"0"，处理较为方便。计算机感测系统通过开关量输入接口引入传感器的开关量信号，然后进行必要的处理和操作。

在计算机感测系统中，常采用通用并行 I/O 芯片（例如 8155、8255、8279）来输入开关量信号。若系统不复杂，也可采用三态门缓冲器和锁存器作为 I/O 接口电路。对单片微机而言，因其内部已具有并行 I/O 口，故可直接与外界传输开关量信号。但应注意，开关量输入信号的电平幅度必须与 I/O 芯片的要求相符，若不相符合，则应经过电平转换后，方能输入微机。由于在工业现场中存在各种电场、磁场、噪声等干扰，在输入接口中往往需要设置隔离器件，以抑制干扰的影响。开关量输入接口的主要技术指标是抗干扰能力和可靠性，而不是精度，这一点必须在设计时予以注意。

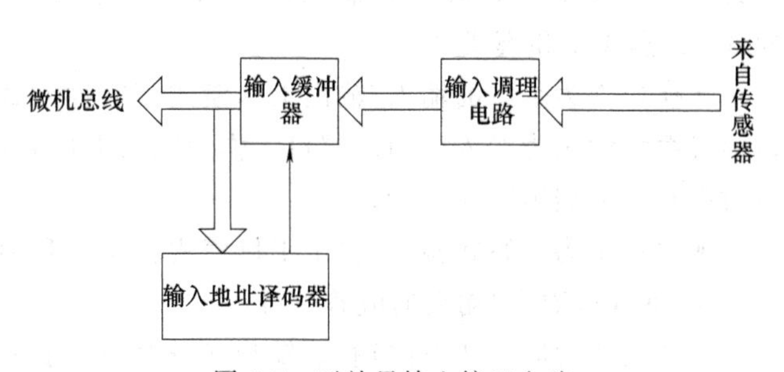

图 6-5　开关量输入接口电路

开关量输入接口电路主要由输入调理电路、输入缓冲器和输入地址译码器等组成，如图 6-5 所示。

6.2.2　数字量输入接口

数字型传感器输出的数字量可通过三态门缓冲器或并行接口芯片传送给计算机。通过三态门缓冲器的输入接口与上面所述的开关量接口相同。以下介绍可编程并行输入/输出接口芯片。

（1）可编程并行输入/输出接口芯片

可编程并行输入/输出接口芯片是微型计算机接口中最常用的芯片，它们的特点是硬件连接简单，接口功能强，使用灵活。图 6-6 所示为 Intel 公司生产的 8255A 可编程并行输入/输出接口芯片的内部结构图。它由以下三部分组成。

① 与微机的接口部分　这部分通过数据缓冲器与内部数据总线相连，缓冲器是 1 个 8 位双向三态门缓冲器。所有的输入/输出数据，以及对 8255A 发出的控制字和从 8255A 读入的状态信息，都是通过这个缓冲器传送的。RD（读）、WR（写）、CS（片选）及 RESET

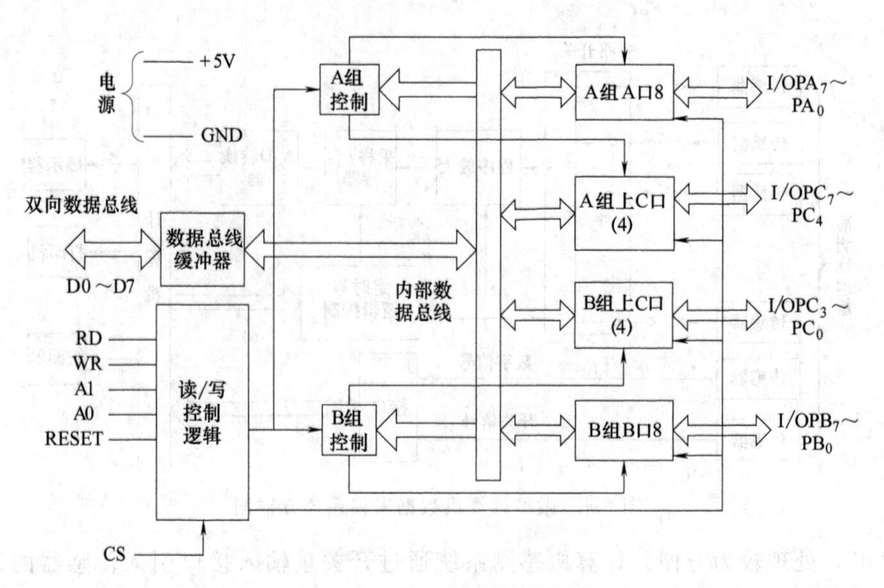

图 6-6　8255A 内部结构图

（复位）是控制信号线。

② 与外设的接口部分　这部分共有 3 个 8 位的端口：A 口、B 口和 C 口。其中 C 口又分为 C 口上半部和 C 口下半部。A、B 和 C 三个端口的工作模式可通过程序来选择，分别是模式 0、模式 1 和模式 2。

• 模式 0 为基本的输入/输出工作模式。这种方式不需要选通信号，任何一个端口都可以通过编程设定为输入或输出端口。作为输入端口时都具有三态门缓冲器功能，作为输出端口时都具有数据锁存器功能。

• 模式 1 为应答式输入/输出工作模式。A 口和 B 口作为 8 位输入或输出端口，C 口作为 A 口和 B 口输入/输出的应答信号。

• 模式 2 为应答式双向输入/输出工作模式。此时 A 口作为双向输入/输出端口，C 口中的 5 位作为相应的应答信号，余下的 B 口和 C 口仍可处于模式 0 工作方式。

③ 逻辑控制部分　8255A 的编程选择是通过将控制字写入控制寄存器来实现的。8255A 可编程并行输入/输出接口芯片的具体使用方法可参阅有关微机原理及接口方面的书籍。

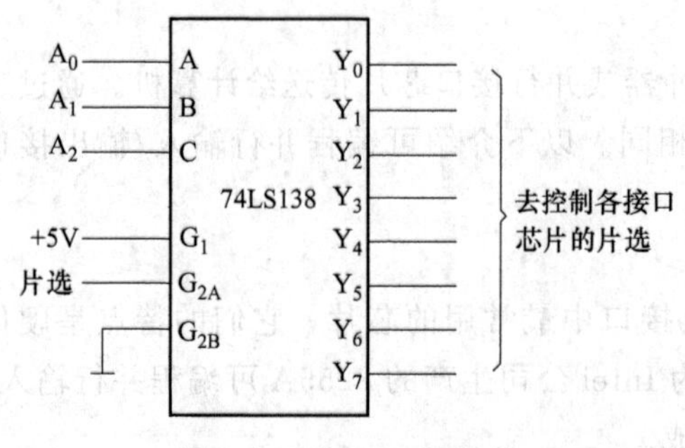

图 6-7　74LS138 译码器

（2）地址译码

在计算机感测系统中，许多接口都挂在总线上，但在任意时刻只能有一个接口通过总线输出数据，或者只能有一个或几个接口读入数据，否则就会造成混乱。某一个接口能否把它的数据送到数据总线上或从数据总线上读出，就看它与数据总线相连的三态门缓冲器或锁存器是否接收到片选信号。片选信号是否出现由计算机的程序所决定。当计算机执行从某一个接口“读数据”的指令时，首先把这个接口的地址放到地址总线上，并使读控制线（RD）变为低电平。各接口的译码电路会对地址线上的地址进行译码，只有地址号与地址总线上被选地址一致的那个接口才被选中，于是该接口上的数字信号就被送到数据总线上供计算机读取。同样计算机向接口“写数据”也有类似的过程。可见译码电路是接口电路的一个重要组成部分。以下以 3-8 译码器 74LS138 为例说明地址译码的原理，如图 6-7 所示。

当图中片选信号为高电平时，芯片未被选中，所有 8 个输出端都为高电平。当片选信号为低电平时，A_0、A_1和 $A_2$3 位二进制数共有 8 个状态，每种状态都对应某一个输出端为低电平，而其他输出端为高电平，片选信号可采用其他译码电路的输出信号构成高位地址××，则 A_0、A_1和 $A_2$8 个状态可以给出××0H～××7H 8 个地址，对应 8 个接口中的某一个被选中。将最终的译码结果 Y_0，Y_1，…，Y_7和计算机的读（或写）信号相“或”，作为输入接口三态门缓冲器的片选信号（或输出接口锁存器的片选信号），就能保证计算机与各接口正常进行数据交换。

6.2.3　模拟量输入接口

对模拟信号的处理主要是为改善传感器输出的模拟信号质量而采取的一系列措施，如信号放大、硬件滤波、函数拟合、非线性补偿、信号的压缩与展开等。模拟信号经处理后，一般需要将模拟量转换成数字量，以便采用计算机系统作进一步的处理、分析和存储等。这种模拟信号到对应数字信号的转换是由模拟量输入接口（模数转换接口）实现的。

模数转换接口的作用是，将传感器模拟接口电路调理过的模拟信号转换成适合计算机处理的数字量，并送入计算机数据通道中。集成 A/D 转换器（简称 ADC）是集成在一块芯片上，完成模拟输入信号向数字信号转换的电路单元。以其为核心，根据需要再附加多路转换开关和采样保持放大器等，就可构成完整的模数转换接口。出于电路成本与性能方面的不同要求，模数转换接口可有不同的结构形式。

图 6-8 所示为高电平单调理电路单 ADC 系统。这种结构具有较低的成本和电路性能，它的特点是全部输入通道共用一路调理电路。另外，为了减小多路开关引入的误差，要求模拟输入具有较高的电平（通常应高于 1V ），否则就需要采用能接收微弱信号的高精度多路模拟开关。

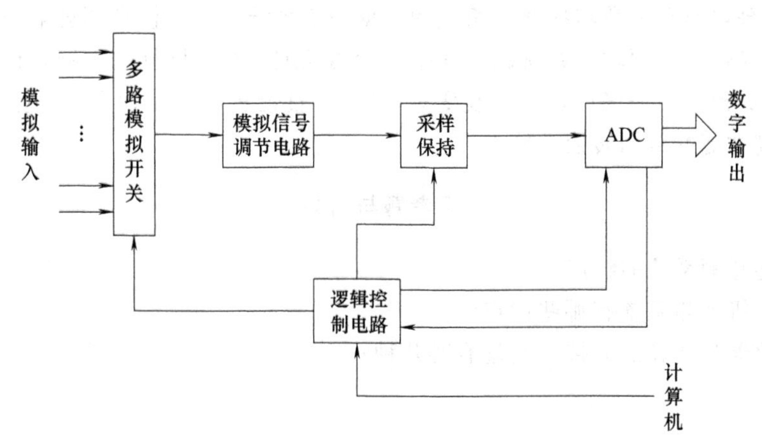

图 6-8　高电平单调理电路单 ADC 系统

图 6-9 所示为低电平多路调理电路单 ADC 系统。它是一种最常见的数据采集系统，具有较高的性能，每个通道均有各自的信号调理电路，通过多路模拟开关分时与采样保持电路相连。这种电路结构中的模拟输入一般为低电平的微弱信号，经过调理电路后，可以将较高的电平送入多路转换开关。由于模拟开关处理的是高电平模拟信号，因此其可能引起的误差

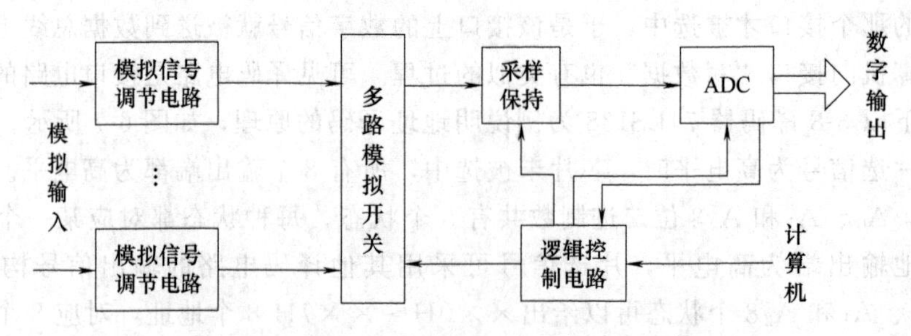

图 6-9 低电平多路调理电路单 ADC 系统

远比图 6-8 所示的误差电路小。

图 6-10 所示为多路调理电路和多路 ADC 系统。它将转换成的数字量自一个多路数字开关送入计算机系统。这种结构的成本较高，但具有较高的性能。

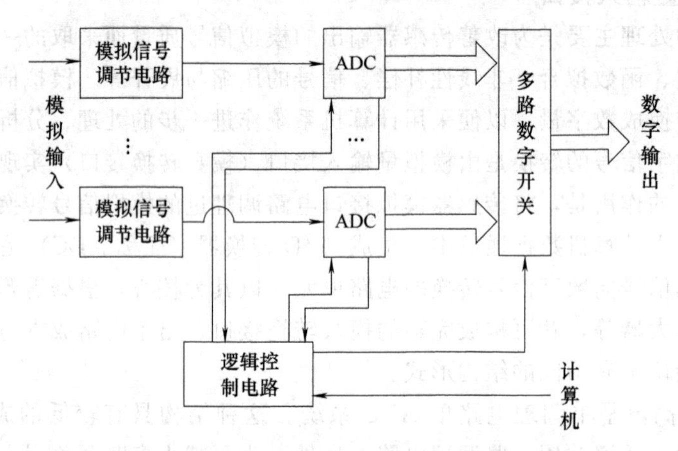

图 6-10 多路调理电路和多路 ADC 系统

模数转换接口除了具有高分辨力和高精度外，还有一个重要的指标就是采样率。对一个由模拟信号调理电路和模数转换接口组成的数据采集系统而言，模拟调理电路的带宽和模数转换接口的转换速度必须均与系统的采样率指标相匹配。对于同样的系统采样率要求，通过采用不同结构的模数转换接口，可以改变对 ADC 的性能要求，从而可以用廉价、低性能的 ADC 实现较高性能的数据转换功能。

思考题与习题

6-1 简述感测系统的组成。

6-2 计算机感测系统有哪些优点？

6-3 传感器与计算机的接口类型有哪几种？

第7章　典型工程参数的测试

学习目标：机械振动、压力、物位以及流量等是实际工程中经常涉及的参数。通过本章的学习，应对这些参数的基本测量方法和测试装置有所了解。重点熟悉机械系统的数学模型、机械振动的概念与种类、惯性式测振传感器的工作原理及结构。

在工程实际中，被测对象及测试要求是各种各样的。例如，位移的测试、速度与加速度的测试、力和应力的测试、流体压力和流量的测试、温度的测试等。本章将介绍几种典型工程参数的测试方法与测试装置。

7.1　机械振动的测试

7.1.1　概述

(1) 机械振动的概念

机械振动（Vibration，以下简称振动）是一种特殊的运动形式。从运动学的角度来讲，振动是指机械系统的某些物理量（如位移）在一定数值附近随时间变化的关系。如果这种关系是确定性的，则称这类振动为确定性振动，如常见的简谐（正弦）振动。另一类振动不能用确切的函数关系来描述，称为非确定性振动或随机振动，如机加工过程中由于材质不均匀和切削深度变化引起的刀架振动。随机振动是自然界最普遍的一种振动形式。

机械振动是工程技术实践和人们日常生活中常见的一种物理现象，汽车、飞机、火箭、船舶、仪器、机械设备、建筑物等在设计、制造和使用过程中都有大量的振动问题需要解决。在大多数情况下振动是有害的，它加速机械的失效，影响机械加工的精度，破坏机械设备的正常工作，甚至造成损坏而发生事故。振动也有其有利的一面，工程中的混凝土捣实机械、振动轧路机、振动筛选机、实效处理装置等，都是利用振动原理进行工作的。

(2) 振动测试的工作内容

① 振动系统基本振动参数的测试　与振动有关的基本振动参数主要是振动的振幅（振动位移）、速度、加速度、激振力。振幅的峰值直接和机构的变形、位移有关，因此对于强度、变形、几何精度研究是很重要的；振动速度的峰值反映振动噪声的大小以及振动系统对振动的敏感性；加速度的峰值与惯性作用力、载荷成正比，对于机械疲劳、冲击等问题的研究有很重要的意义。

简谐振动是最基本的振动形式，其振幅、速度、加速度三个振动参数之间具有微分或积分的关系，它们的频率相同，相位依次相差 $\pi/2$，因此只要测出其中的一个参数，就可以通过运算确定出其他两个。另外，振动的速度、加速度分别与 ω、ω^2 成正比，对于振幅相同但频率不同的振动，它们的速度、加速度可能相差很大。

② 振动系统动态特性的测试　振动系统动态特性的测试与分析是一项非常重要的工作，它是通过机械阻抗试验（也称为频率响应试验）来实现的。试验中以一定的某种激振力作用

在被测系统的指定部位上，测出该激振力（系统的输入）以及系统各点的振动响应（系统的输出），就可以通过分析计算得到系统的动态特性（频率响应函数、传递函数）以及其他特性参数（固有频率、阻尼比、刚度、振型等）。

③ 振动信号的分析　利用谱分析、相关分析、相关滤波、外差跟踪滤波、小波分析等技术，对振动信号进行分析，以确定振源及噪声源、诊断故障、寻找信号传输通道、分析振型及模态等，为振动的校正及消除（如转子的静、动平衡，隔振消声，结构参数优化设计等）提供依据。

（3）机械振动的分类

机械振动可以从不同角度来分类，见表 7-1。

表 7-1　机械振动的分类

分类依据	振动名称	主要特征及说明
按产生振动的原因分	自由振动	当振动状态偏离其平衡位置时仅靠重力或弹性恢复力就能维持持续振动的振动。如果系统存在阻尼，则振动将逐渐衰减
	受迫振动	在外部激振因素的持续作用下系统被迫产生的振动。系统的振动状态与其本身的振动特性参数及外部因素作用的大小、频率、方向等因素有关
	自激振动	系统在无外部激振因素作用的情况下由于系统本身原因而产生的振动
按振动参数随时间的变化规律分	周期振动	振动的状态参数随时间呈周期变化的振动。简谐振动就是一种最基本的周期振动，其他周期振动可以通过傅里叶级数分解成若干简谐振动
	非周期振动	振动的状态参数随时间呈非周期变化的振动(也称为瞬态振动)。周期和非周期振动的共同特征是可以用确定的数学关系式描述振动规律
	随机振动	不能用确定的数学关系式描述振动规律的振动。随机振动只能用统计方法估计其振动参数
按振动自由度分	单自由度振动	振动沿一个坐标方向进行
	多自由度振动	振动沿多个坐标方向进行

（4）机械振动系统的力学模型

对于一般的机械系统来说，通常都可以近似成一个二阶的“质量-弹簧-阻尼”系统，如图 7-1 所示。

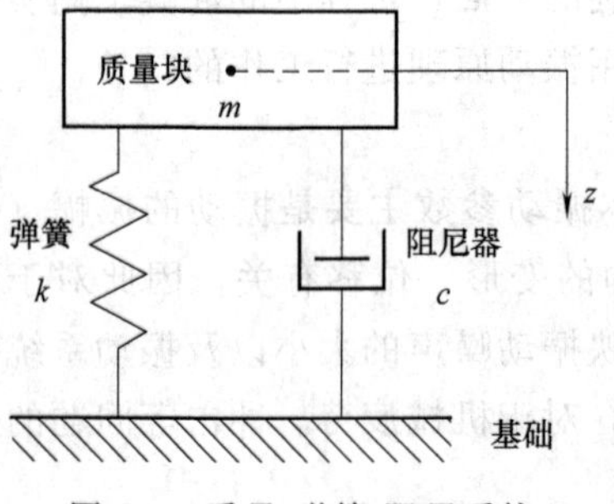

图 7-1　质量-弹簧-阻尼系统

在该模型中，机械系统的所有质量被简化为一集中质量 m，并被一刚度为 k 和一黏性阻尼系数为 c 的阻尼器所支承，在外部作用下只沿一个 z 方向振动。通常假设系统为线性时不变系统（m、k、c 均不随时间变化）。

（5）机械振动系统的受迫振动

一般机械系统的振动除少数属于自激振动外，大部分为受迫振动。如测振传感器因放在被测对象上所感受的振动、机床运转时因传动齿轮的齿形误差而引起的振动等。机械系统的受迫振动可以分为两大类——由作用在质量上的力所引起的受迫振动以及由基础运动所引起的受迫振动，它们是机械系统振动和测振传感器工作的理论基础。

① 由作用在质量块上的力所引起的受迫振动　如图 7-2 所示的单自由度振动系统，质量块 m 在外部交变力 $f(t)$ 作用下产生振动 $z(t)$（简记为 z）。质量块的振动方程为

$$m\frac{\mathrm{d}^2 z}{\mathrm{d}t^2}+c\frac{\mathrm{d}z}{\mathrm{d}t}+kz=f(t) \tag{7-1}$$

式中，z 为质量块 m 振动的振幅，$\dot{z}=\frac{\mathrm{d}z}{\mathrm{d}t}$ 为振动速度，$\ddot{z}=\frac{\mathrm{d}^2 z}{\mathrm{d}t^2}$ 为振动加速度。以此为理论基础，可以通过机械阻抗试验研究振动系统的动态特性。

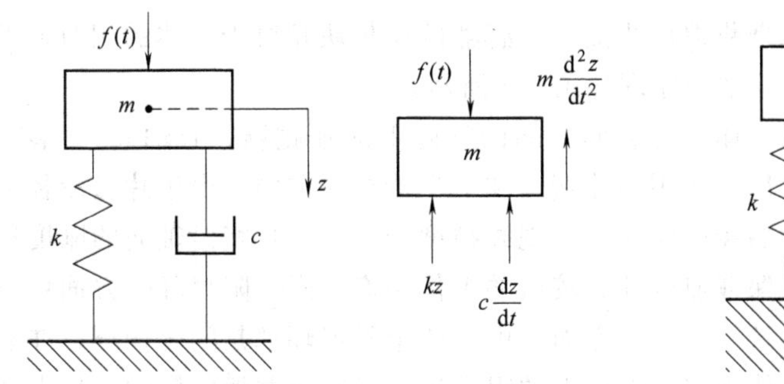

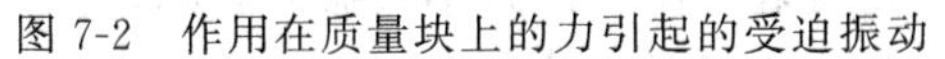
图 7-2　作用在质量块上的力引起的受迫振动

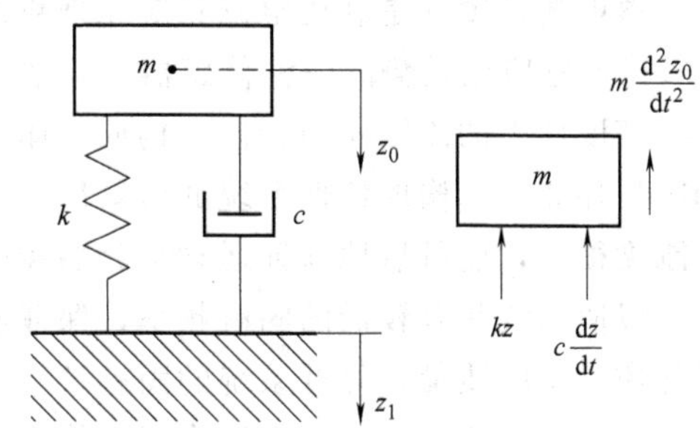

图 7-3　基础运动引起的受迫振动

② 由基础运动所引起的受迫振动　在许多情况下，机械系统的受迫振动都是由基础运动引起的（见图 7-3)，如测振传感器置于被测物体上所感受的振动等。这种振动的运动方程为

$$m\frac{\mathrm{d}^2 z_0}{\mathrm{d}t^2}+c\frac{\mathrm{d}z}{\mathrm{d}t}+kz=-m\frac{\mathrm{d}^2 z_1}{\mathrm{d}t^2} \tag{7-2}$$

基础运动 z_1 为基础相对大地（惯性参照系）的绝对运动，z_0 为质量块相对大地的绝对运动，z 为质量块相对基础的相对运动，显然有 $z_0=z+z_1$。只要知道了质量块相对于壳体的运动 z，根据式 (7-2) 就可得到被测振动的绝对运动 z_1（振幅、速度、加速度等)。

7.1.2　常用测振传感器

测振设备主要包括各种测振传感器、力传感器、激振器以及各种振动信号分析处理设备。测振传感器也称为拾振器，其种类繁多，除了电容传感器、涡流传感器、激光传感器等非接触式以及应变式等测振传感器外，实际应用较多的是各种惯性式测振传感器。

(1) 惯性式测振传感器的工作原理

惯性式测振传感器是一个用弹性元件把质量块支持在壳体上的有黏性阻尼的单自由度系统（见图 7-4)。工作时，传感器的壳体被紧固在被测物体上并随被测物体一起振动。壳体内的部分称为惯性系统，质量块在基础（壳体）运动 z_1 的激励下产生受迫振动，相对于壳体的运动响应为 z，该相对运动响应随后被其他的传感元件进一步转换成与被测振动的振幅 z_1（或振动速度 $\dot{z}_1$、振动加速度 $\ddot{z}_1$）成比例的电信号输出。

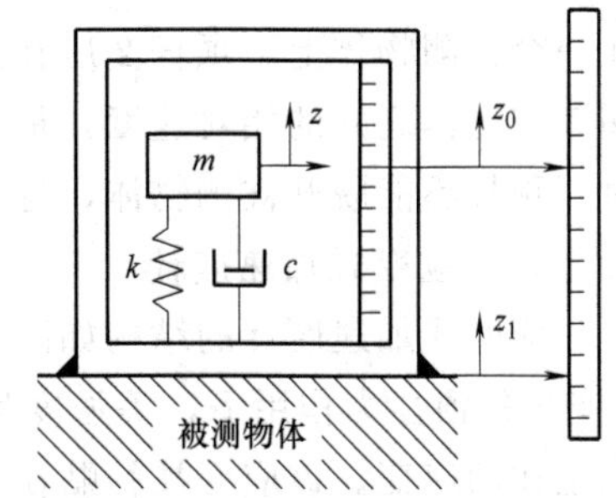

图 7-4　惯性式测振传感器原理

适当设计惯性式测振传感器的结构参数（k、c、m，它们决定着传感器的固有频率 ω_n、阻尼比 ξ 和灵敏度 K）以及对相对运动响应 z（或速度 $\dot{z}$、加速度 $\ddot{z}$）进行转换的传感装置，可以使其构成振幅（位移）计、速度计、加速度计，在一定的条件下，可以分别实现对被测物体振动的振幅、速度、加速度的不失真测试。通过理论分析可得，振幅计、速度计、加速度计的工作条件分别是 $\omega\gg\omega_n$、

$\omega \gg \omega_n$和$\omega \ll \omega_n$。

需要指出的是，由于惯性式测振传感器工作时都要以一定的方式固定在被测物体上，其本身的质量对被测物体的振动存在负载效应，导致被测振动系统的振动状态发生变化。因此，一般惯性式测振传感器的质量都比较小。

（2）磁电式速度计

磁电式速度计是利用电磁感应原理将惯性式测振传感器的质量块相对于壳体的相对速度$\dot{z}$转换成感应电动势的一种传感器，其结构原理如图7-5所示。

速度计中的磁钢4与壳体2构成一体，在它们之间的气隙形成强磁场。心轴6、线圈5和阻尼环3一起构成惯性系统的质量块，并用两片簧1和7支持在壳体中。由于片簧沿径向的刚度很大，能可靠地保证运动部分的径向位置，实现高精度的对中。片簧沿轴向的刚度很小，以使系统具有较低的固有频率，保证速度计有较低的工作频率下限。阻尼环一方面可以增加质量块的质量，降低系统的固有频率；另一方面，由于两个阻尼环都是闭合铜环，在磁场中运动时会产生一定的阻尼作用，使系统具有较大的阻尼比，以减小共振的影响，扩大速度计的工作频率范围，且有助于迅速衰减因意外瞬态扰动所引起的瞬态振动和冲击。

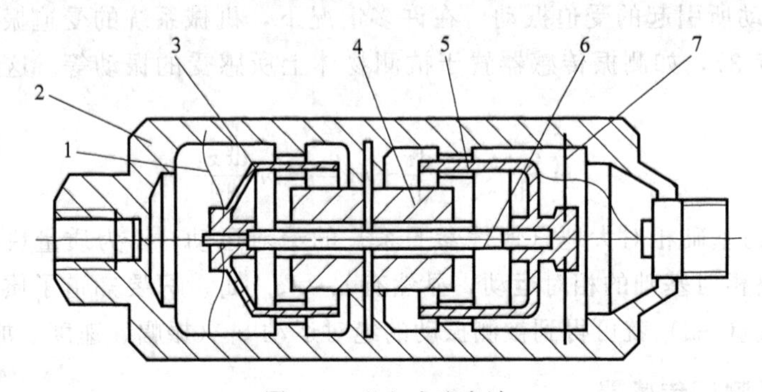

图7-5 磁电式速度计

1,7—片簧；2—壳体；3—阻尼环；4—磁钢；5—线圈；6—心轴

速度计与被测物体紧固在一起，当被测物体沿其轴向振动时，引起整个质量块（包括线圈）对壳体的相对运动，线圈在壳体-磁钢之间的磁场中切割磁力线，其中将产生感应电动势，感应电动势的大小与线圈对壳体的相对运动速度$\dot{z}$成正比。当$\omega \gg \omega_n$时，$A(\omega)_v \approx 1$（输入为相对速度$\dot{z}$，输出为感应电动势）。可以证明，当$\omega \gg \omega_n$时，质量块相对壳体的运动速度$\dot{z}$近似等于被测物体（壳体）振动的绝对速度$\dot{z}_1$，所以速度计输出感应电动势的大小也就正比于被测物体振动的绝对速度$\dot{z}_1$。

图7-6为测量两物体之间相对速度的磁电式相对速度计。使用时，速度计的壳体1固定在一个被测物体上，顶杆2压在另一个被测物体上，两被测物体之间的相对速度就变换成线圈5与壳体之间的相对速度，最终在线圈5中感应出与相对速度成正比的感应电动势。工作时，顶杆不能脱开被测物体，这是靠片簧3、6的预加弹簧力来保证的。

（3）应变式加速度计

应变式加速度计的结构如图7-7所示。当加速度计感受到垂直方向的振动时，在质量块2产生的惯性力作用下，等强度悬臂梁1产生弯曲变形，其上、下表面便产生与振动加速度成正比的应变。该应变被粘贴在表面上的应变片4所感受，再通过电桥及电阻应变仪，就可得到被测振动加速度。

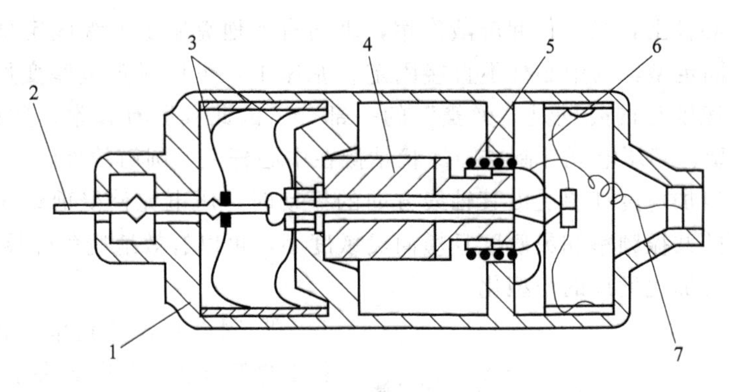

图 7-6　磁电式相对速度计

1—壳体；2—顶杆；3,6—片簧；4—磁钢；5—线圈；7—引出线

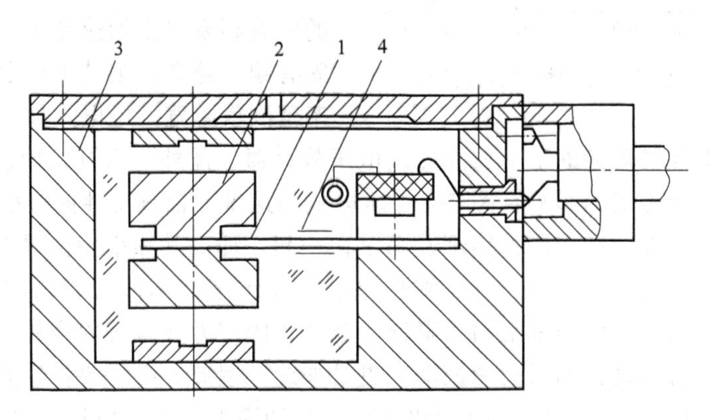

图 7-7　应变式加速度计

1—等强度悬臂梁；2—质量块；3—壳体；4—应变片

应变式加速度计的特点是低频响应特性好，适于测量常值加速度。

(4) 压电式加速度计

惯性式加速度传感器也称为惯性式拾振器，当满足 $\omega \ll \omega_n$ 时，传感器所输出电信号与所感受到的加速度成正比。在各种惯性式加速度传感器中，以压电式加速度计用得最广。

① 结构　图 7-8 为几种常见的压电式加速度计的结构形式。

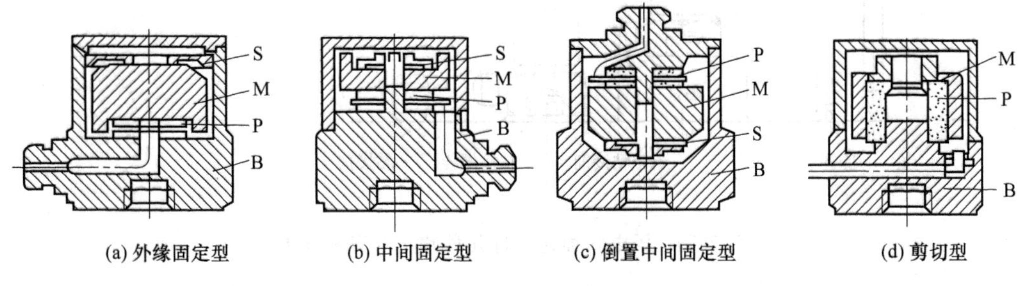

图 7-8　压电式加速度计的结构形式

压电式加速度计主要由压电元件 P、质量块 M、刚度很大的弹簧 S 以及金属基座 B 所组成。图 7-8（a）为外缘固定型，弹簧在外缘处紧固在壳体上。由于这种结构的基座、壳体构成了弹簧-质量系统的一部分，因此外界温度、噪声和被测物体的变形都将通过壳体、基座的变形而直接影响加速度计的输出。图 7-8（b）为中间固定型，质量块、压电元件以及弹

簧都装在一个中心杆上，壳体仅起屏蔽作用，因而有效地克服了外缘固定型的缺点。图 7-8（c）为倒置中间固定型，其中心杆不直接固定在基座上，可以避免基座变形所造成的影响。但这种压电式加速度计的壳壁是“弹簧”的一部分，因此其固有频率、共振频率较低。图 7-8（d）为剪切型，其压电元件制成圆筒状粘接在中心杆上，圆筒的外圆壁上再粘接一个圆筒状的质量块。当加速度计感受沿其轴线方向的振动时，压电元件受剪切应力而产生电荷。这种结构有很高的共振频率和灵敏度且横向灵敏度小，可以有效地避免外界温度变化及噪声的影响，易于实现加速度计的小型化。

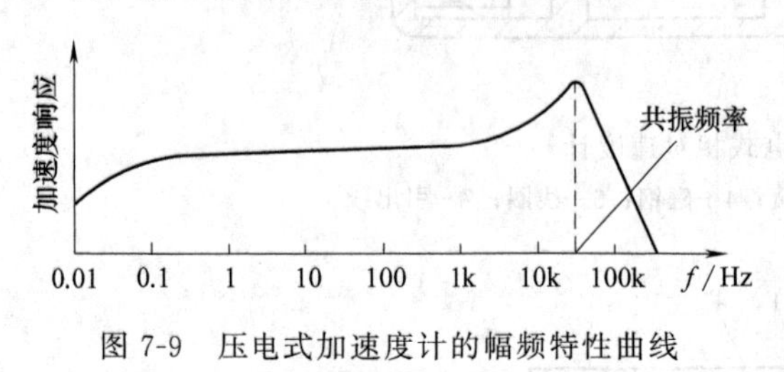

图 7-9 压电式加速度计的幅频特性曲线

② 固定方式与频率特性 压电式加速度计的工作上限频率取决于其共振频率。由于压电式加速计的阻尼比较小（一般 $\xi \leqslant 0.1$），因此共振频率近似等于加速度计的固有频率（由加速度计的结构参数决定），固有频率越高，则其工作频率上限越高，频率范围就越宽。压电式加速度计的下限频率则主要取决于压电元件后接的电荷放大器或电压放大器。此外，压电式加速度计的总体频率特性还要受到其固定方式的影响。图 7-9 为压电式加速度计幅频特性曲线的一般情况。

如果压电式加速度计和被测物体刚性固定在一起，那么其频率特性只取决于加速度计和后接测量电路。但在实际中，都是以非刚性的方式固定加速度计，此时的加速度计的频率特性就要受到影响，造成工作频率范围的降低。此外，固定方式是否妥当往往直接影响加速度计测量的可靠性，特别是在测量高频振动时更是如此。因此，必须要根据具体的测试条件选择适当的加速度计固定方式。图 7-10 示出了压电式加速度计的几种常用的安装方式。

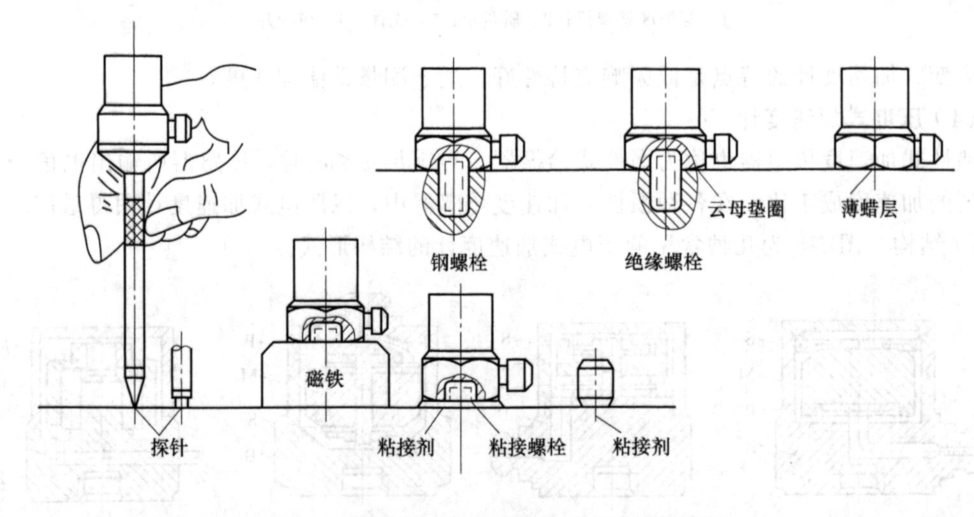

图 7-10 压电式加速度计几种常用的安装方法

用钢制双头螺栓将加速度计固定在光滑平面上的方法是最好的方法。安装时应防止螺栓过分拧进加速度计基座的螺孔中，以免引起基座的变形而影响加速度计的输出。若安装表面不够平整，可在表面上涂一层硅润滑脂，以增加固定刚度。需要绝缘时，可用绝缘螺栓和云母垫圈来固定加速度计。云母垫圈有很好的频率响应特性，但云母垫圈要尽可能薄。在低温条件下，可用一层薄蜡将加速度计黏附在平整的表面上。手持探针测量振动的方法特别适合于振动频率低、测点多的情况。低频测量时，采用专用永久磁铁来固定加速度计也颇为方便，这种固定方法可以使加速度计与被测物体绝缘，由于使用闭合磁路，所以加速度计并不受磁铁的影响，但因磁铁质量的加入增大了负载效应。用粘接螺栓和粘接剂来固定加速度计也经常采用。表 7-2 列出了上述几种加速度传感器安装方式的性能比较。

表 7-2　压电式加速度计各种安装方式性能比较

安装方式 / 性能项目	钢螺栓	绝缘螺栓云母垫片	永久磁铁	手持探针	薄蜡层粘接	粘接剂
共振频率	最高	较高	中	最低，<1kHz	较高	低，<5kHz
加速度负荷	最大	大	中，<100g	小	小	小
其他	适合冲击测试	需绝缘时使用	<150℃	使用方便	温度升高时差	刚性一般

③ 前置放大器与下限频率　压电晶片在受力后所产生的电荷以及晶片两极上的电压都极其微弱，要测出这样微弱的电荷或电压，关键是防止电缆、测量电路和加速度计本身的电荷泄漏。换言之，由于压电式加速度计的内阻极高，与它相连接的前置放大器必须具有更高的输入阻抗才能实现阻抗匹配，减少电荷的泄漏量。

如第 3 章所述，压电式传感器有两种前置放大器——电压放大器和电荷放大器。电压放大器是高输入阻抗的开环比例放大器，其电路比较简单，成本较低，但输出受连接电缆对地电容的影响，低频特性不好，适用于一般振动的测量。电荷放大器是以电容为反馈网络的闭环负反馈放大器，工作时输出基本不受电缆电容的影响，高、低频特性都比较好，但其要求内部元器件的质量较高，因此成本也较高。

压电式加速度计后接电荷放大器时具有“低通”的特性，从理论上讲下限频率为零，因此可用其测量频率极低的振动。但实际上由于在低频小振幅时的加速度值非常小，传感器的灵敏度有限，因此输出信号将很微弱，信噪比很低。另外，电荷的泄漏、电路元器件的各种噪声和漂移都是不可避免的，所以压电式加速度计的下限频率只能是接近于零而不为零，最一般约为 0.01Hz，最低的可达 0.003Hz。

随着微电子技术的发展，出现了集成化加速度计。这种加速度计把体积很小的集成放大器封装在加速度计的壳体内，由它来完成阻抗变换的功能，使加速度计可以使用长电缆而无衰减，并可直接与大多数通用的电子装置（如示波器、记录仪、数字电压表等）相连。

④ 灵敏度　压电式加速度计属于发电型传感器，既可以把它视为电压源，也可以把它视为电荷源，故灵敏度有电压灵敏度和电荷灵敏度两种表示方法。电压灵敏度是单位加速度输入所产生的电压输出［$mV/(m/s^2)$ 或 mV/g，g 为重力加速度］，电荷灵敏度是单位加速度输入所产生的电荷输出［$pC/(m/s^2)$］。通常情况下，压电式加速度计的电压灵敏度在 $0.04 \sim 26mV/(m/s^2)$ 之间，电荷灵敏度在 $0.1 \sim 300pC/(m/s^2)$ 之间。

对给定的压电材料来说，加速度计质量块质量越大、压电晶片数越多，灵敏度就越高。但质量块质量越大，加速度计的固有频率就越低，上限频率也就越低。因此在选用压电式加速度计时要兼顾灵敏度和频率响应特性之间的矛盾。

压电式加速度计的横向灵敏度表示它对横向（垂直于加速度计轴线的方向，即垂直于质量块的运动方向）振动的敏感程度。横向灵敏度常以主灵敏度（即质量块运动方向上的电压灵敏度或电荷灵敏度）的百分数表示。一般在加速度计的壳体上用小红点标出最小横向灵敏度的方向，一个优良的压电式加速度计的横向灵敏度应小于其主灵敏度的 3%。

7.1.3 其他测振设备

(1) 激振器

在各种机械阻抗试验以及振动测试的过程中，经常需要借助一定的装置使试验对象按预期的状态振动起来，这种过程称为激振。常用的激振方法主要有以下三种。

a. 稳态正弦激振　稳态正弦激振又称为简谐激振，是通过激振装置给被测系统施加频率可变的正弦激振力的激振方法，通常是由正弦信号发生器、功率放大器、磁电式激振器（对大型系统激振时也可采用电液式激振器）等组成激振装置。按激振频率变化的方式又可分为点频激振（激振频率不是连续变化，而是逐频率点变化）和扫频激振（激振频率连续地由低至高或由高至低变化）两种。稳态正弦激振的优点是激振功率大，信噪比高，测试精度高，缺点是测试速度较慢。

b. 随机激振　随机激振是一种宽带激振方法，一般用白噪声信号、伪随机信号（粉红噪声）或在实际工况记录下来的随机信号作为激振的信号源。随机激振的优点是测试速度快、效率高，但测试设备复杂，价格也比较昂贵。

c. 瞬态激振　由于瞬态（变）信号具有无限宽的连续频谱，因此用瞬态信号作为激振的信号源可一次激发出各种频率成分。瞬态激振也属于宽带激振，通过测出激振力和响应的自谱密度函数和互谱密度函数就可求得系统的频率响应函数。常用的瞬态激振方式有快速正弦扫描激振、脉冲激振和阶跃（张弛）激振三种方法，其中脉冲激振是应用较为普遍的一种激振方法。它是用一把装有力传感器的锤子——脉冲锤，在极短的时间内敲击被测系统，为其施加一脉冲激振力。

激振装置称为激振器。激振器应能在一定的频率范围内，提供波形良好、幅值足够的交变力和一定的稳定力。交变力使被测系统产生所需要的振动加速度，稳定力使被测系统受到一定的预加载荷。常用的激振器有脉冲锤、电动式激振器、电磁式激振器、电液式激振器等。

① 脉冲锤　脉冲锤用来产生脉冲激振力，其结构如图 7-11 所示。理想的脉冲信号具有无限宽的频带和等强度的频谱，而脉冲锤所产生的脉冲激振力并非是一个理想的脉冲，而是如图 7-12 (a) 所示的近似半正弦波，其频谱如图 7-12 (b) 所示。激振力的大小及脉冲力信号频谱的有效频率范围取决于脉冲锤的质量和敲击时的作用时间，当脉冲锤的质量一定时，则基本上取决于锤头垫材料的软硬程度。锤头垫越硬，敲击时的作用时间越短，激振力

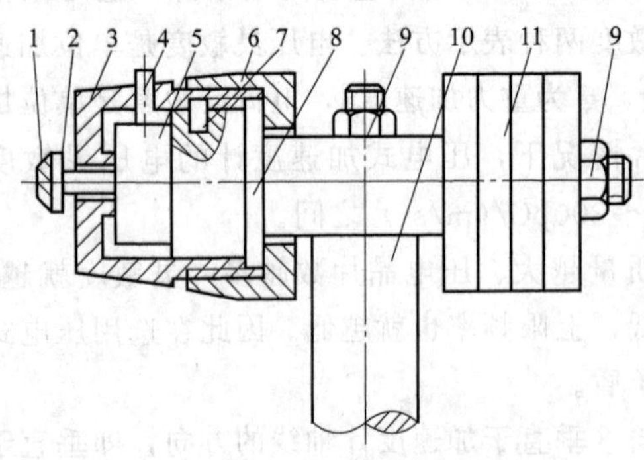

图 7-11　脉冲锤

1—锤头垫；2—锤头；3—压紧套；4—力信号引出线；5—力传感器；6—预紧螺母；7—销；8—锤体；9—螺母；10—锤柄；11—配重块

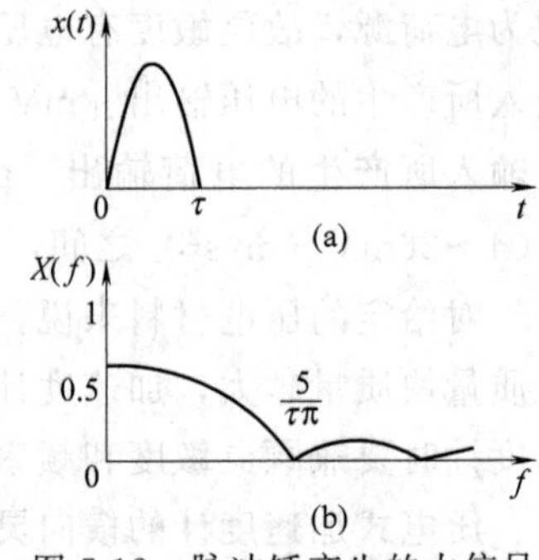

图 7-12　脉冲锤产生的力信号

越大，有效频率范围越宽。因此，只要适当选择锤头垫的材料就可获得所希望的激振频率范围。常用的锤头垫材料主要有钢、黄铜、铝合金、橡胶等。激振力的大小是通过改变脉冲锤配重和敲击加速度进行调节的。脉冲锤激振设备简单，没有负载效应，是一种经常采用的宽带激振方式，但激振力的大小不易控制，要求比较高的操作技巧。

② 电动式激振器　电动式激振器是利用电磁感应原理将电能转换为机械能而对被测系统提供激振力的装置，按其磁场的形成方法分为永磁式和励磁式两种。前者多用于小型激振器，后者多用于较大型的激振器，即激振台。图7-13为电动式激振器的结构。它由支承弹簧1、壳体2、磁钢3、顶杆4、磁极5、铁芯6和驱动线圈7等元件组成。驱动线圈7和顶杆4固接在一起并由支承弹簧1支承在壳体上，使驱动线圈正好位于磁极所形成的高磁通密度的气隙中。根据通电导体在磁场中将要受到电磁力作用的原理，将交变电信号转换成交变激振力。当驱动线圈中有电流 i 通过时，线圈将受到与电流 i 成正比的电动力的作用，此力通过顶杆传到被测系统（试件）上，便是所产生的激振力。

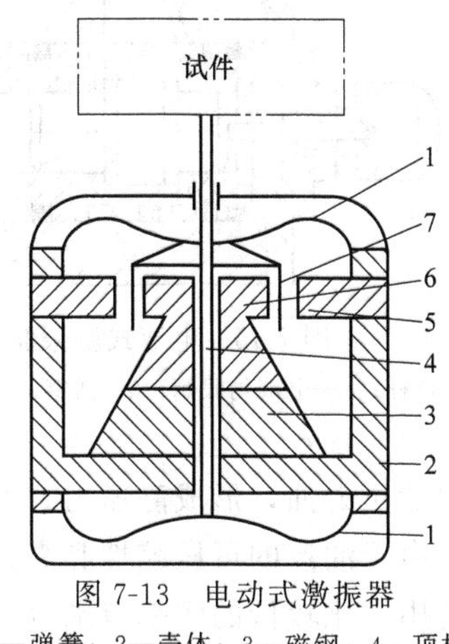

图7-13　电动式激振器

1—弹簧；2—壳体；3—磁钢；4—顶杆；5—磁极；6—铁芯；7—驱动线圈

需要注意的是，由顶杆施加到试件上的激振力一般不等于线圈所受到的电动力，而是等于电动力与激振器运动部件的弹簧力、阻尼力、惯性力的矢量差。只有当激振器的运动部件的质量、支承弹簧的刚度和运动阻尼都等于零时，激振力和电动力才相等。在某些重要的测试工作中，通常不能忽略这些影响，也不能认为激振力和线圈电流 i 成正比。若需要精确了解激振力的大小和相位，比较方便的办法就是在激振器与试件之间加上一个力传感器，由该传感器来检测激振力。

③ 电磁式激振器　电磁式激振器直接利用电磁铁的磁力作为激振力，图7-14为其结构示意图，它主要由铁芯2、励磁线圈3、力检测线圈4、衔铁5和位移传感器6等元件组成。当电流通过励磁线圈时，便产生相应的磁通，从而在铁芯和衔铁之间产生电磁力。若铁芯和衔铁分别固定在两试件上，便可实现两者之间无接触的相对激振。

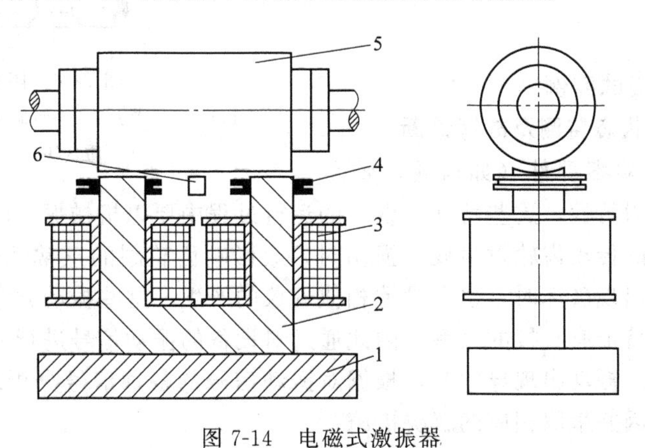

图7-14　电磁式激振器

1—底座；2—铁芯；3—励磁线圈；4—力检测线圈；5—衔铁；6—位移传感器

电磁式激振器的特点是与被测系统（试件）不接触，因此可以对旋转着的或运动着的被

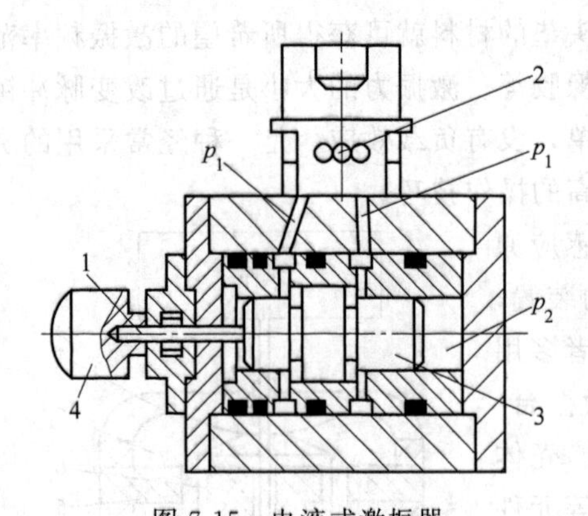

图 7-15 电液式激振器

1—顶杆；2—电液伺服阀；3—活塞；4—力传感器

测系统进行激振。它没有附加质量和刚度的影响，其激振频率的上限约为 500～800Hz 左右。恒力激振时要设置力监视系统，用人工控制或反馈控制进行调节以保证恒定的激振力幅值。

④ 电液式激振器 电液式激振器是根据电-液原理制成的一种激振器，其优点是激振力大，激振位移大，单位力的体积小，适合大型结构的激振试验。图 7-15 为电液式激振器的结构示意图。电液伺服阀 2 由一个微型的电动式激振器、操纵阀和功率阀组成。信号发生器的信号经过放大后操纵电液伺服阀，以控制油路使活塞作往复运动，经顶杆 1 去激励被激对象。活塞 3 的端部注入一定压力的压力油，形成静压力，对被测对象施加预载；力传感器 4 用来测量激振力的大小。

由于油液的可压缩性和高速流动压力油的摩擦，使电液式激振器的高频特性较差，一般只适用于比较低的频率范围（0～100Hz），其波形也比电动式激振器差。

（2）阻抗头

阻抗头是用来测定机械点阻抗的传感器，激振器通过它对被测物体施加激振力，同时也用它测定激振力和被测物体在激振点处的响应。阻抗头内设置两个传感器，一个是力传感器，用来测量施加在被测物体上的激振力；另一个是加速度计，用来测量激振点处的响应。在结构上，应尽可能使两个传感器彼此靠近。图 7-16 所示的阻抗头，其力传感器和加速度计都采用两片锆钛酸铅压电晶片 1 和 4，压电晶片的上面装着钨合金质量块 5。为了使力传感器的激振平台 2 具有刚度大、质量小的性能，采用铍（Be）来制造。整个壳体用钛（Ti）制成。

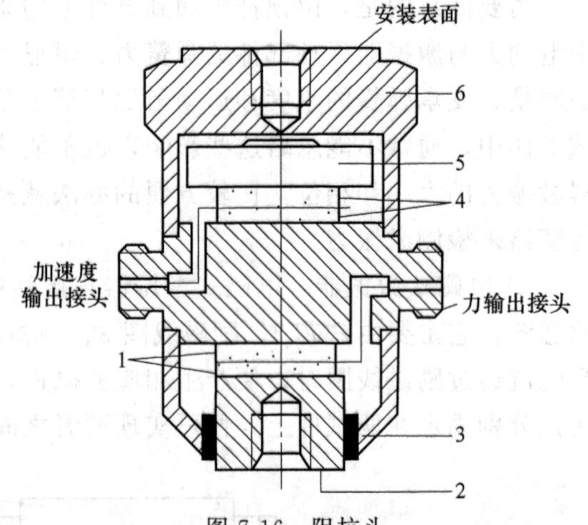

图 7-16 阻抗头

1,4—压电晶片；2—激振平台；3—橡胶圈；5—质量块；6—壳体

7.1.4 振动测试实例

（1）机械运行状态监测及故障诊断

机械设备的运动零部件（如齿轮、轴承等）有其特有的动力特性，这些特性在设备的运行过程中要以机械振动的形式表现出来。例如，机床主轴箱中的传动齿轮发生疲劳损伤时，会影响齿轮副的正常啮合，造成振动加剧；滚动轴承的滚动体出现破坏时，也会导致相似现象的产生。这些振动异常与发生故障的零部件的几何、运动等特征有直接的关系，因此通过对设备的振动信号进行实时监测，就可以监测设备的运行状态。振动出现异常时，根据对振动信号的各种信号分析结果进行故障诊断，发现产生故障的原因并采取相应的解决措施。

图 7-17 为车床主轴箱实时振动监测系统的原理图。压电式加速度计实时拾取主轴箱的振动信号，经电荷放大器处理后送入信号处理系统或计算机进行信号分析。由振动信号的概率密度函数曲线的变化可以判断机床主轴箱工作状态的变化，由振动信号的功率谱、倒频谱

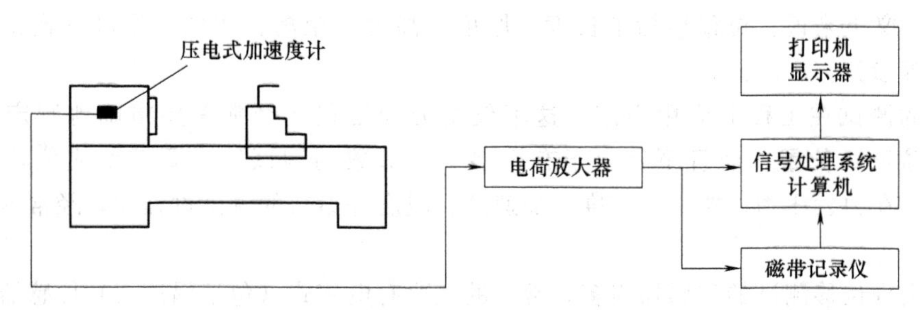

图 7-17　车床主轴箱实时振动监测系统原理图

图等可以判断故障源。

（2）激振实验（动刚度实验）

许多机械设备（如机床）是一个多自由度的弹性系统，具有多个固有频率。为了控制噪声，有时就需要测得这些固有频率以及阻尼比，实现这一目的主要是靠激振实验。

进行激振实验时，在交变外力的作用下，零部件或整台机床产生振动。记录下不同频率时的响应曲线，从而求出其动态特性。激振实验通常用正弦交变激振力进行激振，实验中不断改变激振力的频率，测出不同点上的不同响应。

图 7-18 为激振实验原理方框图。图中的实验系统可分为三部分：激振部分、测振部分、显示记录部分。在激振部分中，由信号发生器产生的正弦信号经过功率放大器使激振器产生一个按正弦规律变化的交变力，交变力的大小可由测力传感器测出。在测振部分中，测振传感器的输出被送到测振仪，测振仪的输出又被送到频谱分析仪。由频谱分析仪和测力仪放大器输出的两个信号通过函数转换器把激振力和振动位移转换成单位力的振幅值，就可得到被测系统的动柔度或动刚度（机械阻抗）。频谱分析仪可完成所需频带的频谱分析。显示记录部分包括相位计和 *X-Y* 记录仪。振动位移相对激振力的相位差由相位计测出，*X-Y* 记录仪则记录下被测系统的幅频特性曲线和相频特性曲线。根据测得的幅频特性曲线及相频特性曲线，可以估计出被测系统的固有频率、阻尼比等参数。

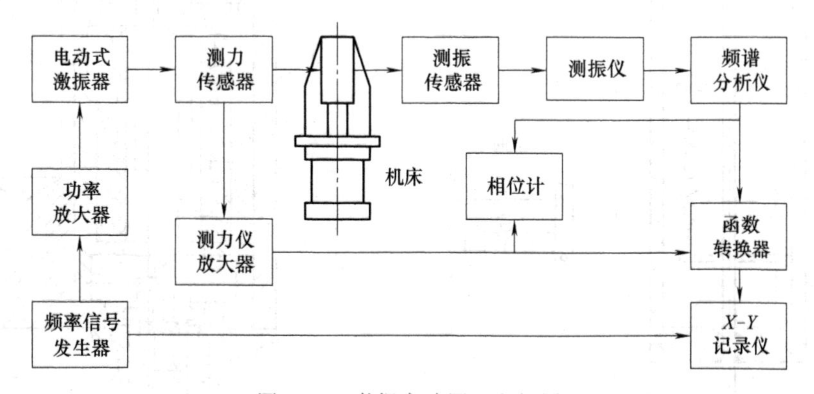

图 7-18　激振实验原理方框图

7.2　位移的测试

7.2.1　概述

位移（Displacement）是线位移和角位移的统称，位移的测试实际上就是长度和角度的测试。从广义上来说，位移包括了长度、厚度、高度、距离、物位、相对位置、表面粗糙度、角度等参数。

位移的测试在工程上应用很广。这不仅是因为工程上经常需要精确地测定尺寸、运动物体的位移、位置，而且更是由于有许多工程参数的测试往往要转变成位移测试的缘故。例如，在力、压力、扭矩、速度、加速度、温度等参数的测试过程中，经常涉及位移的测试。

能够实现位移测试的传感器很多，常用的主要有电感式（包括涡流式）传感器、电容式传感器、光栅式传感器、感应同步器、激光式传感器等。近年来，又有许多新型位移传感器问世，如光纤传感器、CCD 传感器等，为位移的测试提供了新的手段和途径。

7.2.2　常用位移传感器

（1）电阻应变式位移传感器

将电阻应变片粘贴在弹性元件上，利用弹性元件变形时应变片电阻的变化，就可以测量位移。在这类传感器中，弹性元件（通常为悬臂梁-弹簧组合）的刚度应比较小，否则会因弹性恢复力过大而影响被测物体的运动。电阻应变式位移传感器一般用于小位移（0.1μm～0.1mm）的测量，测量精度优于 2%，线性度为 0.1%～0.5%。

图 7-19 为电阻应变式位移传感器的工作原理示意图。当测点位移传递给测杆 5 后，测杆带动固定在其上的拉簧 4 运动使拉簧伸长，并使悬臂梁 1 产生变形。在矩形截面的悬臂梁根部的正反两面上贴有四个应变片 2，它们组成全桥，将因测杆位移所产生的应变线性地转换成电信号输出。

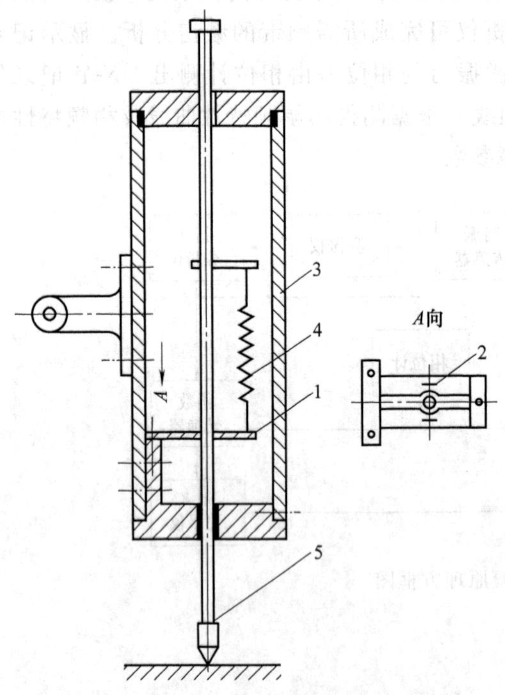

图 7-19　电阻应变式位移传感器工作原理图

1—悬臂梁；2—应变片；3—壳体架；4—拉簧；5—测杆

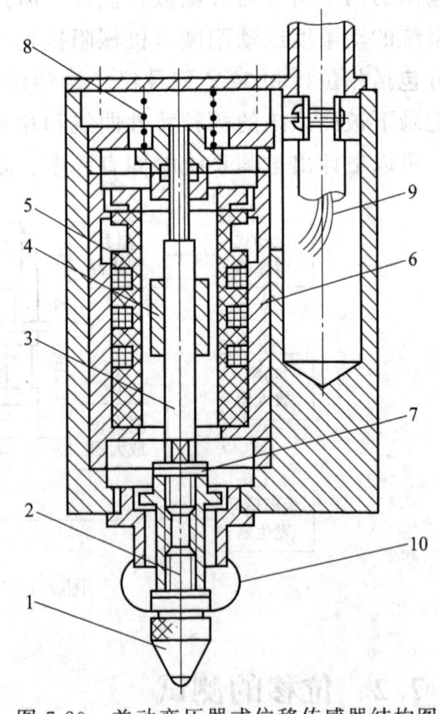

图 7-20　差动变压器式位移传感器结构图

1—测头；2—轴套；3—测杆；4—衔铁；5—线圈架；6—屏蔽筒；7—圆片弹簧；8—弹簧；9—导线；10—防尘罩

（2）电感式位移传感器

目前，电感式位移传感器中使用最为普遍的是差动螺管式自感传感器和差动变压器式互感传感器。

图 7-20 是差动变压器式位移传感器的结构图。测头 1 通过轴套 2 与测杆 3 连接，活动衔铁 4 固定在测杆上，线圈架 5 上绕有三组线圈——中间为初级线圈，上下为次级线圈，它们都通过导线 9 与测量电路相连，线圈外面有屏蔽筒 6，用以防止外来干扰。测杆用圆片弹簧 7 作支承，弹簧 8 用来使测杆复位。差动变压器式传感器的稳定性好，使用方便，线性范围大，小位移测量时精度较高，常作为测微仪、圆度仪、三坐标测量机的测头使用。

图 7-21 为差动螺管式电感传感器的机构及其构成的电感测微仪的原理示意图。测量时，传感器的测头 6 与被测件接触，被测件引起的微小位移使衔铁 3 在差动线圈 2 中上下移动，线圈的电感因此产生变化。将两线圈通过引线 1 接到交流电桥中，就可通过后面的测量电路得到被测件位移的变化情况。电感测微仪是目前应用较多的一种微小位移测量仪，其测量范围一般为几毫米，分辨率和测量精度可达 0.1μm 左右，非线性误差一般优于 0.5%。电感测微仪通常以相对比较的测量方式使用。配以一定的夹具后，可以进行轴径、厚度、圆度、平面度、垂直度、同轴度、跳动等参数的测量。

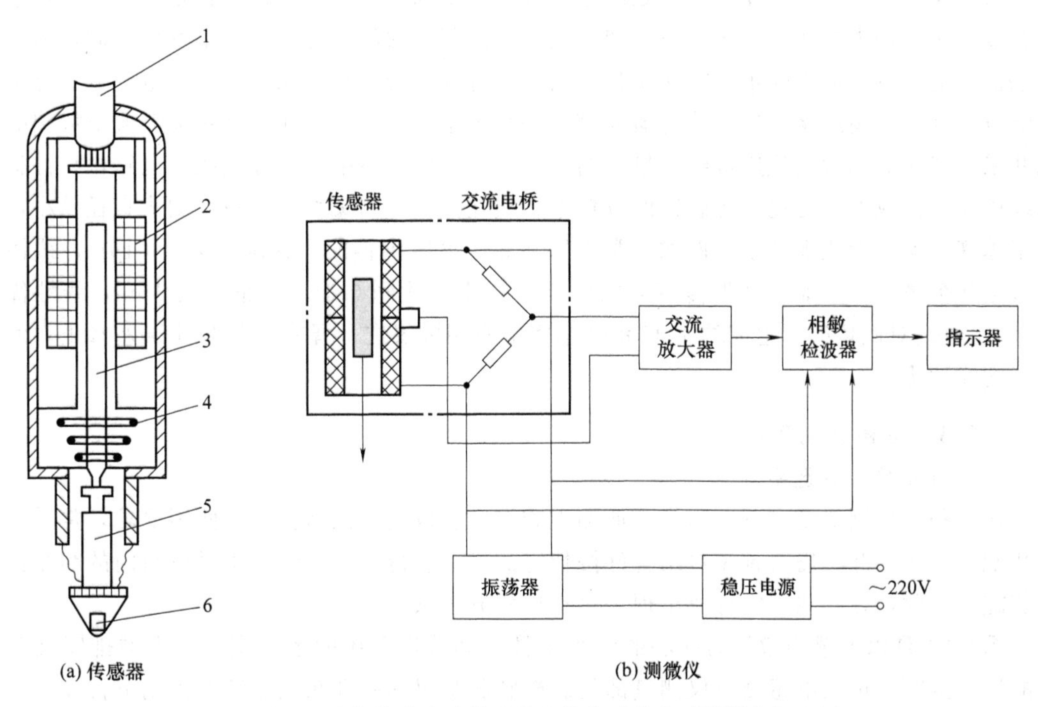

图 7-21　差动螺管式电感传感器及其构成的电感测微仪原理图

1—引线；2—线圈；3—衔铁；4—测力弹簧；5—测杆；6—测头

（3）电容式位移传感器

电容式传感器是目前位移传感器中精度最高的一种，可以实现纳米级精度的测量。

图 7-22 是一种变面积式电容传感器的结构图。该传感器采用了差动式结构，当测杆 1 随被测位移的变化运动时，活动电极 4 与两个固定电极 3 之间的覆盖面积随之发生变化，使两个传感器电容的电容量产生差动变化。这种传感器具有良好的线性，但灵敏度较低。

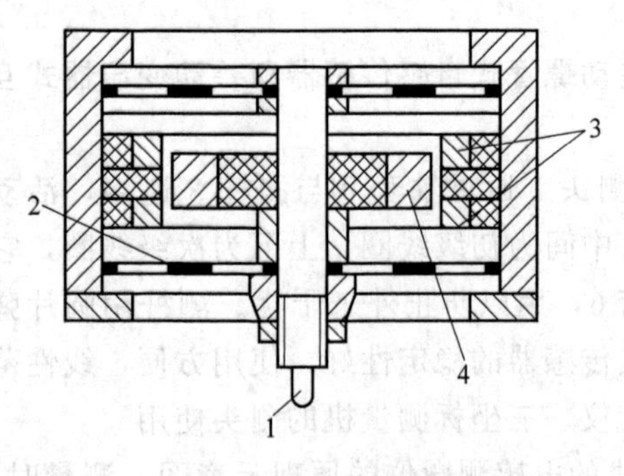

图 7-22 变面积式电容传感器的结构图
1—测杆；2—片簧；3—固定电极；
4—活动电极

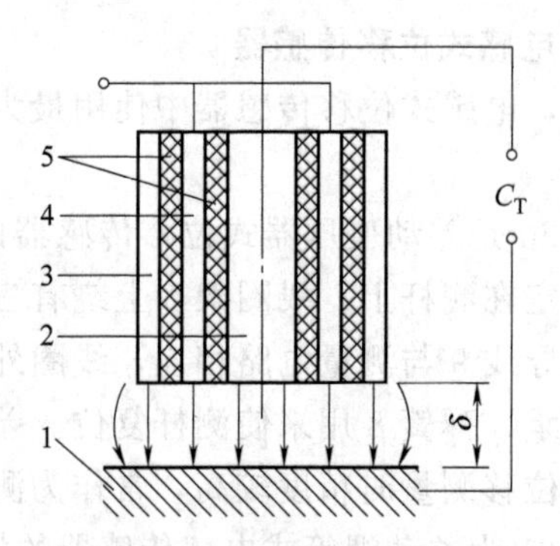

图 7-23 JDC 系列平面变间隙式电容传感器结构示意图
1—固定电极；2—活动电极；3—壳体；
4—保护环；5—绝缘层

图 7-23 是灵敏度、分辨率、精度极高的 JDC 系列平面变间隙式电容传感器结构示意图。被测工件 1 作为固定电极，传感器的中心圆柱为活动电极，它们构成了一个平行板电容器（传感器电容 C_T）。圆柱形传感器由五个同轴层组成：中心部分为金属测头；外层是保护环，最外层为夹持壳体，此外在前三层之间还夹有两个绝缘层。保护环的设置是为了改善传感器在有效作用面积内电场的边缘效应，使有效作用面积区内的电力线基本不发生弯曲，从而使传感器的电容量与极板间距（被测位移）之间保持规则的关系。保护环通过电气方法与测头等电位，且与测头绝缘。这种传感器电容量一般很小（pF 级），因此传感器必须用特殊的电缆并采取特殊的技术措施连接到测量电路中。传感器后一般采用运算式测量电路，将位移变化线性地转换成电压变化。传感器的分辨率、线性范围与测头直径有关，测头直径越小，分辨率越高，但线性范围越小。例如，常用的 ϕ3mm 电容传感器的分辨率为 0.01μm，线性范围可达几个毫米。目前，这类传感器的最高分辨率可达到 0.1nm，精度为 1nm，线性优于 0.5%。通过对此传感器组成的 JDC 系列精密电容测微仪进行智能化非线性误差修正，使得仪器的线性优于 0.1%。

7.2.3 位移测试实例

(1) 自动尺寸分选系统

在一些机械制造场合下，为了降低加工难度，有效地保证结合件的使用要求，常采用分组装配的方法。此时需要首先对结合件按特定的尺寸进行分组，然后将对应组内的结合件进行装配。因此，在一些特定行业出现了自动尺寸分选系统。

图 7-24 是以电感测微仪为核心的轴承滚柱自动分选系统的示意图。由机械排序装置送来的滚柱按顺序进入电感测微仪测量部位。电感测微仪的测杆在电磁铁的控制下首先提升到一定的高度，让滚柱进入其正下方，然后电磁铁释放，电感传感器的衔铁向下与滚柱接触，滚柱的直径大小决定了衔铁在传感器电感线圈中的位置，即电感量的大小。电感测微仪的输出信号随后被送入计算机，计算出直径的偏差值。此结果控制相应分组所对应的料斗翻板打开，被机械装置从测量位置推出的滚柱即落入相应的料斗中。

(2) 仿形测量

在加工复杂形状的机械零件时，经常采用仿形加工技术来保证加工精度和提高生产率。图 7-25 就是一种使用了电感测微仪的仿形加工铣床。

加工时，装有标准靠模样板 1 的转轴与装有毛坯 8 的转轴同步旋转，电感测微仪 3 的测

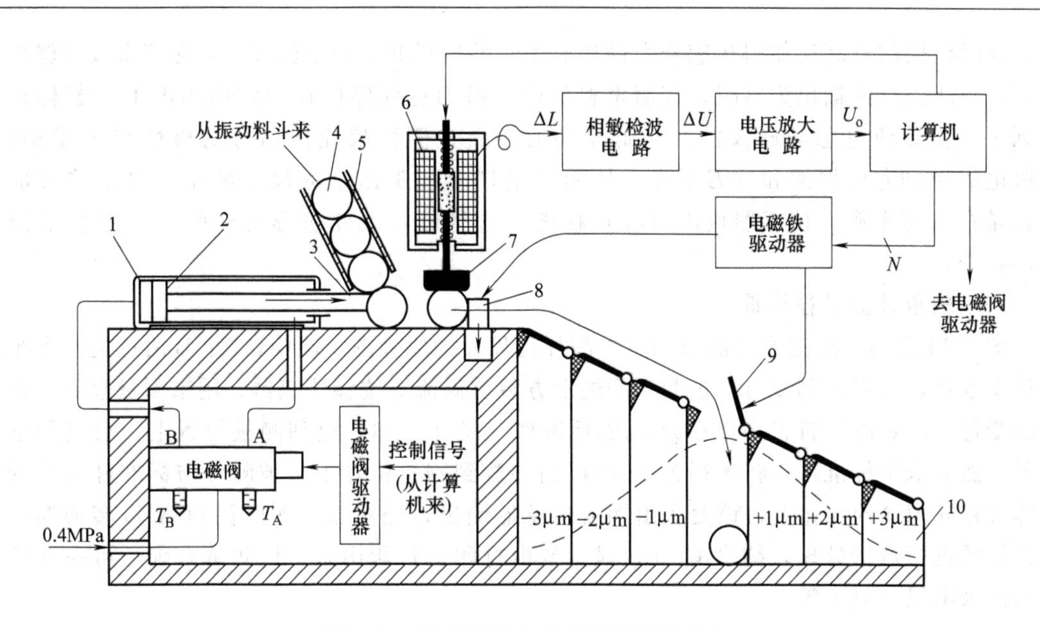

图 7-24　轴承滚柱自动分选系统示意图

1—汽缸；2—活塞；3—推杆；4—被测滚柱；5—落料管；6—电感传感器；7—钨钢测头；8—限位挡板；9—电磁挡板；10—料斗

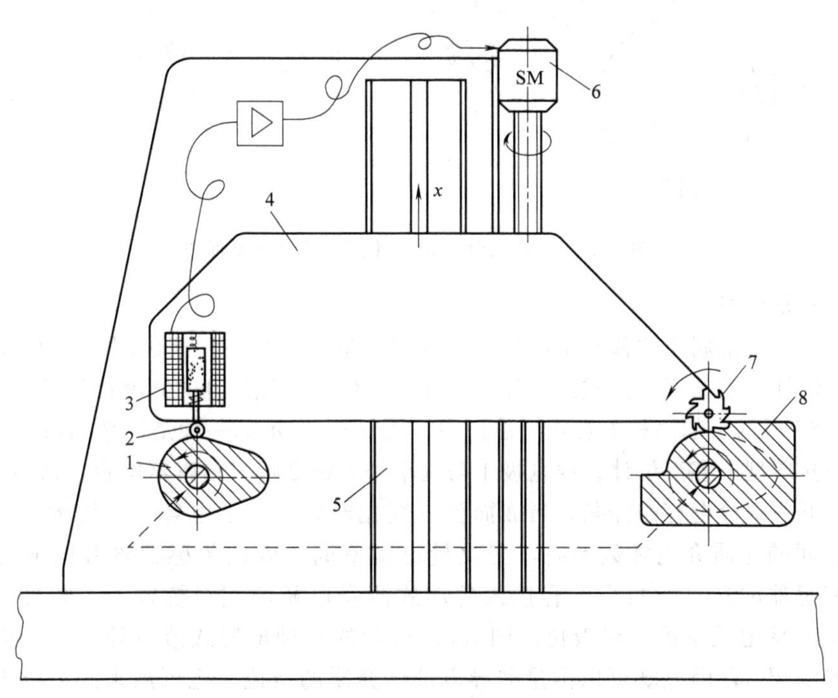

图 7-25　电感式仿形加工铣床

1—标准靠模样板；2—测头（靠模轮）；3—电感测微仪；4—龙门框架；5—立柱；6—伺服电机；7—铣刀；8—毛坯

头 2 与标准靠模样板接触。若样板转动到某一位置使电感测微仪的测头高于中心位置，此时测微仪有信号输出，该输出信号经伺服放大器放大后，驱动伺服电机 6 带动龙门框架 4 上移，使铣刀 7 的位置也升高（切削深度降低），从而使毛坯上加工出来的尺寸增大。另一方面，龙门框架的升高又使得传感器衔铁相对线圈的位置低于中心位置，即使测微仪的输出趋于零。当测微仪的输出为零时，伺服电机停转，铣刀也就保持在指定的高度上。若样板转动到某一位置使电感测微仪的测头低于中心位置，测微仪输出信号的极性与上述相反，伺服电机带动龙门框架和铣刀下降，从而在毛坯上加工出来的尺寸减小。整个仿形加工过程是在动态平衡（传感器输出为零）状态下进行的，因此仿形铣床是一个零位平衡式随动系统。

（3）轴承外圈直径测量

图 7-26 为用三点法原理测量轴承外圈外径尺寸的原理图。图中，A、B 两点是两个半球定位支承点，G 点是测量点。被测套圈的上方装有涡流式位移传感器，用来测量套圈外径尺寸的变化。测量时，首先将半径为R_0的标准件（尺寸已知）放到测量位置上，对仪器进行调零，然后取下标准件，将半径为R_a的被测件放到测量位置上。被测件与标准件尺寸的差异体现在间隙δ的变化上，该变化由涡流传感器测出，经涡流式测微仪和 A/D 转换器，送入计算机进行数据处理，结果由 LED 显示或由打印机打印出来。该测试系统还可在套圈外径超出极限尺寸时示警。

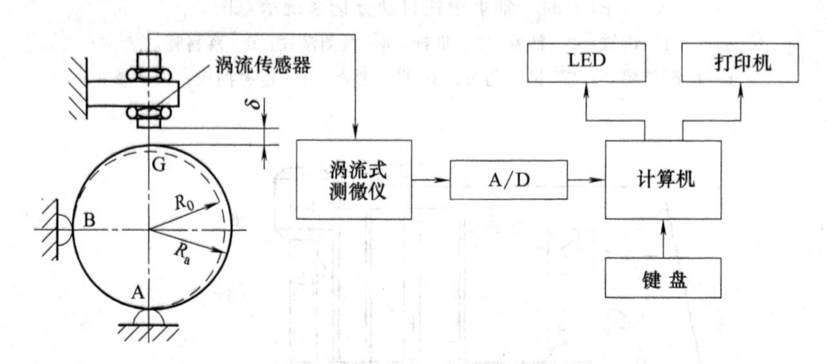

图 7-26 三点法测量轴承外圈外径尺寸原理图

（4）物位的测量

物位测量通常都属于位移测量，其中以液位测量应用最多。液位测量装置的种类很多，如电容式液位计、差动变压器式液位计、光纤式液位计、接近开关式液位计等。

在图 7-27 所示出的两种电容式液位计中，图（a）所示的一种是用来测量非导电液体介质液位的变介质型电容液位计。内电极 1 与两个外电极 2 形成传感器电容，这两个电容分别为液面上、下两部分电容的并联。当液面位置变化时，上、下电容一个增大一个减小，但由于电极之间的介质介电常数不同，变化量也就不同，因此传感器电容随液位的变化而变化。将传感器的左、右两个电容接入差动式测量电桥的相对桥臂上，即可根据传感器电容与液位的特定关系确定出液位。图（b）所示的一种电容式液位计，由于内电极的外壁上加有绝缘层 3，因此既可以测量非导电液体介质的液位，也可用来测量导电液体介质的液位。

图 7-28 是一种沉筒式液位计。这种沉筒式液位计的测头为一两段式（固定段 1 和浮力段 1′）沉筒，调换浮力段可使液位计适应不同的介质和量程要求。液位的变化将导致沉筒上所受到的浮力变化，该浮力与弹簧 2 的弹簧力平衡，即可将液位的变化线性地转换为差动变压器衔铁 4 的位移变化。由于差动变压器的输出电压 e_y 与衔铁的位移为线性关系，因此该输出电压的变化也就线性地反映了液位的变化。

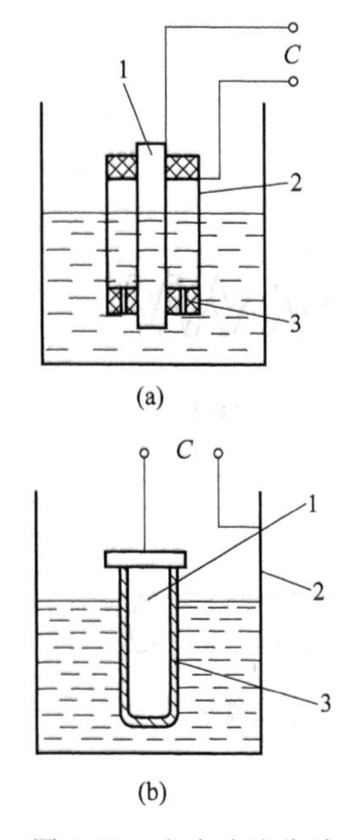

图 7-27 电容式液位计

1—内电极；2—外电极；3—绝缘层

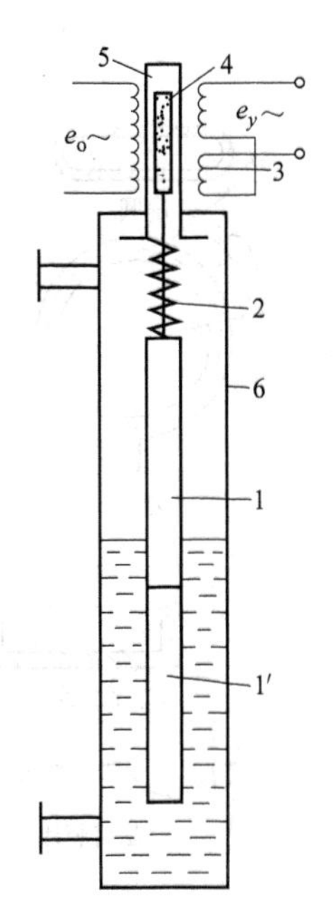

图 7-28 沉筒式液位计

1—沉筒固定段；1′—沉筒浮力段；2—测量弹簧；3—差动变压器；4—衔铁；5—密封隔离；6—壳体

7.3 流体参量的测试

压力、流量等流体（本节仅讨论液体）参量的测试，在液压元件和液压系统的性能试验、机电液一体化控制以及其他一些领域中都有着十分重要的意义。

各种压力和流量测试装置尽管在原理或结构上有着很大的差别，但它们的共同特点是都有中间转换元件，通过这些中间转换元件先把压力、流量转换成位移等其他参量，然后再通过相应的传感器对这些参量进行二次转换，最后得到压力、流量的测试结果。另一个重要的特点是，在压力和流量的测试过程中，测试装置的静、动态特性不仅与传感器本身和测试系统的特性有关，而且还与由传感器、连接管道、液压元件组成的液压系统的特性有关。

7.3.1 压力的测量

压力（Pressure）有绝对压力和相对压力（表压力）两种表示方法，在一般的压力测试中大多使用相对压力。压力的国际单位制单位是帕（Pa），常用的单位还有 MPa（10^6Pa）和 bar（10^5Pa，0.1MPa）。

压力测量传感器主要有以下几种。

（1）弹性压力敏感元件

指针式压力计、压力表、压力传感器都是根据弹性压力敏感元件受到压力作用后产生弹性变形的原理工作的。弹性压力敏感元件在流体压力的作用下产生与被测压力成一定函数关系的机械变形或应变，然后通过各种机械放大装置（杠杆、齿轮齿条等）转换成指针的偏转，或通过应变电桥将弹性元件的应变转换成电信号。

常用的弹性压力敏感元件主要有弹簧管、膜片和波纹管三类，如图 7-29 所示。

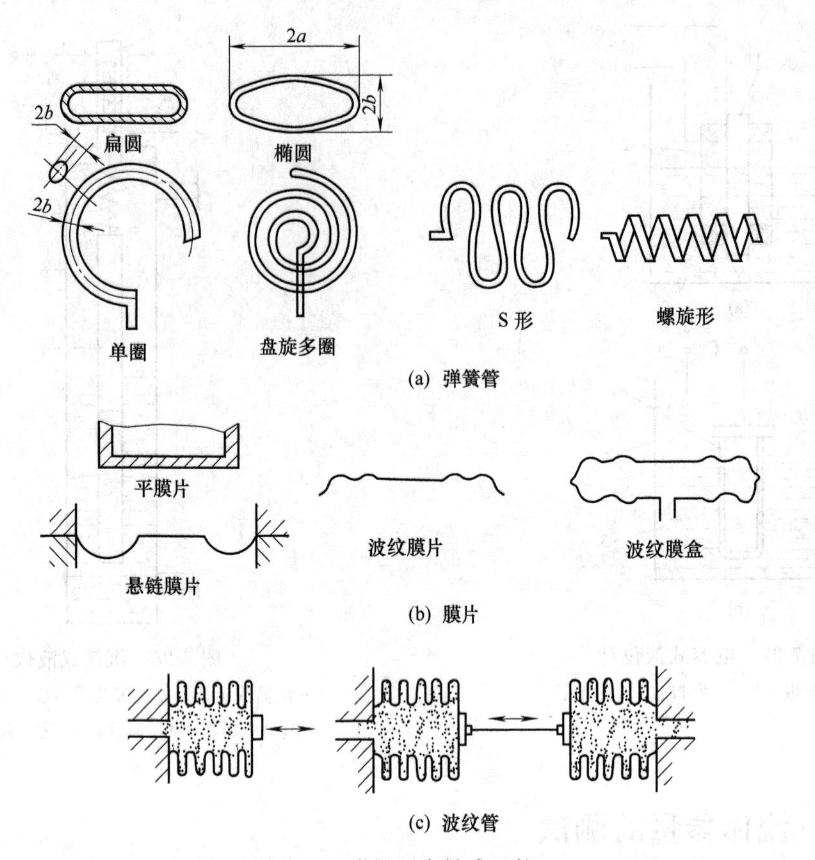

(a) 弹簧管

(b) 膜片

(c) 波纹管

图 7-29　弹性压力敏感元件

图 7-29（a）所示的弹簧管（也称为波登管），其横截面都是椭圆形或平椭圆形的空心金属管。当它们的一侧通入具有一定压力的流体时，由于内外侧的压力差使金属管趋于变圆，从而使弹簧管的自由端产生与通入流体压力有一定关系的变形。弹簧管可测量高达几百兆帕的压力，测量精度较高，但结构尺寸大、固有频率较低以及有较大的弹性滞后，不适合用作动态压力测量的敏感元件。

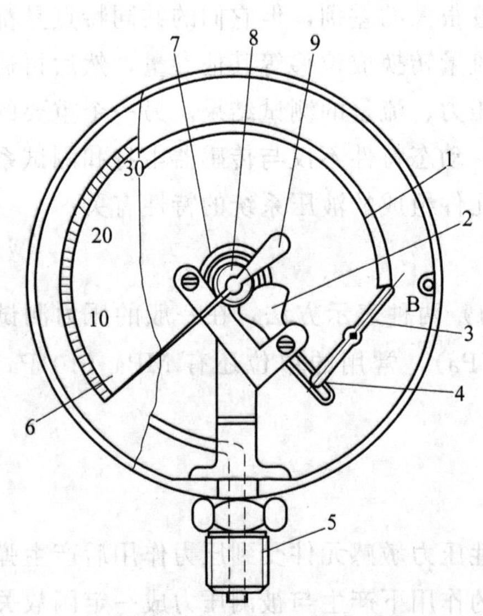

图 7-30　普通压力表的结构图

1—C 形弹簧管；2—扇形齿轮；3—拉杆；4—调节螺钉；5—接头；6—表盘；7—游丝；8—中心齿轮；9—指针

图 7-29（b）所示的平膜片主要用于中、低压压力传感器的敏感元件。

图 7-29（c）所示的波纹管可在较低的压力下得到较大的变形，适用于低压测量。

图 7-30 为采用弹簧管作为敏感元件的普通压力表的结构图。普通压力表主要由敏感元件 1（C 形弹簧管）、拉杆和齿轮组成的机械传动机构以及刻度指示等部分组成。弹簧管的一端固定在壳体上并与进油接头 5 相连，另一端（自由端）封闭且在 B 点与传动机构相连。当压力油进入弹簧管后，由于压力的作用使弹簧管变形，导致其自由端产生位移，该

位移经传动机构转换成指针的角位移，通过表盘指示出被测油液的压力值。这种压力表由于存在机械零部件的惯性以及摩擦，因此响应速度不高，只适用于压力的静态测量。

(2)应变式压力传感器

应变式压力传感器（见图7-31）是动态压力传感器之一，它是将电阻应变片粘贴在一个金属薄壁圆筒3（弹性元件）上，当筒内通入压力流体后，弹性圆筒产生轴向应变，被粘贴在其上的应变片转换成电阻的变化。实际的传感器一般沿轴向和圆周方向各贴有一个应变片，轴向应变片2为工作片，圆周方向应变片1为温度补偿片，它们被接入应变电桥的两个相邻桥臂上。由于这种传感器无惯性、无摩擦、无间隙，故其响应速度很高，其固有频率可达35kHz，可用于压力的动态测量。

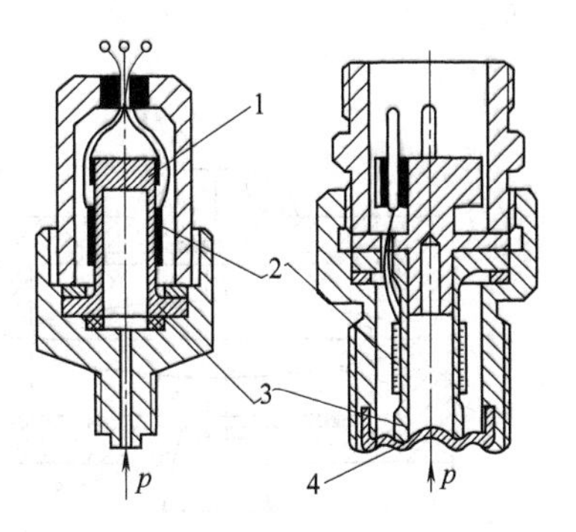

图7-31　应变式压力传感器结构图
1—温度补偿片；2—工作片；
3—弹性圆筒；4—感压膜片

(3)压阻式压力传感器

压阻式压力传感器又称为压敏电阻固体压力传感器，其结构如图7-32所示。其中压力敏感元件5是一个N型单晶硅膜片，在硅平膜片的指定位置上，采用扩散法形成四个P型压敏电阻，它们构成电桥的四个桥臂。当膜片两侧存在压力差而使其上各点产生应力时，由于压阻效应，四个压敏电阻的阻值发生变化，该变化与压力差成线性关系。通过电桥检测出压敏电阻阻值的变化，就可测得压力差。

硅膜片的一侧为被测高压腔，另一侧为低压腔，可接大气或抽成真空，分别对应着相对压力测量和绝对压力测量。若高压腔和低压腔同时引入两种压力，则可实现压力差的测量。

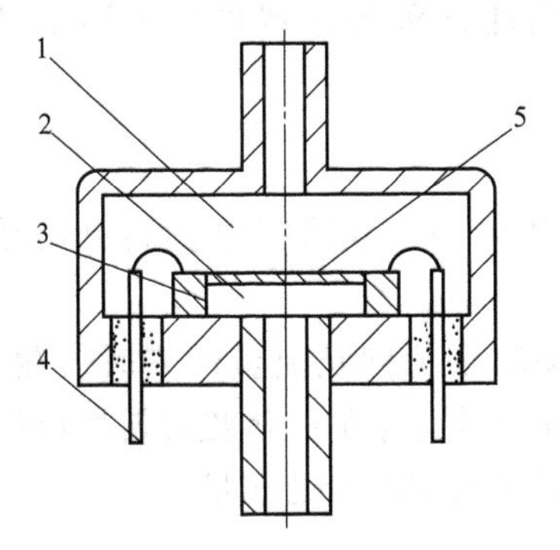

图7-32　压阻式压力传感器结构图
1—低压腔；2—高压腔；3—硅杯；
4—引线；5—硅膜片

压阻式压力传感器的灵敏度、精度都比较高，线性也非常好，动态范围也比较大。这种传感器的另一显著特点是体积小，这对于传感器的集成化和智能化是非常有利的。目前已经出现了多种商用集成压力传感器和智能压力传感器。

(4)电容式压力传感器

利用压力使弹性元件变形的原理，可以制成电容式压力传感器。图7-33为一种差动式电容压力传感器的结构示意图。传感器的动极板为平金属膜片4，两个固定极板由镀在圆片玻璃2上的金属镀层形成。当A、B两口分别输入具有不同压力的流体时，膜片弯向压力低的一侧，使两个电容一个增大，一个减小。测出电容的变化量，就可得到膜片两侧的压力差。

(5)霍尔式压力传感器

霍尔式压力传感器的工作原理如图7-34所示。波纹膜片3首先将压力转换成变形，通过杠杆4使霍尔元件2上下移位。一对磁铁1在磁极处产生两个大小相等、方向相反的磁场，当通过霍尔元件的电流一定时，在霍尔元件的两侧形成霍尔电势，霍尔电势的大小与霍尔元件的位移量有确定的关系，极性与位移的方向相对应。由于霍尔元件的位移与波纹膜片中心处的变形成比例关系，后者又与被测压力成正比，因此霍尔电势也就与被测压力相对

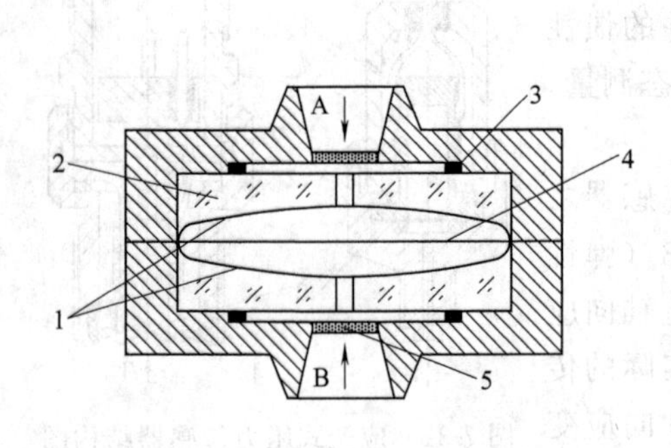

图 7-33 差动式电容压力传感器结构图

1—金属镀层（固定极板）；2—玻璃；3—垫圈；
4—金属膜片（动极板）；5—多孔金属滤油器

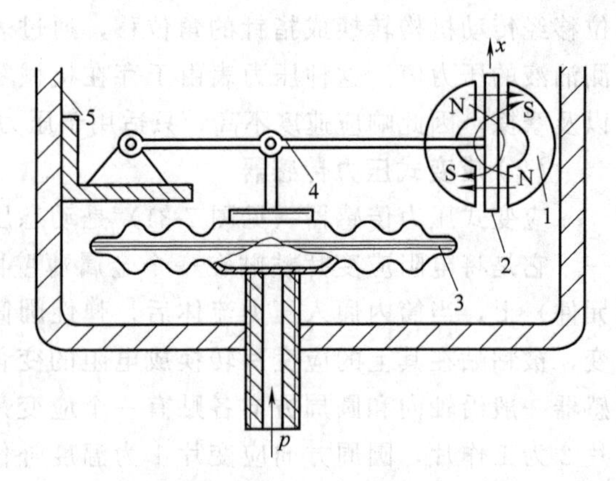

图 7-34 霍尔式压力传感器原理图

1—磁铁；2—霍尔元件；3—波纹膜片；
4—杠杆；5—壳体

应。由于波纹膜片的灵敏度很高，又有杠杆的机械放大，因此这种传感器可用来测量微压力。

7.3.2 流量的测量

流量（Flow）指的是单位时间流过某一管道截面的流体体积，其国际单位制单位是 m^3/s，常用的单位还有 L/min、cm^3/s 等。

流量可以按定义用量筒-秒表法来测量，但不适用于现场测量特别是流量的实时监测。一般情况下，流量的测量是通过某些中间转换元件或机构，先将管道中的流体流量转换成压差、位移、力、转速等参量，然后再对这些参量进行测量而间接实现流量的测量。

(1) 转子流量计

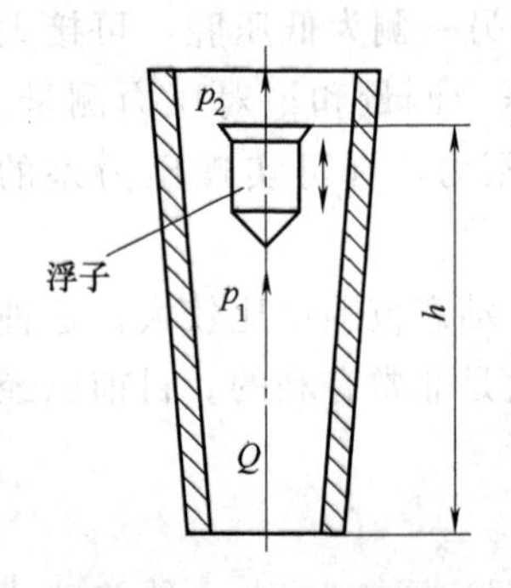

图 7-35 转子流量计

转子流量计也称为浮子流量计，它是由一个垂直放置的锥形管和放在管内的转子（浮子）所构成，锥形管的大端朝上，如图 7-35 所示。转子的最大外径小于锥形管的最小内径，转子可在运动流体的作用下在管内沿轴线方向上下浮动。当锥形管内自下而上通过流体时，在锥形管内壁与转子外壁之间的环形缝隙上产生压力差 $\Delta p = p_1 - p_2$，此压力差乘以转子的最大截面积即为作用在转子上使之上升的浮力。在此力作用下转子上升，使环形缝隙面积增大，流体阻力减小，压力差 Δp 随之减小，浮力也减小。最后，当转子的重力等于浮力时转子平衡而停止上升，浮在某一高度上。由于平衡时的压力差与通流流量有确定的关系，因此在其他条件一定的情况下，转子所处的高度就反映了流体流量的大小。

由工作原理可知，此种流量计属于变截面、等压差流量计。由于其结构简单、工作可靠、压力损失恒定，在一般要求的场合下得到了较为广泛的应用。转子流量计的缺点是对污染较敏感，性能参数受流体种类、黏度、温度等因素的影响较大，不能应用于高压和动态流量的测量。此外，每台流量计必须单独标定，精度通常为 1.5～2.5 级。

(2) 椭圆齿轮流量计

椭圆齿轮流量计也属于容积式流量计，其工作原理如图 7-36 所示。它主要由一对密封在壳体内的椭圆齿轮组成。当流体进入流量计时，在进、出油口压力差 $\Delta p = p_1 - p_2$ 的作用下，椭圆齿轮因受到力矩的作用而转动。在图7-36（a）的位置上，由于$p_1>p_2$，在力矩的作用下，齿轮A逆时针方向旋转，把齿轮A与壳体间月牙空腔内的流体排至出口，并带动齿轮B沿顺时针方向转动，这时A为主动轮、B为从动轮；在图7-36（b）的位置上，A和B均为主动轮；在图7-36（c）的位置上，p_1和p_2作用在齿轮B上的合力矩使其继续沿顺时针方向转动，并把齿轮B与壳体间月牙空腔内的流体排至出口，这时B为主动轮、A为从动轮，恰好与图6.36（a）的位置相反。如此往复循环，A、B两轮交替带动，以月牙空腔为计量单位，不断把进口处的流体送到出口处。椭圆齿轮每转一周，与壳体之间形成两次月牙空腔，所以两个齿轮排出流体的容积为月牙空腔容积V_0的4倍。若椭圆齿轮的转速为n，则通过椭圆齿轮流量计的流量为

$$Q=4V_0n \tag{7-3}$$

由此可知，只要测出椭圆齿轮的转速n，便可确定通过流量计的流量大小。

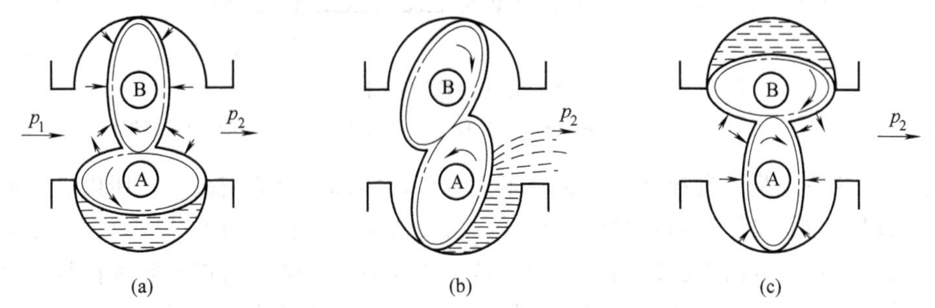

图7-36　椭圆齿轮流量计工作原理

椭圆齿轮流量计的显示方法有两种：其一是由齿轮轴通过减速齿轮带动指针或机械计数器，以测量流过它的流体总体积；其二是通过齿轮轴带动测速发动机，以获得与转速成正比的电信号。还可带动一个周圈有若干孔（或齿）的测速盘，通过光电式或磁电式、涡流式传感器，获得频率与转速成正比的脉冲信号，再由转速n确定通过流量计的流量大小。

由于椭圆齿轮啮合传动时的摩擦、惯性、间隙等，决定了它只适合于测量静态稳定流量。此外，齿轮轮齿间、齿轮与壳体间的泄漏将引起测量误差，所以不宜用来测量高压流量。

（3）涡轮流量计

涡轮流量计是一种速度式流量计，其结构如图7-37所示。它是由涡轮1、导流器5、磁电式转速传感器6等零部件组成的。

流量计的壳体由不导磁的不锈钢制成。涡轮由导磁材料制成，其表面有几个涡轮叶片，被轴承支承在导流器上，且处于通流管道的中央，其轴线与管道轴线一致。当有流体流过时，由于流束具有一定的速度和动能，推动涡轮旋转，其转速取决于流速和叶片的倾角，而流速是与流量成正比的。由于涡轮旋转，造成检测磁路磁阻的变化，使装在壳体外的非接触式磁电转速传感器输出脉冲信号，该信号的频率与涡轮的转速成正比。因此，测定传感器输出的脉冲信号的频率即可确定流体的流量，其表达式为

$$Q=f/\zeta \tag{7-4}$$

式中，f为传感器输出信号的频率；ζ为流量计常数（脉冲数/m^3）。

流量计常数代表着通过流量计单位体积的流体时所对应的输出信号脉冲数。由于每台流量计的结构尺寸、安装尺寸及公差不同，故流量计常数ζ也不同。

涡轮流量计具有体积小、重量轻、重复精度好、使用方便等优点，一般也只用于稳定流

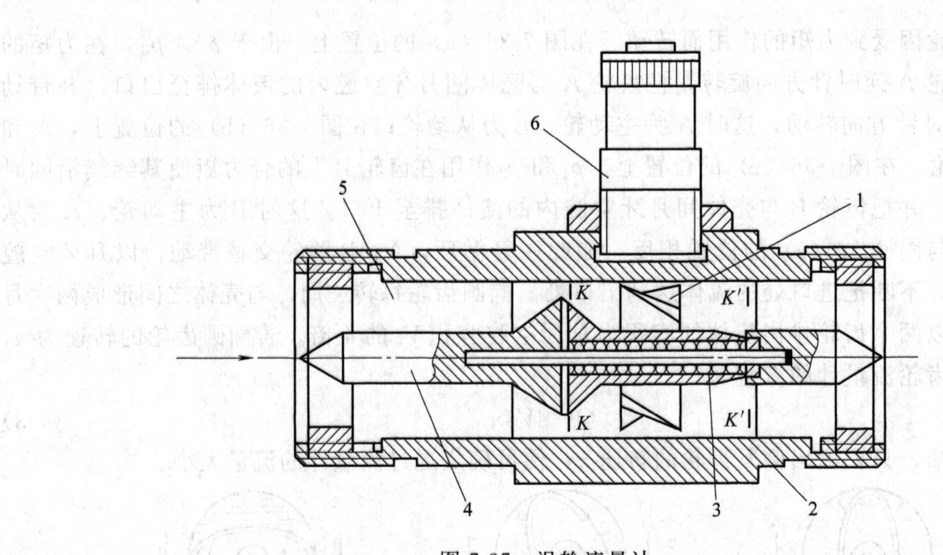

图 7-37 涡轮流量计

1—涡轮；2—壳体；3—轴承；4—支承；5—导流器；6—磁电式转速传感器

量的测量。它的缺点是流量计常数的标定不太方便，并且量程范围较小，所以当被测流量变化范围较大时，需要换接不同量程的流量计。与此流量计配套使用的二次仪表是流量数字积分仪，它可将流量计输出的脉冲信号经放大整形成为前后沿陡峭的矩形脉冲信号，然后由仪表内部的单片机进行运算，计算出流体总量累积值和瞬时流量值并加以显示。

思考题与习题

7-1 振动测试的目的有哪几个？机械系统的振动由哪两个因素引起？

7-2 惯性式测振传感器的力学模型（运动方程）是什么？惯性式测振传感器作为振幅计、速度计、加速度计的工作条件各是什么？

7-3 试分析用压电式加速度计测试机械系统振动加速度的原理，并指出测试时需注意的问题及测试条件。

7-4 试总结归纳教材中所介绍的三种常用位移传感器的性能特点。

第8章 测试系统的抗干扰技术

学习目标：本章主要介绍电磁干扰及其抑制的有关内容，学完本章后，应了解电子测试系统干扰的类型、主要来源及耦合方式，在此基础上对抑制干扰的屏蔽技术、接地技术、浮置技术等主要技术措施有一定的了解。

干扰和噪声是由某些内部或外部因素产生的叠加在有用信号之上的无用成分（电压或电流）。早在20世纪20年代有人就证实，干扰和噪声是实现微弱信号检测的主要障碍。现代科学技术的发展对测试技术提出了越来越高的要求，对微弱信号的检测、分析处理的要求日益增多，要求测试系统、测试装置具有较高的灵敏度。如前所述，灵敏度越高，各种干扰就越容易混入，产生大量的噪声，严重时甚至可能会“淹没”有用信号。因此，如何有效地消除或抑制各种干扰、噪声，已经成为测试系统设计的主要内容之一。

8.1 干扰的类型及来源

按干扰的来源可将干扰分为外部干扰和内部干扰；按干扰进入测试系统的方式可将干扰分为差模干扰和共模干扰。

8.1.1 外部干扰和内部干扰

（1）外部干扰

外部干扰包括来自自然界的自然干扰及各种电气设备运行所产生的人为干扰。

① 自然干扰　各种自然现象如闪电、雷击、宇宙射线、温度、湿度等变化均可产生自然干扰。这些干扰对测试系统及其他一些系统会产生不良的影响，特别是对通信、导航设备的影响尤为严重。

② 人为干扰　人为干扰主要是指各种电气设备运行时所产生的电磁干扰，例如大功率电气设备的启、停会引起电网电压波动；开关的通断会产生电火花；霓虹灯、电焊、电车的运行会引起射频干扰；大电流输电线周围会产生强大的交变电磁场干扰等。

（2）内部干扰

内部干扰主要指的是测量电路内部各种元器件的噪声所引起的干扰，例如电阻中随机性的自由电子热运动引起的热噪声；各种晶体管内载流子的随机运动引起的散粒噪声；开关或两种导体接触时，因接触不良会导致接触面的电导率波动，从而产生所谓的接触噪声；由于工艺设计、布线不合理等导致寄生参数（电容、电感、铜损电阻）、泄漏电阻的存在及耦合，形成寄生反馈所引起的干扰等。

8.1.2 差模干扰和共模干扰

（1）差模干扰

差模干扰也称为串模干扰、常态干扰、正态干扰，是干扰信号与有用信号相叠加的一种干扰，有直流和交流两种形式。交流差模干扰主要由外部的交变电磁场（例如工频交变电磁场）引起，直流差模干扰主要由接触电动势和热电动势以及漏电阻引起。

图 8-1 为差模干扰的等效电路（e_s为信号电压，Z_s为信号源的等效内阻抗，e_n为差模干扰等效电压，Z_n为差模干扰源的等效内阻抗），图 8-2 为差模干扰作用的示意图（e_i为交变电磁场在干扰信号接收端引起的差模干扰电动势，e_n为接触电动势和热电动势引起的直流差模干扰电动势，e_R为泄漏电阻引起的差模干扰电动势）。对差模干扰的抑制能力用差模抑制比表示，其具体意义请参阅有关文献。

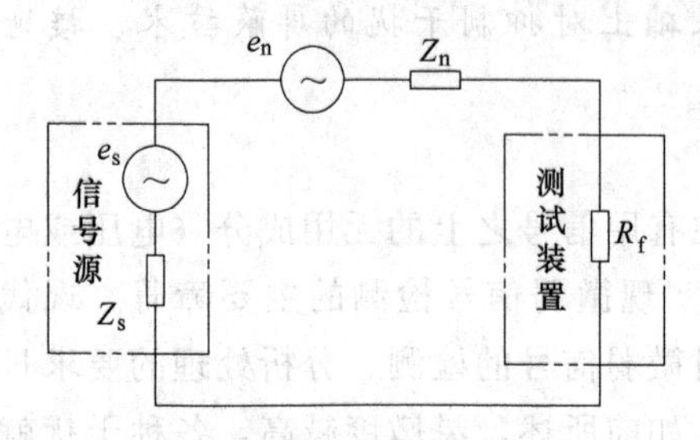

图 8-1　差模干扰等效电路

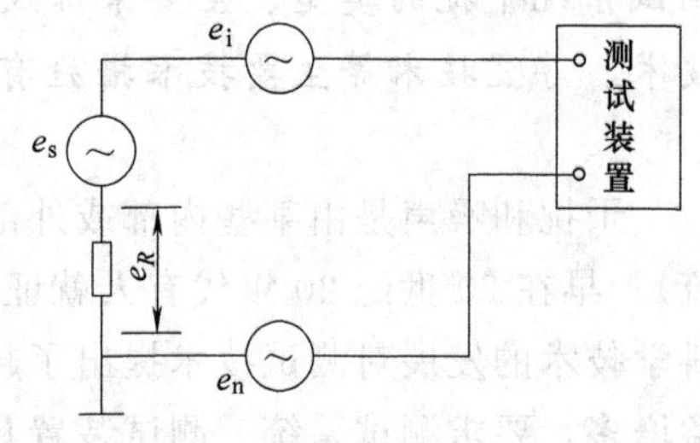

图 8-2　差模干扰作用示意图

（2）共模干扰

共模干扰也称为同相干扰或纵向干扰，是在测量信号源的公共电位基准点（接地点）和大地之间产生的一种干扰，它有对称［图 8-3（a）］和非对称［图 8-3（b）］两种形式，图中 e_s为信号电压，e_c为共模干扰等效电压，Z_i为干扰侵入点之后电路的输入阻抗。

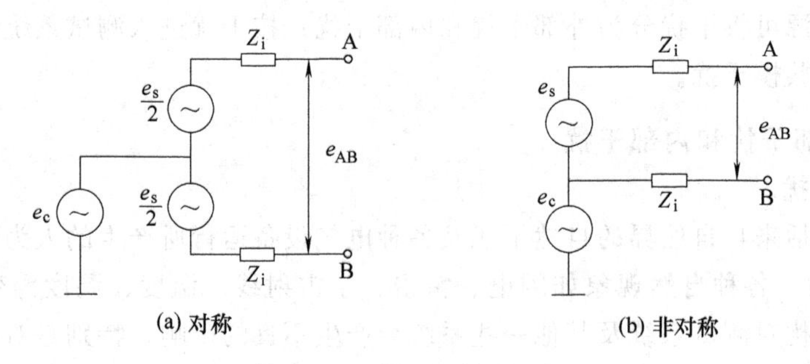

图 8-3　共模干扰等效电路

在对地呈理想对称的测量装置输入电路中，共模干扰在理论上并不会引起测量误差。实际上由于测量回路、导线和测量装置输入回路的电阻、电容等对地的非对称性，共模干扰电动势将通过接地回路中的接地干扰电压转换成差模干扰电压。

共模干扰的成因很多。例如，在远距离测量中，使用长电缆时由于对地电流的原因，使传感器端的对地电位与测试系统的对地电位之间存在电位差而引起共模干扰。又如，变压器一次侧的电压，会通过一、二次侧之间的分布电容、整流器、信号电路、信号电路对地之间的分布电容形成的电流回路产生共模干扰而影响测试系统的工作，这就是所谓的工频干扰。另外，漏电流也是共模干扰的一种形式。

对共模干扰的抑制能力用共模抑制比表示，其具体意义请参阅有关文献。

8.2　干扰的耦合方式

各种干扰是经一定的耦合通道对测试系统产生影响的。干扰产生影响必须具备三个要素：干扰源、干扰的耦合通道、被干扰的对象。因此，研究分析干扰的传输通道——耦合通道，对于掌握干扰影响的实质、切断干扰的传输通道以抑制或消除干扰具有重要的意义。干扰的耦合方式主要有以下四种。

8.2.1　静电耦合

静电耦合也称为电容性耦合。由于两个电路 A、B 之间存在着分布电容 C（图 8-4），当其中一个电路的电位发生变化时，该电路的电荷就会通过分布电容传递到另一个电路，这就是静电耦合。当干扰源的干扰电压为 e_n（频率为 ω）时，在被干扰电路的输入端（输入阻抗为 Z_i）所产生的干扰电压 e_n' 为

$$e_n'=\frac{j\omega CZ_i}{1+j\omega CZ_i}e_n \tag{8-1}$$

若 $|j\omega CZ_i|\ll1$，则

$$e_n'\approx j\omega CZ_ie_n \tag{8-2}$$

由上式可见，e_n' 与干扰源和被干扰电路之间的分布电容 C、干扰源的干扰信号频率 ω、被干扰电路的输入阻抗 Z_i 以及干扰电压 e_n 成正比。因此，通过合理布线减小电路之间的寄生电容，就可减小静电耦合干扰。

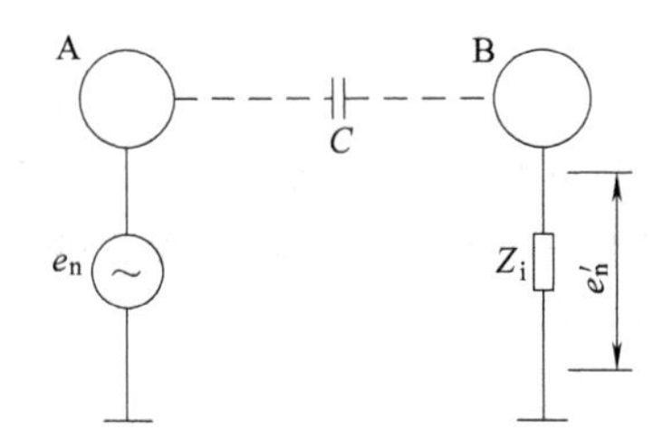

图 8-4　静电耦合

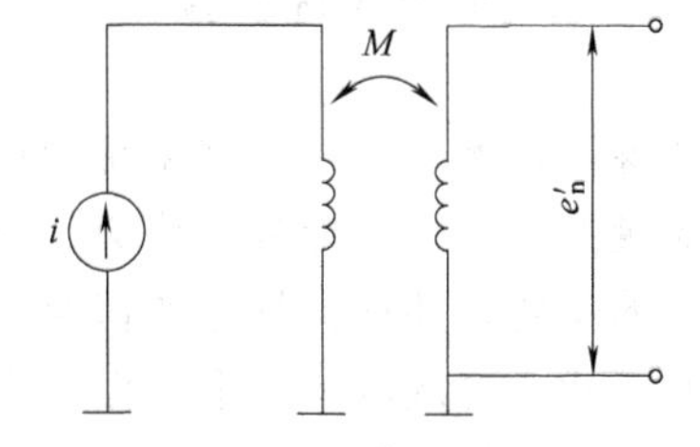

图 8-5　磁场耦合

8.2.2　磁场耦合

磁场耦合也称为互感性耦合。当两个电路之间存在互感 M 时，一个电路中的电流 i（频率为 ω）变化时就会通过磁场耦合到另一个电路中而产生干扰电压 e_n'（图 8-5），这就是磁场耦合。例如，当检测信号线处于强磁场或通过大电流的电网附近时，就会产生这种干扰。电气设备中变压器线圈的漏磁也属于这种干扰。被干扰电路输入端所产生的干扰电压 e_n' 为

$$e_n'=\omega Mi \tag{8-3}$$

由上式可见，e_n' 与干扰源和被干扰电路之间的互感系数 M、干扰源的工作电流 i 以及干扰源的频率 ω 成正比。合理设计电路减小互感系数 M，就可以减小磁场耦合干扰。

8.2.3　漏电流耦合

由于测量电路内部的元件支架、接线柱、印刷线路板或外壳绝缘不理想，使相互之间存在漏电阻而产生漏电流引起干扰，这种干扰称为漏电流耦合干扰（图 8-6）。

干扰电压 e_n' 为

$$e_n'=\frac{Z_i}{R+Z_i}e_n \tag{8-4}$$

式中，Z_i 为被干扰电路的输入阻抗；R 为漏电阻。

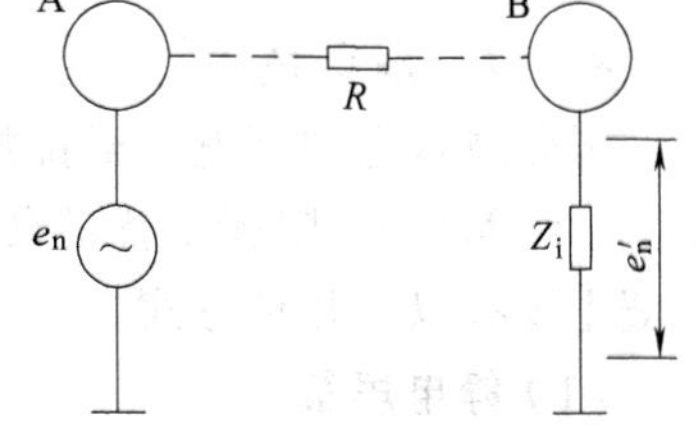

图 8-6　漏电流耦合

8.2.4 共阻抗耦合

共阻抗耦合干扰的产生是因为两个或两个以上的电路中存在共同的阻抗。当一个电路的电流在共阻抗产生电压降时，该电压降就会叠加在其他电路上，成为它们的干扰电压，干扰电压的大小与干扰源的电流大小和共阻抗的大小成正比。共阻抗耦合干扰主要是通过以下两种途径产生的。

（1）通过电源内阻的共阻抗耦合干扰

多个电子装置、单元电路共用一个电源时，会产生共阻抗干扰。这是因为电源的内阻不可能为零，每一个电路工作时都需要电流，因此造成电源内阻上的电压降发生变化，从而产生共阻抗干扰。这种共阻抗干扰可以通过减小电源的内阻、在各个单元电路中加上去耦滤波电路来得到抑制。

（2）通过公共地线的共阻抗耦合干扰

在测量电路中，各单元电路都有各自的地线，如果这些地线不是一点接地，各单元电路的电流流过公共地线时，就会在地线电阻上产生电压降，该电压降就成为其他单元电路的干扰。如果采用一点接地的接地方式，这种干扰就可以得到很好的抑制。

8.3 干扰抑制技术

干扰抑制技术不仅是测试系统设计过程中需考虑的重要问题，也是制造、装配及调试过程中的关键技术之一。抑制干扰必须要先搞清干扰的来源、性质、传输途径、耦合方式以及干扰侵入的位置，并根据具体的情况采取相应的技术措施。

抑制干扰主要从以下三个方面考虑。

（1）消除或抑制干扰源

这是最基本的也是最有效的措施。例如，大功率变压器会产生很大的工频干扰，如果条件许可，可把变压器搬到较远的地方，便可基本消除该干扰源。又如，电路的虚焊、接触不良也会产生干扰，可以通过找出虚焊、接触不良处并作适当处理来消除这类干扰源。当干扰源不能被人为地消除时（如自然干扰、大功率电台发射的电磁波干扰等），就必须采取其他的技术措施来抑制干扰。

（2）阻断干扰传输通道

当无法消除干扰源时，阻断干扰传输通道是抑制干扰的主要技术措施之一。例如，采用屏蔽措施来抑制电磁场的干扰、利用浮置技术和提高绝缘性能来抑制干扰等。

（3）提高被干扰对象的抗干扰能力

通过合理设计、布置电路，精心挑选元器件，尽可能使差动放大器的两输入端参数对称等技术措施，可以增强电路的抗干扰能力。有时，还可以采用平均、相关等信号分析处理技术来抑制各种各样的干扰。

8.3.1 屏蔽技术

屏蔽技术是抑制电磁干扰的重要技术措施。正确合理的屏蔽可以抑制干扰源（如电源变压器、线圈等）、阻断干扰的传输通道，阻止干扰进入系统内部。根据干扰源的不同情况，屏蔽主要有以下几种方式。

（1）静电屏蔽

所谓静电屏蔽，就是用一个金属罩（一般为铜、铝或铁）把干扰源或被干扰的装置包封起来并接地，使屏蔽罩内的电力线不会传到外部，起到抑制干扰源的作用［图 8-7（a）］；或使屏蔽罩外部的电力线不会进入内部，起到阻断干扰传输通道的作用［图 8-7（b）］。静电屏蔽可以有效地抑制各种电场干扰。

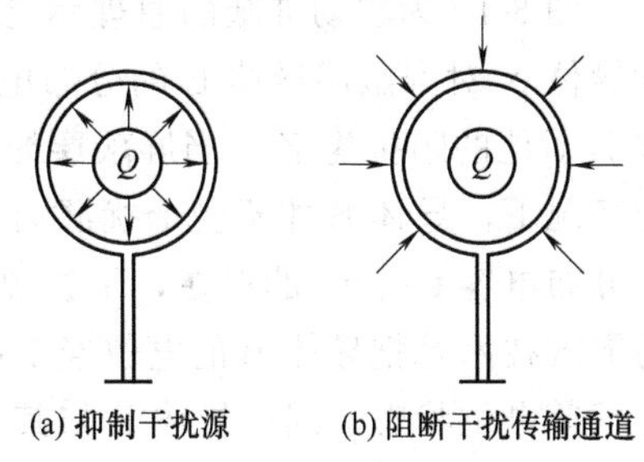

图 8-7　静电屏蔽

（2）电磁屏蔽

电磁屏蔽的作用是抑制高频电磁场的干扰，其原理是：高频电磁场能在屏蔽导体内产生涡电流，利用涡电流产生的反磁场来抵消高频干扰磁场，从而达到磁屏蔽的目的。如果将屏蔽罩接地，还兼有静电屏蔽的作用。电磁屏蔽的原理见图 8-8。

在图 8-8（a）中，由于屏蔽导体中所产生的涡电流 $\dot{I}_2$ 的方向与被屏蔽线圈中的电流 $\dot{I}_1$ 的方向相反，因此在屏蔽罩外部，涡电流所产生的磁场与线圈电流所产生的磁场方向也相反，抵消掉线圈磁场的一部分，因此抑制了线圈所产生的对外干扰。在图 8-8（b）中，给被屏蔽的装置加上了屏蔽罩。由于外部干扰磁场 H_1 会在屏蔽罩导体上产生涡流，而涡流产生的磁场 H_2 与 H_1 方向相反，从而削弱了外部磁场干扰。

这种屏蔽所感应出的涡流的大小与线圈中电流或外部干扰磁场的频率成正比。低频时，所感应出的涡流比较微弱，故屏蔽效果较差。因此，它比较适合于对高频电磁场干扰的抑制。

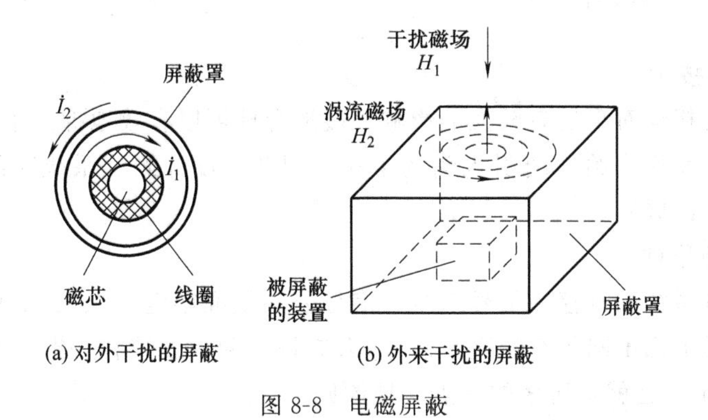

图 8-8　电磁屏蔽

（3）磁屏蔽

电磁屏蔽对低频干扰的屏蔽特性不好，为抑制低频磁干扰，可以采用图 8-9 所示的磁屏蔽。磁屏蔽采用了高磁导率的材料（如坡莫合金等）做屏蔽罩，使干扰磁力线在屏蔽罩内构成回路，阻断磁力线的扩散，从而抑制了低频磁场干扰。为保证屏蔽效果，应尽可能减小屏蔽罩的磁阻，为此屏蔽罩应有一定的厚度。

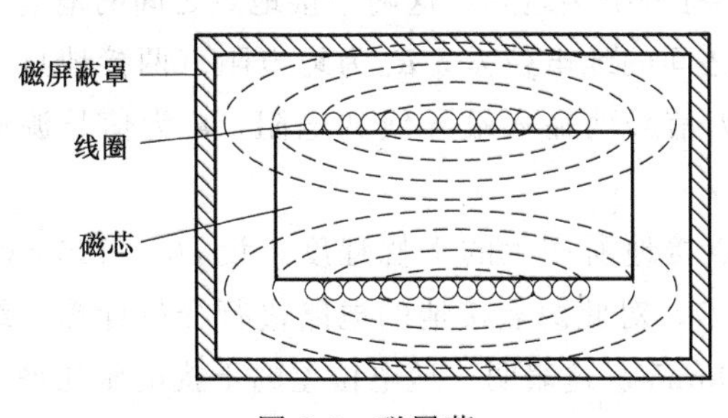

图 8-9　磁屏蔽

（4）驱动屏蔽

驱动屏蔽又称有源屏蔽，其原理是将被屏蔽导体的电位经过严格的 1∶1 电压跟随去驱动屏蔽层导体的电位，使二者严格相等，因而有效地抑制由于分布电容引起的静电耦合干扰。

图 8-10 为驱动屏蔽的原理示意图。e_n是导体 N 的干扰源，B′是导体 B 的屏蔽层导体。设导体 N 对屏蔽层导体 B′的分布电容为 C_1，屏蔽层导体 B′对导体 B 的分布电容为 C_2，导体 B 对地的阻抗为 Z_i。当屏蔽层导体 B′作为静电屏蔽时，可将 B′接地。此时，只有在理想的情况下，导体 B 才不受干扰源 e_n的影响，但实际上这种理想的静电屏蔽是不存在的。由于分布电容 C_1、C_2的存在，干扰源仍能通过分布电容耦合到导体 B 上而产生干扰作用。驱动屏蔽技术是把导体 B 的电位经 1∶1 电压跟随后接到屏蔽层导体 B′上，则导体 B 与导体 B′处于等电位状态，因此导体 B 与其屏蔽层导体 B′之间没有电力线存在，干扰源 e_n的电场就不会影响导体 B。需要指出的是，导体 B 与导体 B′之间的分布电容 C_2是客观存在的，只是由于采用了 1∶1 的驱动技术，使 B、B′等电位，分布电容 C_2不起作用，相当于消除了该电容的影响。

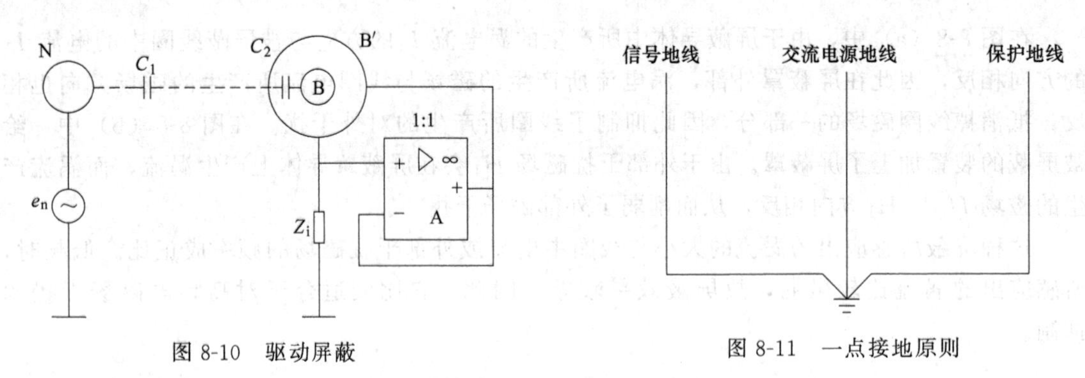

图 8-10 驱动屏蔽

图 8-11 一点接地原则

8.3.2 接地技术

电子线路中的接地对干扰有较大的影响。接地合理可以有效地抑制干扰，接地不合理非但不能抑制干扰，反而会给系统引入新的干扰。因此，设计测试系统时绝不能忽略接地技术，而应遵守一定的原则。

(1) 一点接地原则

如果一个测试系统同时存在信号地线（信号公共基准零电位）、交流电源地线和安全保护地线（在电路图上用不同的符号表示），那么应将三种地线连在一起，再通过一公共点接地，如图 8-11 所示。这就是所谓的一点接地原则。

如果一个系统在两个不同点接地，因两个接地点难以保证处于相同的地电位，故对两点（或多点）接地电路造成干扰。此时，地电位差就成为一种共模干扰源，如图 8-12 所示。图中在信号源处有一个接地点，在测量放大器处还有一个接地点，这两个接地点之间的地电位差一般是不等于零的。图中，U_n即为两接地点之间的地电位差，R_n为地电阻（两接地点之间的电阻），R_i为放大器的输入阻抗，R_1、R_2为信号两输入端导线的电阻，e_s为信号源电压，R_s为信号源内阻。

下面给出一组参数，通过计算说明以下两点接地所产生的干扰程度。设 $U_n=100\text{mV}$，$R_n=0.01\Omega$，$R_s=1\text{k}\Omega$，$R_1=R_2=1\Omega$，$R_i=10\text{k}\Omega$。对此两点接地的电路进行分析计算，结果表明，加在放大器输入端 R_i之上的电压竟达 90mV。这表明，地电位差的干扰电压几乎全部加在了放大器上，这样大的电压就可能会造成信号电压被干扰“淹没”的严重后果，使系统无法正常工作。

在图 8-13 中，信号源与地断开（相当于信号源与地之间跨接了一个接地电阻 R_{Gn}→

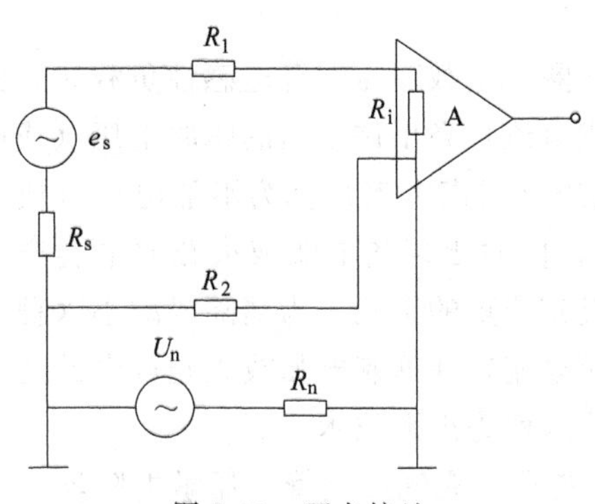

图 8-12 两点接地

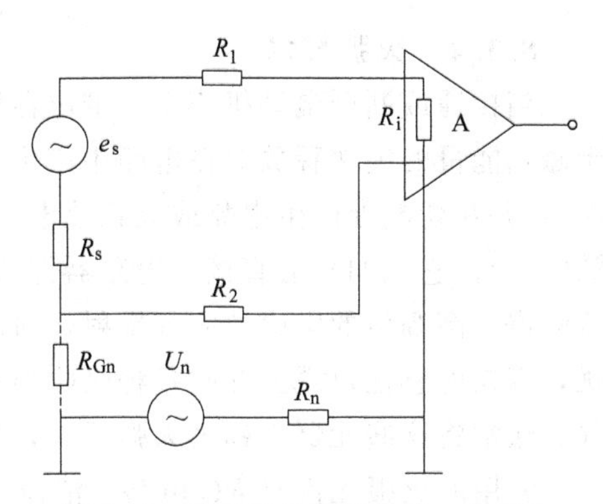

图 8-13 信号源与地隔离的一点接地

∞)，系统只在放大器的输入处一点接地，则上述干扰的影响将大大减弱。当 $R_{Gn}=1\mathrm{M}\Omega$，而其他参数相同时，加在放大器输入端的干扰电压只有 0.09μV。由此可见，一点接地可以使干扰得到显著的抑制，是抑制共模干扰的重要技术措施。

（2）电缆屏蔽层的接地

使用带屏蔽层的电缆传输信号时，应遵守下面的原则：如果测试系统是一点接地，则电缆的屏蔽层也应一点接地，即电缆屏蔽层应接至测试系统所设置的单一接地点上。当信号源的一端为系统的接地点时，电缆屏蔽层应接至信号源的这一端（公共端）上；如果系统的接地点设在测量电路的某一点处，则电缆屏蔽层也应接至该点（公共端）上。

8.3.3 浮置（浮空、浮接）技术

电子装置的公共地既不接机壳，也不接大地，称为浮置。浮置后，电路与机壳或大地之间的阻抗明显提高（相当于绝缘电阻），这就阻断了干扰电流的通道，因此能大大减小共模干扰电流。

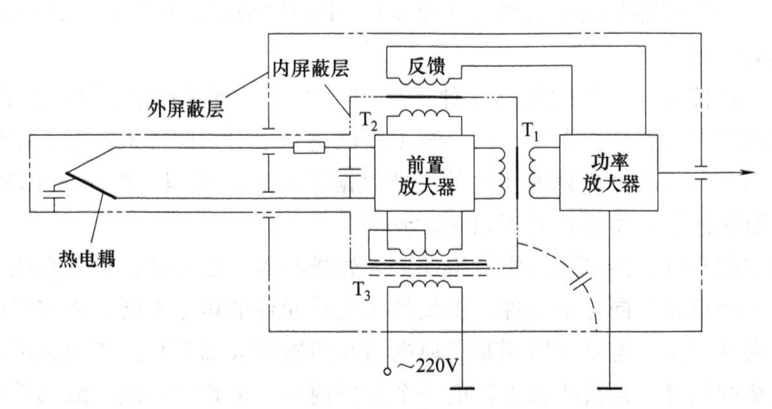

图 8-14 某测温系统中的浮置

图 8-14 为某测温系统中被浮置的前置放大器。图中，前置放大器通过三个变压器与外界相联系：输出变压器 T_1、反馈变压器 T_2 和电源变压器 T_3。前置放大器既不接地，也不接机壳，处于浮置状态。由于三个变压器的隔离作用，使共模干扰不会产生回路电流。系统的两个屏蔽层之间也相互绝缘，外屏蔽层（机壳）接大地，内屏蔽层通过变压器屏蔽与屏蔽电缆的屏蔽层相接，并接至信号源的接地处。两个接地电容的作用是去耦。采取上述措施后，前置放大器对地电位差所造成的共模干扰的抑制能力大大增强。

8.3.4 灭弧技术

当接通或断开电动机绕组、继电器线圈、电磁阀线圈、空载变压器等电感性负载时，由于磁场能量的突然释放会在电路中产生比正常电压（或电流）高出许多倍的瞬时电压（或电流），并在切断处产生电弧或火花放电。这种瞬时高电压（或高电流）称为浪涌电压（或浪涌电流），它（们）会直接对电路器件造成损害。另外，同时出现的电弧或火花放电会产生宽频谱、高幅值的电磁波向外辐射，对测控电路造成极其严重的干扰。为消除或减小这种干扰，需在电感性负载上并联各种吸收浪涌电压（或浪涌电流）并抑制电弧或火花放电的元器件。通常将这些元器件称为灭弧元件，将与此有关的技术称为灭弧技术。

常用的灭弧元件有 *RC* 电路、泄流二极管、硅堆整流器、充气放电管、压敏电阻器、雪崩二极管等。

8.3.5 其他干扰抑制技术

采用滤波器抑制高、低频干扰，特别是由导线引入的干扰是非常有效的。采用去耦滤波器可以抑制电源内阻所产生的干扰。

为了切断共模干扰的电流回路，可采用各种隔离器件，如光耦合器、耦合变压器等。对于脉冲电路中的干扰及噪声，可以采用由稳压管或二极管组成的脉冲干扰隔离门，阻断幅值较小的干扰脉冲。对于幅值和宽度都大于正常脉冲信号的干扰，则需采取相关量法解决。相关量法的基本思路是：找出脉冲信号相关量，相关量与脉冲信号同时作用在与门上，仅当与门的两输入皆为高电平时，才能使与门打开送出脉冲信号，这样就抑制了干扰脉冲的影响。

在测量电路中，电源变压器是工频干扰的主要来源。变压器的漏磁通和变压器的一、二次绕组之间的分布电容是产生干扰的原因。为了抑制这种干扰，可以对变压器的一次侧、二次侧进行屏蔽。变压器一般有两层屏蔽层，一次绕组的屏蔽层接信号源地，二次绕组的屏蔽层接测量电路的公共基准零电位。为了提高共模抑制比，也可采用具有三层屏蔽的变压器，其连接方法是：一次侧屏蔽层接电网地（大地）；中间屏蔽层接机壳；二次侧屏蔽层接测量电路的公共基准零电位。

在实际的测试信号中，往往混有各种干扰和噪声，其幅值和相位随时间的变化是随机的，它们使测试结果存在随机误差。为了减小测试过程中引入的随机误差，在计算机测试系统中，可以利用各种信号分析处理技术对信号数据进行软件处理。例如，用软件实现低通、高通、带通等数字滤波；用软件实现相关滤波等。

测量电路中的布线、测试系统中各组成单元的排布等，也直接影响着系统的干扰。实践表明，同样原理的电路、同样的元件，仅仅是布线和元件的排布不同，所实现的装置的特性会相差很大。由此可见，电路（特别是转换电路和前置放大部分）的布线、组成单元的安装排布是非常重要的问题，是抗干扰设计的一个重要内容。电路的布线、测试系统组成单元的排布一般应遵守以下原则。

① 电路元件的安装位置应尽量根据信号的传输顺序排成直线走向，即按输入级（前置级）、放大级、信号转换级、输出级等次序安排。原则上不要交叉或混排，以防止引起寄生耦合，避免造成互相干扰或自激振荡。

② 电磁感应耦合元件（如变压器、扼流圈、振荡线圈等）的安装位置应远离输入级，这些元件相互之间也应离得远一些，使它们的漏磁通互不影响。

③ 高输入阻抗放大器输入级的印刷线路板走线应设有屏蔽保护环，防止漏电流经线路

板绝缘电阻流入输入端。

④ 低电平电路中的电源变压器和输入变压器除相互远离外，还需加屏蔽罩。

⑤ 对于电路较复杂、单元电路较多的测试系统，可将有关单元电路分块装配，必要时将输入级与高频振荡级用屏蔽层隔离。

⑥ 电路的具体布线原则：

a. 输入级的弱信号线应尽可能远离输出级的强信号线和电源线；

b. 直流信号线应远离交流信号线；

c. 输入级与其他可能引起寄生耦合的导线严禁平行且应尽可能远离；

d. 低电平信号的地线、交流电源的地线和金属机壳大地线应分开设置，最后集中一点接地；

e. 信号输入电缆的屏蔽层应选择适当的接地点。

思考题与习题

8-1　干扰的耦合方式有哪几种？抑制电磁干扰主要可采用哪几项技术？

8-2　在设计测控电路的过程中，如何处理接地问题？

8-3　常用的屏蔽方法有哪几种？各有什么特点？

参 考 文 献

[1] 李科杰. 现代传感技术. 北京：电子工业出版社，2005.

[2] 冯柏群，祁和义. 检测与传感技术. 北京：人民邮电出版社，2009.

[3] 任致程. 传感器变送器智能数显控制器应用手册. 北京：中国电力出版社，2006.

[4] 何希才，薛永毅. 传感器及其应用实例. 北京：机械工业出版社，2004.

[5] 黄继昌，徐巧鱼，张海贵，郭继忠，傅润何. 传感器工作原理及应用实例. 北京：人民邮电出版社，1998.

[6] 范去霄，隋秀华. 测试技术与信号处理. 北京：中国计量出版社，2006.

[7] 吴正毅. 测试技术与测试信号处理. 北京：清华大学出版社，1989.

[8] 黄长艺，严普强. 机械工程测试技术基础. 第2版. 北京：机械工业出版社，2006.

[9] 王保保，刘畅生，苗苗，张昌民. 传感器简明手册及应用电路. 西安：西安电子科技大学出版社，2007.

[10] 赵树忠. 机电测试技术. 北京：机械工业出版社，2005.

[11] 沈聿农. 传感器及应用技术. 第2版. 北京：化学工业出版社，2005.

[12] 鲍丙豪. 传感器手册. 北京：化学工业出版社，2008.